滑坡致灾机理与成因研究

——以深圳市斜坡类灾害为例

Study on the mechanism and cause of landslide hazards

—A case study of slope hazards in Shenzhen

唐伟雄　廖化荣　汪文富　主编

化学工业出版社
·北京·

内容简介

本书主要介绍边坡地质灾害产生的机理和成因，重点分析了降雨作用下滑坡过程中的水文响应过程、岩土体变形特征和变形机理，选取深圳典型的具有代表性的三类边坡（填土边坡、土-岩混合边坡、挡土墙边坡）为实例，通过现场监测、室内外岩土物理力学性质试验、理论分析与数值仿真模拟等分析手段和方法的有机结合，探讨边坡失稳（滑坡）的水文作用机理及破坏过程，建立了揭示滑坡灾害产生和形成机理的岩土本构模型，得出了在降雨过程中边坡内部水文响应与岩土体变形破坏的相互关系。

本书可供土木、地质、水利水电、冶金、铁路、环境科学与工程等专业和领域的科研人员、设计和施工技术人员参考，也可供高等院校相关专业的师生学习拓展，为相关研究提供借鉴和有益参考。

图书在版编目（CIP）数据

滑坡致灾机理与成因研究：以深圳市斜坡类灾害为例/唐伟雄，廖化荣，汪文富主编．—北京：化学工业出版社，2022．1

ISBN 978-7-122-40594-4

Ⅰ．①滑…　Ⅱ．①唐…②廖…③汪…　Ⅲ．①滑坡-地质灾害-地质调查-深圳　Ⅳ．①P642．22

中国版本图书馆 CIP 数据核字（2022）第 003087 号

责任编辑：刘丽菲
文字编辑：王可欣　师明远
责任校对：王鹏飞
装帧设计：李子姮

出版发行：化学工业出版社
（北京市东城区青年湖南街 13 号　邮政编码 100011）
印　　装：北京建宏印刷有限公司
710mm × 1000mm　1/16　印张 15　字数 258 千字
2022 年 5 月北京第 1 版第 1 次印刷

购书咨询：010-64518888
售后服务：010-64518899
网　　址：http://www. cip. com. cn
凡购买本书，如有缺损质量问题，本社销售中心负责调换。

定　　价：88.00 元　

编写人员名单

主　　编： 唐伟雄　廖化荣　汪文富

副 主 编： 蔡衍钻　汪　磊　卫　敏　韩伟良

编写人员： 唐伟雄　廖化荣　汪文富　蔡衍钻　汪　磊　卫　敏　韩伟良　吴志斌　齐明柱　王明龙　雷呈斌　彭扬义　曾江波　耿雪峰　周军要　肖林超　潘黎明

前言

地质灾害是一种普遍的地表地质作用过程或现象。随着人类社会的发展和全球气候环境的加速变化，地质灾害的发生更加频繁，严重地威胁人民的生命及财产安全。中国是一个滑坡频发的国家，特别是降雨滑坡，占到了总滑坡数的90%左右。每年雨季，中国南方的许多地区受滑坡威胁严重，滑坡造成的人员伤亡及财产损失居高不下。如何减轻地质灾害对人类社会生活和发展的影响是世界各国政府共同关心的问题。

斜坡类地质灾害的分布主要受地形地貌、地层岩性、地质构造、降雨模式及人类工程活动等多种因素影响和控制。斜坡类地质灾害发生的时间、分布规律主要与降雨周期密切相关，斜坡类地质灾害活动时间相对降雨过程多具滞后性。降雨是诱发滑坡的主要因素。斜坡所处的地质环境、降雨入渗路径及边坡的水文响应过程等十分复杂，明确斜坡水文响应的影响因素，理解这些因素的影响方式，有助于分析不同降雨模式下斜坡瞬态渗流场的时空变化及其导致的斜坡应力状态与强度的变化，是斜坡变形稳定分析的前提条件。

为了研究边坡地质灾害产生的机理和成因，分析降雨作用下滑坡过程中的水文响应过程、岩土体变形特征和变形机理，本书选取深圳典型的三类边坡为实例（填土边坡——羊宝地填土边坡、土岩混合边坡——大龙山土岩混合边坡、挡土墙边坡——赖屋山挡墙填土边坡），通过现场监测、室内外岩土物理力学性质试验、理论分析与数值仿真模拟等分析手段和方法的有机结合，研究降雨条件下填土边坡的饱和-非饱和水文响应过程及其对边坡稳定性的影响；依据降雨条件下填土边坡的破坏条件及应力路径试验，从填土应力-应变关系的角度出发研究填土滑坡机理；研究填土边坡的水文响应阶段、破坏启动阶段及运动堆积阶段的特点；对边坡水文响应过程与变形破坏监测系统的监测数据（降雨量、孔隙水压力、体积含水率及边坡变形等）进行综合分析，探讨各监测变量之间的相互关系；通过边坡岩土体物理力学性质试验（原位密度试验、现场渗透试验、室内物理性质试验和室内大直径直剪试验等），为边坡水文响应过程和变形机制研究提供必要的参数。综合以上各种方法和手段的分析，对边坡（滑坡）的水文作用机理及破坏过程进行探讨，建立了揭示滑坡灾害产生和形成机理的岩土本构模型，得出了在降雨过程中边坡内部水文响应与岩土体变形破坏的相互关系，为滑坡治理及风险分析奠定基础。

本书共分4章，第1章绪论，第2章羊宝地填土边坡，第3章大龙山土岩混合边坡，第4章赖屋山挡墙填土边坡。本书研究内容和结论主要如下：

(1) 填土边坡静态液化是个随边坡应力状态调整、剪应力集中区产生转移、液化区不断扩展的过程。填土边坡静态液化后，运动初始阶段，速率在空间上有渐进发展的趋势；运动过程中，具有黏滞流的特征。

(2) 通过监测数据分析得出：降雨使斜坡岩土体的孔隙水压力上升，土体内部基质吸力下降，土体抗剪强度降低，导致边坡发生变形破坏，与地下水的波动无直接联系。

(3) 通过水文过程模拟得出：边坡体内的渗流场是饱和渗流与非饱和渗流共同作用的结果。降雨初始，坡面入渗能力大，渗流矢量线垂直坡面，后逐渐变为平行于坡面；坡体内部水流方向主要沿强风化岩和中风化岩的层面向坡下方渗透。受周期性变化的降雨入渗补给的影响，地下水位也呈周期性变化，对降雨过程具滞后效应。

(4) 通过三维饱和-非饱和数值模拟研究表明：随降雨时间和强度的变化，安全系数值逐渐减小；安全系数值减小的快慢与降雨强度和持续时间有关；从自然状态（FOS＝1.89）到饱和状态（FOS＝0.98），边坡经历了从稳定状态到不稳定状态的过程；数值模拟中剪应变增量带和塑性区贯通的范围以及变形最大的部位，准确地重现了现场实际发生的变形特征。

(5) 浅层填土的基质吸力与体积含水率对降雨响应明显，具体表现为浅层土体基质吸力随着降雨入渗量增加而减少，体积含水率增加；基质吸力和体积含水率对降雨响应的快慢因埋深差异而不同，埋深越大，基质吸力和体积含水率对降雨响应滞后延时越长。从基质吸力和体积含水率的监测剖面得出，填土强度受降雨影响较大，降雨入渗增加，降低了土中基质吸力，进而降低填土的抗剪强度。

(6) 深部变形监测表明边坡潜在滑动带深度位于9～11m。受降雨影响，表层填土（3m以内）的位移量也在缓慢增加。对于较弱的降雨，深部变形响应较滞后，有时会滞后10d以上；而当强降雨入渗时，潜在滑动带土体响应速度加快。

(7) 挡墙填土边坡的变形机制是潜在滑动带上下土体沿着滑动带发生剪切变形，结合地下水位监测变化，变形主要是由于基质吸力降低造成填土抗剪强度减小所致。

(8) 通过模拟强降雨条件下边坡的非饱和-饱和渗流数据的分析，表明浅层填土基质吸力与体积含水率对强降雨入渗响应趋势与监测结果一致。

(9) 从边坡变形与降雨量的关系来看，旱季变形滞后降雨明显，雨季变形滞后降雨的时间大幅度减少。

本书的编写团队如下：唐伟雄、廖化荣、汪文富、蔡衍钻、汪磊、卫敏、韩伟良、吴志斌、齐明柱、王明龙、雷呈斌、彭扬义、曾江波、耿雪峰、周军要、肖林超、潘黎明，其中廖化荣负责全书统稿，其他作者编写了部分章节并对本书提供了有价值的指导。

本书得以完成，除了要感谢各位作者及诸多专家提供的宝贵建议与支持外，还得到了贵州省科技计划项目（黔科合基础［2019］1143）和贵州理工学院高层次人才科研启动经费项目（项目编号：XJGC20190914）的资助。本研究由深圳市国土资源和房产管理局委托深圳市房地产估价中心发起，由深圳市勘察测绘院（集团）有限公司主持，联合中国科学院地质与地球物理研究所、中国科学院（武汉）岩土力学研究所共同完成，在此，对共同参与单位的各位领导及参与人员为本研究项目做出的贡献表示衷心的感谢。

鉴于作者水平有限、编写时间仓促，书中难免会有瑕疵、疏漏、不当之处，敬请读者批评指正。

获取相关图件可与编者联系，邮箱：76133246@qq.com。

编者

2021 年 12 月

目录

第 4 章 赖屋山挡墙填土边坡

参考文献

第1章 绪论

1.1 滑坡的致灾因素分析

地质灾害是一种普遍的地表地质作用过程和现象。随着人类社会的发展，人类活动加剧了地质作用的活动强度和频度，地质灾害给人类社会造成不同程度的生命和财产损失。如何减轻地质灾害对人类社会生活和发展的影响是世界各国政府共同关心的问题。

在美洲落基山脉、西马德雷山脉以及安第斯山脉所经过的加拿大、美国西部、墨西哥及智利等国家和地区是全球滑坡灾害的重灾区[1]。在欧洲，占据法国东部、瑞士、奥地利、意大利北部的阿尔卑斯山脉地区，纵贯意大利全境的亚平宁山区及横跨欧亚边界的土耳其地区都是滑坡灾害高发区[2-4]。在亚洲，西太平洋第一岛链的日本、中国台湾及喜马拉雅山脉地区的尼泊尔和印度北部均属于滑坡灾害高发区[5,6]。

我国幅员辽阔，在青藏高原东南缘的西南地区，地质构造复杂，形成了数百米甚至上千米的高陡自然斜坡，此地区是我国滑坡灾害的高发区[7,8]。地质灾害易发区内的滑坡灾害，会导致严重的经济损失和人员伤亡，在一定程度上影响了经济建设和社会发展。滑坡灾害对人类社会的影响，已成为一个不容忽视的地质环境问题，其危害性已成为仅次于地震的第二大自然灾害。

降雨是诱发滑坡的主要因素，它对斜坡稳定性的影响主要有两方面：一是增加下滑力，如降雨会增加坡体的容重、旋转主应力轴、改变应力场[9,10]；二是降低抗滑力，如降雨入渗不仅会引起非饱和土基质吸力减小或丧失、孔隙水压力增加，致使有效强度降低，还会由于浸泡等软化作用降低抗剪强度[11-17]。

鉴于降雨对斜坡稳定性的重要影响，研究降雨条件下斜坡的水文响应显得十分重要。斜坡所处地质环境及受其影响的降雨入渗路径都是十分复杂的，降雨模式、地形地貌、地质条件、坡体物质的工程性质等都会影响到斜坡的水文响应[18-21]。降雨在入渗过程中会首先选择最大入渗能力处扩展，在同等条件下，地下水会最先沿着最大渗透系数的方向入渗、扩展，植被的根部、基岩中的节理、岩土体的渗透性、坡体表面的干缩裂缝、岩土体中的高渗透层等都会对入渗路径产生影响[22-24]。明确斜坡水文响应的影响因素，理解这些因素的影响方式，有助于分析不同降雨模式下斜坡瞬态渗流场的时空变化及其导致的斜坡应力状态与强度的变化，是斜坡变形稳定分析的前提条件。

深圳属于低山丘陵地区，改革开放40多年来，城镇化建设发展迅速，形成了一座新兴的滨海城市。近年来人口增长加快，人类工程活动增多，导致城市建设与土地关系越来越紧张。为满足工程建设需要，开挖坡脚，平整坡顶，采用浆砌石挡墙进行简易支护，在坡体上直接修建房屋或围墙，形成的多层次梯级式住宅在深圳十分常见。这些工程活动改变了以丘陵为主的原始地貌，破坏了原有斜坡平衡状态，形成一系列新的人工边坡。加之在台风暴雨作用下，边坡易发生崩塌、滑坡灾害。由于深圳市人口密度大、建筑密集，一旦斜坡发生地质灾害，将会造成十分严重的影响。

深圳市政府高度重视辖区内的地质灾害问题，并成立了相关领导小组，开展了一系列的基础地质调查和防治工作。虽然短期内通过工程手段消除了部分重大地质灾害隐患，但是并没有从地质灾害的发生机理上开展研究工作，缺乏本地地质灾害成因的机理分析等基础性、理论性研究工作。

1.2 研究进展

1.2.1 降雨条件下边坡水文响应的影响因素

滑坡是地表岩土体发生失稳的过程和现象，由降雨诱发的滑坡往往称为降雨滑坡。水是触发滑坡最积极、最活跃的因素，要想对降雨滑坡灾害作出较为准确的预测预报，就必须对影响边坡水文响应的因素、降雨条件下坡体的水文作用过程进行深入探索。

前人对降雨入渗条件下边坡水文响应影响因素的研究主要分为内因和外因两方面，内因主要指边坡的地形地貌、地质条件和物理性质，外因主要指降雨模式。内外因相互结合、协同作用，影响了降雨入渗条件下边坡的水文响应（图1.1）。

（1）降雨模式

降雨模式是水文响应的外在影响因素，主要包括降雨量（precipitation）、降

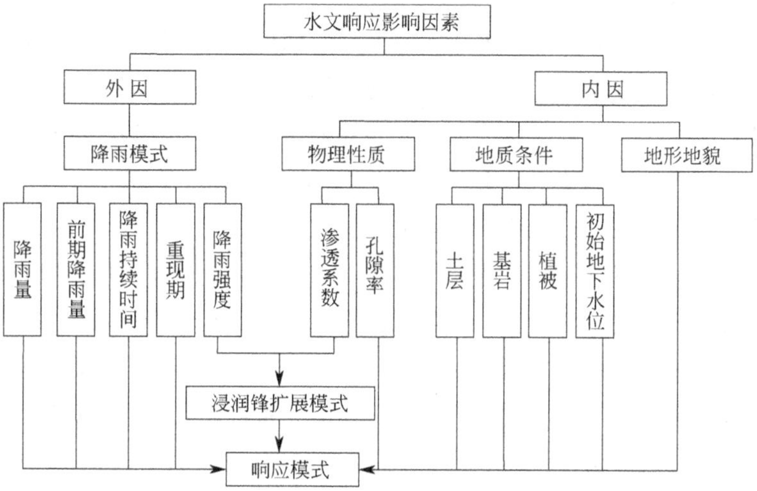

图 1.1　水文响应影响因素

雨强度（intensity）、降雨持续时间（duration）、重现期（return period）及前期降雨量（antecedent precipitation）等，它与边坡地形地貌、地质条件和物理性质等内因相结合，控制着边坡的水文响应。当前对降雨模式的研究主要集中于降雨量、降雨强度、持续时间及前期降雨量的影响。

前期降雨量会造成坡体体积含水率增加，影响边坡降雨入渗的初始状态，对后续降雨条件下的瞬态渗流场产生影响，并且前期降雨量的作用会随边坡类型的不同而不同[25]。在高渗透系数的材料中，前期降雨量可能会引起地下水位的上升，但对地下水位以上坡体体积含水率的变化影响不大。高强度的降雨条件下，浸润锋以饱和形式向下扩展，表层坡体基质吸力大幅降低或完全丧失而被破坏，与前期降雨量的关系不大。前期降雨量对边坡响应影响的大小应当视其对边坡内部水文地质条件（如体积含水率、基质吸力或地下水位等）的影响而定，是一个对比发展的过程。

降雨强度和持续时间会影响到边坡的水文响应过程，从而影响到滑坡的类型，降雨强度小、持续时间长多诱发深层滑坡；强度大、持续时间短多诱发浅层滑坡[26,27]。强度大、持续时间短的降雨会首先使表层土体达到饱和，继而失稳，发生浅层滑坡。强度小、持续时间长的降雨诱发深层滑坡有两种水文响应过程，一种是雨水充分下渗到坡体深部，降低基质吸力，从而诱发深层滑坡；另一种是降雨入渗过程中，浸润锋以非饱和形式向下扩展导致坡体含水率增加，浸润锋过后，地下水位上升导致坡体含水率第二次增加并达到饱和，致使边坡失稳[28,29]。

这两种过程主要是由浸润锋向下扩展的方式造成。当降雨强度小于边坡的饱和渗透系数时，浸润锋以非饱和的形式向下发展，该过程中随浸润锋扩展而降低的基质吸力不足以引发边坡失稳；当浸润锋到达地下水位或隔水层以后，引起地下水位的抬升，从而导致孔隙水压力上升，有效强度降低，引发边坡失稳。当降雨强度大于或接近于边坡的饱和渗透系数时，浸润锋以饱和或近饱和的形式向下发展，导致基质吸力降低过大或完全丧失，引发边坡失稳。

正是由于降雨持续时间、降雨量、降雨强度等对滑坡发生的重要影响，早期的研究主要是试图建立滑坡发生与降雨的临界关系。基于某一地区的降雨与滑坡的统计数据表明，降雨量的阈值受地区、滑坡类型等影响十分明显，滑坡发生的概率和滑坡数量不仅与降雨量的大小成正相关关系，而且与滑坡发生的当天降雨及前期降雨特征关系密切。

（2）物理性质

土体的物理属性，如渗透系数、体积含水率、初始密度、孔隙率、密度等，都会影响到降雨的入渗过程，影响到边坡的水文响应时间[20,21]。

渗透系数是影响降雨条件下边坡水文响应的一个重要内因，它与降雨模式（特别是降雨强度）相结合，直接影响到边坡地表径流及瞬态基质吸力、孔隙水压力的分布[30,31]。渗透系数与降雨强度的关系影响了浸润锋的发展方式，当降雨强度不小于饱和渗透系数时，浸润锋以饱和的形式向下发展，反之则以非饱和的形式向下发展，从而对基质吸力和孔隙水压力的分布产生不同的影响[30]。当土体渗透系数小而贮水能力大时，基质吸力需要相当长的时间消散，因而即使是在地表流量大于等于饱和渗透系数的情况下，基质吸力还是可以维持比降雨还要长的时间[32]。浅表层，渗透系数越小，基质吸力降低越快；但对深部而言，渗透系数越小，雨水渗透到深部所需的时间就越长[33]。

渗透系数与瞬态渗压场也有着直接的关系。渗透系数的变化会改变渗压场，即使小的渗透系数变化也会显著地改变渗压场，渗透系数变化的方式与渗压场改变的方式相似。当存在渗透系数不同的地层时，入渗过程中会产生大的水力梯度，并且在渗透系数小的层产生大的渗透力[9]。

有效孔隙率（ESP）是指饱和体积含水率与残余体积含水率的差值，它代表了单位体积土体的最大排水能力，对孔隙水压力的升降响应时间影响较大[34]。有效孔隙率大，表明排水能力强，孔隙水压上升较慢。

降雨对于不同坡向的滑坡影响近乎相同，只是阴坡所需激发雨量和有效临界雨量较阳坡稍大3%。

(3) 地质条件

边坡地形地貌和降雨模式主要影响边坡表面的汇流、径流及积水，地质条件主要影响地下水的渗流、孔隙水压力的变化及浸润锋的扩展。地质条件对降雨滑坡的影响主要是研究上覆土层、基岩、植被及初始地下水位对降雨入渗条件下水文响应的影响[35,36]。

上覆土层的厚度、相对深度、各层的相对透水性及坡面的位置等都会影响到降雨条件下边坡的水文响应过程[37]。对于层状边坡，由于相对不透水层的边界问题，雨水渗透到渗透性强的地层时，会优先在该层内部向下渗透。如果该层倾斜且底端封闭，雨水会快速渗透到该层底部，当底部渗入量大于渗出量时，局部会产生瞬态的高孔隙水压力[38]。

基岩面形态和基岩内发育的结构面等会影响降雨入渗条件下雨水的渗流方向、浸润锋的扩展及边坡的饱和渗流方式。斜坡上部出露的基岩透水性弱时，会使雨水经基岩汇流于斜坡下部[39]；当出露的基岩裂隙发育，透水性强时，雨水会经基岩快速渗入到坡体内部[40]。当坡体内存在结构面时，结构面会导致地下水的侧向渗透，限制了浸润锋向下进一步的扩展，侧向增加土体的含水率（图 1.2）。

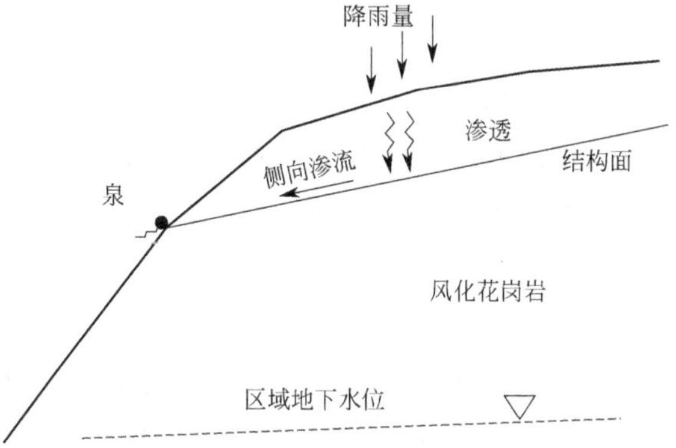

图 1.2　节理对渗流的影响示意图[36]

(4) 地形地貌

不利的地形地貌不仅会导致地表水的汇流集中，坡面形成较高水头，影响降雨下渗速率，形成高孔隙水压力，还会因坡度、坡形及渗流过程中渗透力的方向性等，影响边坡的不稳定区的分布。坡越陡，雨水就越容易从坡表面流走，因而一定深度土体的饱和所需的降雨强度和持续时间越大。Picarelli 等[41] 发现在雨季，雨后滑坡体上部孔隙水压力增长较下部快，并且滑体上部的变形也比下部的大。Montgomery 等[42] 研究了地貌对降雨引起的浅层滑坡影响，认为剖面的形态对滑坡灾害的形成有一定的决定性作用。Borga 等[39] 认为不利的地形地貌会让地表水汇集，从而降低岩土体强度参数，不利于边坡稳定。Talebi 等[43] 认为地形地貌参数，如剖面的曲率、平面形状同等重要，这些因素对边坡地下水文响应过程有一定控制作用。

1.2.2 边坡水文作用过程研究

降雨诱发滑坡，归根到底是水对边坡的作用结果。水对边坡有两个不利的影响因素：一个是表面的侵蚀作用；另一个是增加坡体内部的孔隙水压力[44,45]。表面的侵蚀会引起冲刷型边坡失稳，孔隙水压力的增加可以减小土中有效应力，从而降低边坡的稳定性。此过程存在于饱和土体和非饱和土体中。当边坡土体处于饱和状态时，降雨入渗引起水位的抬升，孔隙水压力升高，土体强度降低。当土体处于非饱和状态时，土中存在的基质吸力使得土体强度高于饱和土体强度。降雨强度过大时，坡面会受到冲刷，改变坡体的强度、刚度及应力场，致使边坡失稳。因此开展边坡水文作用过程的研究对于边坡稳定性评价、边坡灾害的治理有着极为重要的现实意义。边坡的水文过程研究经历了从概念模型、过程模型到数值模型的发展阶段。

（1）基于监测的水文过程研究

现场原位监测是了解边坡水文作用过程的重要方式。边坡所处地质环境及受其影响的降雨入渗路径都是十分复杂的，降雨模式、地形地貌、地质条件、坡体物质的工程性质等都会影响到边坡的水文响应[46]。非饱和土力学理论认为，处于非饱和状态土体的抗剪强度、应力-应变关系以及非饱和土体中的应力分布、地下水渗流等都与基质吸力有关。降雨入渗使得边坡非饱和带土的基质吸力降低，而基质吸力的降低，则使得边坡非饱和带土体的抗剪强度下降，进而导致边坡稳定性降低，甚至发生滑坡。因此，正确量测和掌握边坡非饱和带中基质吸力、体积含水率和地下水位等随外界条件的变化，对于研究降雨型滑坡具有重要意义。黄润秋和戚国庆[47] 在三峡库区对古滑坡体非饱和带的基质吸力、暂态水压力、暂态饱和区进行系统的观测，研究了该因素影响下的边坡稳定性。Rezaur 等[48] 通过监测分析发现孔隙水压力增加与每天的降雨量具有一定的相关性，可根据每天的降雨量多少来估算孔隙水压力的增加值。Montgomery 等[19] 通过监测试验发现较小的降雨并不能产生明显的径流或渗压计响应，这表明存在一个临界降雨强度和持续时间值使非饱和土体逐渐达到饱和状态。Baum 等[49] 对边坡进行了水分计、张力计、渗压计和雨量计监测，分析了降雨和滑坡之间的关系。有些学者通过开展大型降雨试验研究降雨入渗对边坡的稳定性影响，研究了湿润锋、地下水位面及孔隙水压力分布随时间的变化规律[50-53]。Trandafir 等[54] 将现场测试、试验和数值模拟三方面结合起来，研究降雨情况下湿润锋的前进过程。Rahardjo 等[55] 对新加坡南洋理工大学校园的天然残积土坡进行了长期的现场监测和人工降雨试验，观测了人工降雨以及天然降雨条件下土坡的孔隙水压力、含水率以及入渗量的变化规律。

（2）降雨入渗过程模型

Gasmo 等[56] 认为在分析降雨导致边坡失稳时入渗很难量化。坡体内部的裂缝能引起内部水文的变化，存在的入渗方式有：一个是整体入渗的基质流；另一个是沿裂缝入渗的优先流。后者允许水流直接绕过非饱和区进行入渗，危害更大。它可能会导致在与饱和区和非饱和土区接触的裂缝范围内发生水平向的渗透，这样水可以直接渗透到临界土体深度范围内，导致基质吸力丧失和正孔隙水压力产生，从而形成深层滑坡。降雨条件下会产生坡面径流与坡体非饱和渗流两种作用过程[57]，这两个过程分别有各自的控制方程及边界条件。在二者的边界条件中，对坡面流而言，须给定坡面入渗分布情况；对坡体渗流而言，须给定坡体入渗分布情况。

很多学者对研究降雨入渗过程所对应的模型进行了改进。李兆平等[58] 采用一维非饱和渗流控制方程，研究了降雨对边坡稳定性的影响。陈力等[59] 采用运动波理论和两次改进后的 Green-Ampt 入渗模型建立了坡面降雨入渗的动力学模型。荣冠等、吴梦喜等[60,61] 对一般的饱和-非饱和渗流有限元计算方法加以改进，消除了非饱和渗流数值计算中存在的数值弥散现象，研究了渗流场变化规律。张卓等[62] 把孔隙较大的岩土体等效成连续介质，建立了不同降雨强度下的入渗分析数学模型。王继华[63] 将土坡降雨入渗模式进行统一概化，并分析了影响土坡降雨入渗的主要影响因素。王世梅等、童富果等[64,65] 将坡面径流与坡体非饱和渗流合二为一，将坡面边界作为内部域，将径流和渗流方程联合求解，建立了基于有限元方法的降雨入渗与坡面径流直接耦合计算模型与求解方法，该方法不需要降雨入渗率参数值，也不需假定降雨入渗模型及产流模型，从而改善了降雨入渗与坡面径流耦合数值求解过程，提高了计算速度与精度。

王晓峰等[66] 建立了较为精细的差分模型，准确求解降雨入渗后非饱和土体中水分分布场。孙德安等[67] 认为水力和力学特性耦合的弹塑性模型考虑到了吸力和饱和度对应力-应变关系和强度的影响以及变形对非饱和土保水性质的影响，并用有限元法把水力和力学模型应用到实际边界值问题中，这在理论上和实际工程中都非常有意义，可用来解决非饱和土边坡因降雨引起的变形和破坏问题。

（3）多维渗流模拟

目前，降雨滑坡的三维渗流模拟计算的研究成果较少。Ng 等[68,69] 考虑在不同降雨类型、降雨持续时间、重现期的情况下，采用三维数值模拟软件分析了降雨滑坡的水文作用过程。朱海军等[70] 从渗流机理的角度研究了达西定律不适用情况下的岩土体三维非线性渗流问题，讨论了迭代收敛标准以及提高计算精度和加速收敛的技术等问题。吴宏伟等[11] 对雨水入渗对非饱和土坡稳定性影响做了参数研究，用有限元方法模拟了二维雨水入渗引起的暂态渗流场，然后将暂态孔隙水压力分布引入到边坡极限平衡分析中，得到了相应时刻的安全系数。梅一等[71] 采用 FEMWATER 分析了排水廊道对研究区三维渗流场的影响与各种工况下渗流场分布。徐艳等[72] 通过建立三维有限元模型模拟了降雨条件下非饱和边坡内的渗流状况，得出瞬态渗流场，继而进行边坡稳定性分析。

1.2.3 降雨入渗条件下边坡变形与破坏机理

（1）降雨入渗条件下坡体的应力状态变化

土体中的力是由重力等体力和孔隙水压力等面力组成的，这些力决定着土体的应力状态。对于饱和土，降雨致使应力状态变化主要表现在两个方面：①降雨入渗过程中，渗透力会旋转主应力轴，特别是坡脚部位的主应力轴，从而影响边坡的破坏势；②降雨强度过大时，坡面会受到冲刷，改变坡体的强度、刚度及应力场，致使边坡失稳。对于非饱和土，坡体应力状态的变化主要受浸润锋扩展方式的影响。Fredlund 和 Rahardjo[73] 认为三个应力变量（$\sigma - u_a$）、（$u_a - u_w$）和 u_a 就可以描述非饱和土的应力状态，σ 为土中总法向应力，u_a 为孔隙气压力，u_w 为孔隙水压力。一般假设土粒和水为不可压缩的（u_a 取 0，是因为坡体是开放系统，与大气相通），则应力变量 u_a 可以取消，（$\sigma - u_a$）、（$u_a - u_w$）就成为非饱和土的应力状态变量。

以地下水位上方某点（设为点 A）为例，当浸润锋以非饱和的形式向下扩展时，在浸润锋到达 A 点前，A 点的总应力不断增加 [图 1.3(a)、(b)]；当浸

润锋通过 A 点，而地下水位未抬升到该点时，A 点依然非饱和，但基质吸力降低，总应力增加到一定值后不再增加［图 1.3(c)］；当地下水位超过 A 点后，A 点饱和，基质吸力消失，正孔隙水压力出现，总应力随地下水位的抬升再次增加［图 1.3(d)］。

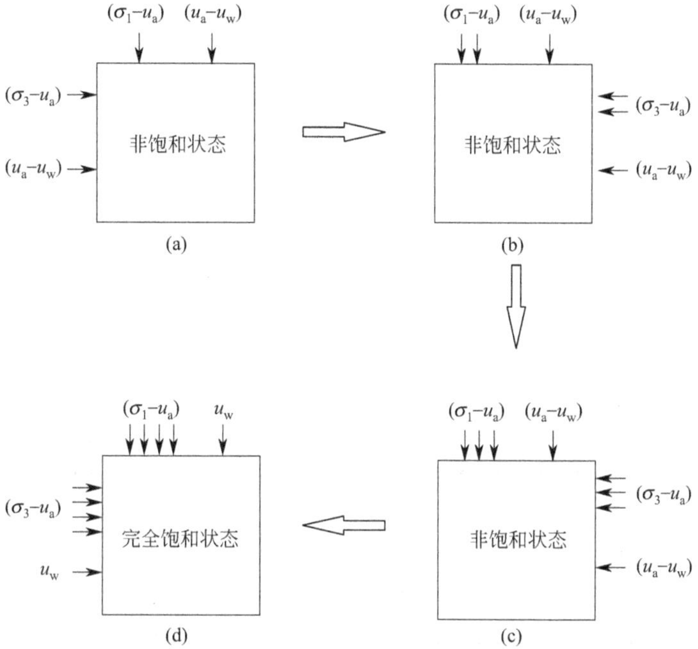

图 1.3 浸润锋以非饱和形式向下扩展时，地下水位上方某点应力状态的变化

当浸润锋以饱和的形式向下扩展时，在当浸润锋到达 A 点前，边坡的总应力不断增加［图 1.4(a)、(b)］，同浸润锋非饱和扩展时的变化相似，但增量较大；当浸润锋通过 A 点后，A 点及其以上坡体饱和，基质吸力消失，总应力增加到一定值后不再增加［图 1.4(c)］；当地下水位抬升过 A 点后，正孔隙水压力出现，总应力保持不变，有效应力降低［图 1.4(d)］。

(2) 降雨入渗条件下边坡的变形与破坏机理

边坡发生破坏失稳是一种复杂的地质灾害过程，由于边坡内部结构的复杂性和组成边坡物质的不同，造成边坡具有不同的变形破坏模式。土体的应力状态和土体的物理性质是相对独立的两个量，它们共同作用控制着土体的变形与稳定。降雨入渗条件下，边坡的变形模式与坡体的应力-应变关系有着重要联系[74-76]。对于剪缩性土，不排水条件下失稳具有突变性，剪切变形致使孔隙水压力迅速增大，强度降低，易高速流动；排水条件下，失稳只发生于平均有效应力减小的情

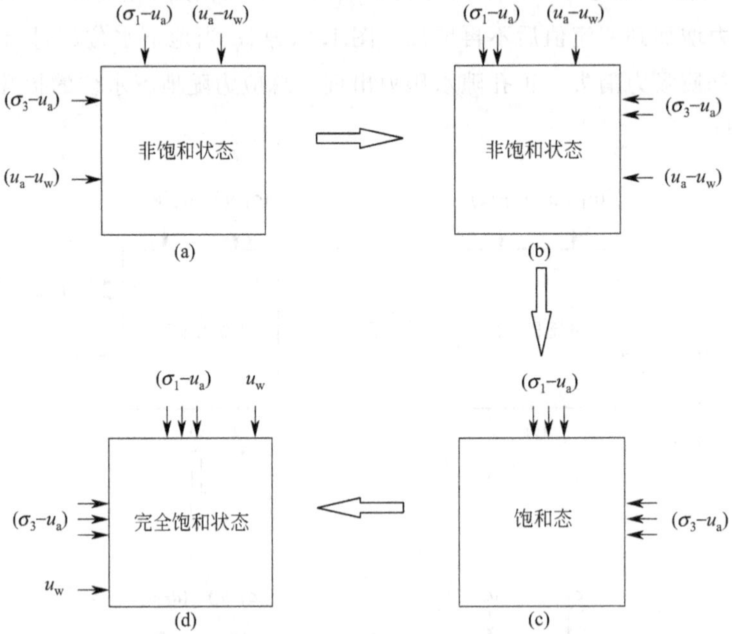

图 1.4　浸润锋以饱和形式向下扩展时，地下水位上方某点应力状态的变化

况。对于剪胀性土，降雨条件下，剪胀致使孔隙水压力降低。深层滑坡时，降低的孔隙水压力补充较慢，因而一般为缓慢的渐进变形破坏。滑坡为浅层或表层滑动时，降低的孔隙水压力能够由雨水的快速渗入而得到迅速恢复，致使剪切变形得以持续，尽管其机制上仍为渐进破坏，宏观上亦可能表现为突然性破坏。对于临界状态土，剪切变形致使孔隙比微小变化而维持滑带土处于临界状态，因而表现为缓慢滑动变形。

降雨入渗条件下，边坡破坏过程中，不仅变形有显著的变化，滑面附近的孔隙水压力也会受土的应力-应变关系，视破坏发展阶段而产生不同的变化。在边坡初始的蠕变阶段孔隙水压力几乎没有响应；在破坏前，理想弹塑型或应变硬化性土体会因剪胀或裂隙扩张等影响，滑面附近孔隙水压力呈现急剧下降，剪缩性应变软化土体则会因剪缩产生超孔隙水压力[77]；在破坏过程中，剪切面位置的孔隙水压力会发生振荡而急剧下降；在坡体滑动速率趋于稳定时，滑带附近的孔隙水压力会振荡上升。

研究边坡的破坏过程的方法一般有模型试验和数值模拟两种。模型试验一般是针对研究对象，利用相似材料建立边坡模型，然后在人工降雨的条件下触发边坡失稳，借以观察不同初始条件对滑坡的影响及边坡破坏过程中的变形、孔隙水压力变化、运动形态、堆积模式等[78,79]。模型试验的优点是可以人为控制初始条件和触发条件，可以详细观察内外破坏过程，缺点是耗时、费力。

数值模拟相对模型试验省时省力，可以详细观察破坏过程中每一个部位的属性变化，得到了广泛应用。数值模拟方法一般分为连续和非连续两类。当前常用的连续数值方法有有限单元法（FEM）及有限差分法（FLAC）。连续数值方法常常具有规则的网格，在降雨入渗模拟及滑坡启动中可以很好地模拟瞬态渗流场及塑性区变化[80,81]，还可以通过大变形或设置界面单元的方法模拟滑坡的运动过程，但很难考虑细微的地形及地质条件影响，并且运动过程模拟中滑体的堆积过程与实际相差较大[82,83]。当前常用的非连续方法主要有非连续变形法（DDA）和离散单元法（DEM）[84-90]。离散单元法可以形象地模拟滑体在运动及堆积过程中的形态变化，但运动过程中孔隙水压力的变化很难实现，并且模拟所需要的弹性及黏性物理常数也很难确定。

当前的研究多是针对边坡状态发展的不同阶段及所研究的问题，选择合适的软件进行模拟，尚未有合适的数值模拟方法或软件像模型试验一样，完全与实际过程相符地实现整个边坡从启动到运动再到堆积的全过程，并且现有各类数值技术方法很难将真实的时间和数米级以上的大变形分析统一。

1.2.4 斜坡类灾害监测技术

斜坡类灾害监测是集灾害形成机理、监测仪器、时空技术和预测预报技术为一体的综合技术。斜坡类灾害的形成机理是开展地质灾害监测工作的基础；监测仪器是开展工作的手段；更为重要的是只有充分利用时空技术，才能有效发挥斜坡监测的作用；预测预报是开展斜坡灾害监测的最终目的。随着电子技术、计算机技术、信息技术和空间技术的发展，国内外斜坡类灾害监测方法和相关理论得到长足发展。

（1）监测技术的发展

目前常规监测技术趋于成熟，设备精度、设备性能都具有很高水平。目前地质灾害的位移监测方法均可以进行毫米级监测，高精度位移监测方法可以识别0.1mm的位移变形。在监测方法上，呈多样化、三维立体化，具有传感器多样化特征的全自动监测系统技术已被应用到地质灾害现场监测中。采用自动综合监测系统打破了传统的监测理念——以监测位移为主的传统理念，不仅可以为斜坡灾害失稳机理研究提供完善的监测数据，而且可以实时根据监测成果对斜坡灾害进行监测预警预报。

发达国家在岩土工程及地质灾害监测领域不但有传统的监测方法和仪器，近年来已将高新技术应用于地质灾害监测预警。美国的PDI公司和Geokon公司、意大利Sisgeo公司、瑞士Leica公司、瑞典Geotech公司、德国Zeiss公司、日本尼康公司等在监测方法的创新和新技术的应用方面都处于领先地位。红外技术、激光技术、微波技术、光纤技术、格区式光栅技术、机电一体化、自动化技术、卫星通信技术、计算机及人工智能等高新技术在监测技术方法和仪器的开发研究中得到了广泛的应用。可以说，目前地质灾害监测及监测仪器实现了传统方法和仪器与现代高新技术的完美结合，把监测仪器的技术水平推到了一个崭新的阶段，并正在向更高层次发展。

我国自“八五”以来，地质灾害监测技术研究方面取得了丰硕的成果，并积累了丰富的经验，使我国的地质灾害监测预警水平得到很大程度的提高，但是还存在一定的局限性，主要表现在：a. 地质灾害监测技术、仪器设施多种多样，应用重复性高，受适用程度、精度、设施集成化程度、自动化程度和造价等因素的制约，常造成设备资源浪费，效果不明显；b. 所取得的研究成果多侧重于某一工程或某一应用角度，在地质灾害成灾机理、诱发因素研究的基础上，对各种监测技术方法优化集成的研究程度较低；c. 监测仪器设施的研究开发、数据分析理论同相关地质灾害目标参数定性、定量关系的研究程度不足，造成监测数据的解释、分析出现较大的误差。因此，要提高地质灾害预警技术水平，必须在地质灾害研究同开发监测技术方法相结合的基础上，进行地质灾害监测优化集成方案的研究。

（2）新技术的开发与应用

光导纤维监测技术又称布里渊光时域反射技术（BOTDR），是国际上20世纪70年代后期才迅速发展起来的一种现代化监测技术，在地质灾害领域的应用才刚刚开始，受到了各发达国家研究机构的普遍重视，发展前景良好。通过合理的光纤敷设，可以监测整个灾害体（特别是滑坡）的应变信息。

时间域反射测试技术（time domain reflectometry，TDR）是一种电子测量技术。许多年来，一直被用于各种物体形态特征的测量和空间定位。在20世纪90年代中期，美国的研究人员开始将时间域反射测试技术用于滑坡等地质灾害变形监测的研究，针对岩石和土体滑坡曾经作过许多的试验研究，国内研究人员已经开始该方法的研究工作，并已经在三峡库区投入试验应用阶段，同时开展了与之相关的定量数据分析理论研究。TDR监测系统主要由电脉冲信号发射器、传输线（同轴电缆）、信号接收器三部分组成。埋设时，在待监测边坡上钻孔，将钻孔底部封好防止水入渗，然后把同轴电缆置于钻孔中，顶端与 TDR 测试仪相连，并以砂浆填充电缆与钻孔之间的空隙，确保同轴电缆与边坡岩土体同步变形（图 1.5）。电缆测试仪发射电子脉冲到钻孔中的同轴电缆上，脉冲信号随着电缆的变形或破裂发生反射。脉冲反射在波形上表现为一个波峰信号。这样，相对位移变化量和变化速率、潜在滑动带的位置都将被瞬时监测出来。波峰信号会随着变形量增加而增大。测试仪和电缆信号连接在电脑上，便于存储变形信息。由于水分入渗电缆中时会导致电缆阻抗系数发生变化，因此不能在水中监测土体的变形。该方法相对于深部位移钻孔倾斜仪监测具有安装简单、使用安全和经济实用等特点。

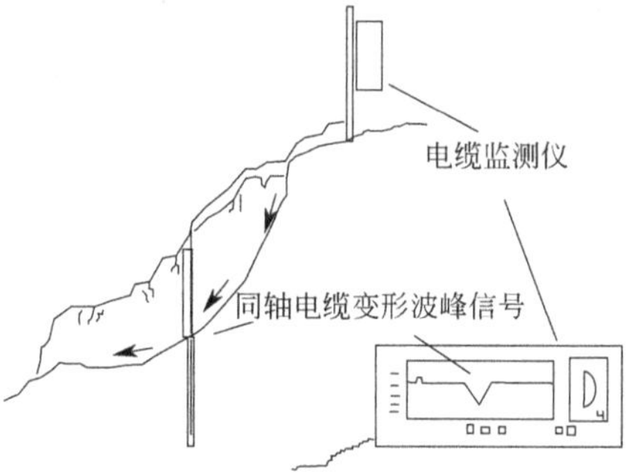

图 1.5　电缆监测仪上显示的同轴电缆变形波峰信号[91]

三维激光扫描技术在欧美等发达国家应用较早，我国近期开始逐渐引进。主要是用于建筑工程变形监测以及实景再现，随着扫描距离的加大，逐渐向地质灾害调查和监测方向发展。该技术通过激光束扫描目标体表面，获得含有三维空间坐标信息的点云数据，精度较高。三维激光扫描技术应用于地质灾害监测，可以进行地质灾害测图工作，其点云数据可以作为地质灾害建模、地质灾害监测的基础数据，通过多时相激光扫描点云图的时序分析，可以获得地质灾害的地表变形过程。

三维激光扫描系统是对确定目标的整体或局部进行完整的三维坐标数据测量，即激光测量单元进行从左到右、从上到下的全自动高精度步进测量，进而得到完整的、全面的、连续的、关联的全景点坐标数据，也叫“点云”[92]。常见的三维激光扫描仪的工作原理大致有三种：激光脉冲测距原理、相位干涉方法扫描、利用立体相机和机构化光源。其中大多数激光扫描仪采用第一种方法——激光脉冲测距法（图 1.6）。其具有测量速度快、点密度高、几乎全天候监测的特点，适合应用于滑坡灾害短期、临滑预测预报的监测。

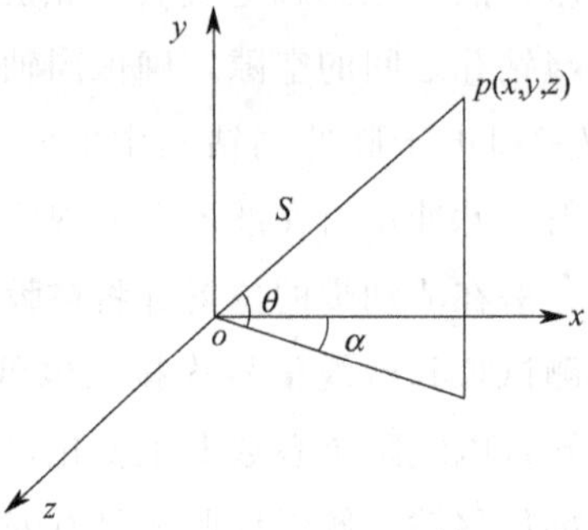

图 1.6　激光脉冲测距法测量原理[92]

合成孔径雷达干涉及其差分技术（InSAR 及 D-InSAR）进行地面微位移监测，是 20 世纪 90 年代逐渐发展起来的新方法，具有覆盖范围大、不需要建立监测网、不受云层及昼夜影响的优点，可以获得某一地区连续的地表形变信息，并可以监测或识别出潜在或未知的地面形变信息，因而在地质灾害监测中得到了越来越广泛的应用（图 1.7）。

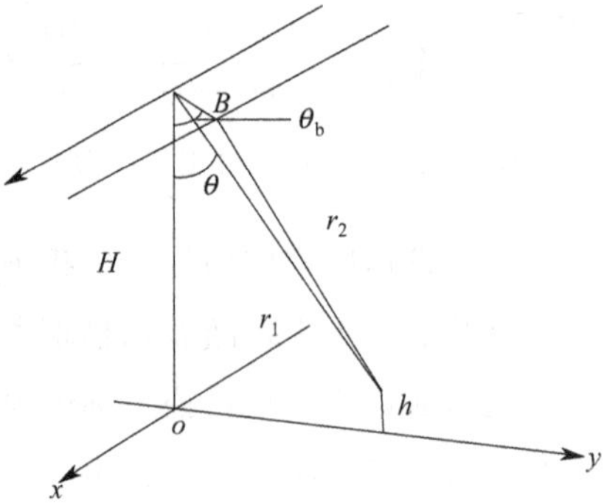

图 1.7　干涉雷达成像原理图[93]

干涉雷达可以全天时、全天候、近实时获得大面积地球表面三维地形信息，空间分辨率高，对大气和季节的影响不敏感。但具有以下缺点：①固定的入射角和环绕轨道限制在垂向和沿方位角方向上位移达到精度要求；②SAR 图像本身受待监测区的变形和地形影响，图像畸变大，因此不适合监测地形陡峭滑坡区和狭小山谷区；③卫星空间分辨率在 15～30m 之间，RADARSAT 可以获得 10m×9m 的数据，适合监测大型滑坡地表变形；④运动周期 ERS 35d，RADARSAT 24d，JERS 44d，不能用于监测高速变形；⑤在植被覆盖密度区，时间宽度内获取的影像数据关于时间相关性差。因此，Rott 和 Nagler[94] 提出：星载 D-InSAR 适合监测平坦地区、植被覆盖稀少或裸露地区的大型边坡的缓慢滑动变形。但由于系统本身因素以及地面植被、湿度及大气条件变化的影响，精度及其适用性还难以满足高精度地质灾害监测。为了克服该技术在地面形变监测方面的不足，并提高其精度，国内外技术人员先后引入了永久散射点（PS）技术和全球定位系统（GPS）定位技术，使 InSAR 技术的监测精度大大提高，在一定的条件下精度可达到毫米级。通过融合长时间序列的 SAR 影像可以消除大气的影响。PS 技术有以下优点：①在偏远的基岩山区，由于观测点少且监测时间滞后，PS 技术可以更多地利用有效相位信息；②当散射点小于扫描相机分辨率时，由于 PS 技术基线较长，有利于测量精度的提高；③如果散射点的密度足够大，PS 技术利于消除大气相位屏的影响，进一步提高了监测地表变形的精度。随着卫星雷达系统资源的改进和发展、相应数据处理软件的提高，该技术在地质灾害监测领域的应用将趋于成熟。

近年来，地面合成孔径雷达技术已经被许多学者用于监测地面不同材料的运动机制。地面合成孔径干涉雷达系统，是一个移动装置——Linear SAR（LISA），包括以下装置：一个由步进连续雷达波组成的微波系统，系统建立在一个 30kHz～6GHz 的信号源网络分析台基础之上，再加上一个能够转换大量频率为 17GHz 的相关转换模块，还有一个手工操作装置，它由一个长 2.8m 的直棒拖着机动的雪橇掌控着雷达天线，雷达天线的运动由线性定位器控制（图 1.8）。

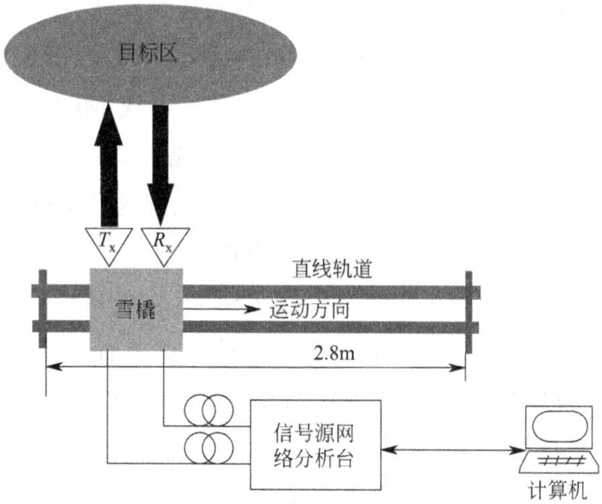

图 1.8　GB-InSAR 平台

（3）地质灾害监测技术的优化集成

对于各种监测方法所使用的监测仪器设施，均有各自的应用方向和使用技术要求。针对不同地质灾害灾种、类型，其使用技术要求不同。对于崩塌、滑坡等地质灾害，不同发展阶段所适用的监测方法和仪器设施各异，监测数据采集周期频度不同。实践证明，一方面，不同的监测参数（地表位移、深部位移、应力、地下水动态等）在不同类型的灾害监测中具有不同程度的表现优势；另一方面，同一灾害体不同部位的监测参数随时间变化趋势特点并不相同，既存在反映灾害关键部位特征的监测点，又存在仅反映局部单元（不具有明显的代表性，甚至是孤立的）特征的监测点。因此，监测要素（监测参数、监测部位）的优化选择，是整个监测设计工作的基础。

（4）监测系统的自动化

在监测系统自动化方面，由于自动化技术的发展很快，系统的更新换代迅速。目前我国大型工程监测中数据传输系统普遍采用 RS485 总线技术，即由单一串口的 MCU 采集单元从现场安装的各类传感器采集数据，通过这台 MCU 上的 RS485 串口将数据传输到控制计算机上。如果计算机到 MCU 的距离较远，则需通过点对点的单通道的联系方式（如光纤技术、有线或无线通信技术或卫星传输技术）将数据传送到另一侧的数据转换器，然后再连接到控制计算机上进行处理。这种单一串口连接的 MCU 采集系统由于其运行维护的复杂性和数据传输功能的局限性，已逐渐为支持多接口技术的新一代 MCU 所淘汰。新一代 MCU 及 SDH/MSTP 网络传输技术具有：①功能的完备性。新一代 MCU 具备直接将 MCU 接入到系统网络的功能，支持 TCP/IP 协议。②功能的优越性。新一代 MCU（如 CR1000）具有 2MB 的内存功能，是老一代 MCU（128kB）的 15 倍多，大大提高了 MCU 的存储功能和采集响应功能。如有必要，内存还可扩展，极大地提高了 MCU 的运行速度和存储功能。③系统的易检性。新一代 MCU 提供一个 RS232 接口，技术人员可以在系统内的任何一台 MCU 上对本台及其他 MCU 进行维护。④系统的先进性。传统 RS485 总线系统在远距离数据传输时，通常采用点对点传输的 PDH 光纤传输技术。然而，由于采用了 TCP/IP 接口技术，MCU 可以连接到采用 SDH/MSTP（一种基于时分复用的同步数字技术的多用户数据传输平台）光纤技术的多接口光端机上。光纤网络直达终端，提高了网络传输的可靠性和数据传输的速度。⑤设备的可承接性、升级性强。由于接入技术正不断朝着下一代的 MSTP/SDH 发展，现在采用 MSTP 设备在技术上就具备承接性。在今后的升级中不需要完全废弃已有的设备，只需在那些增加新的功能和业务的节点处添置新的光盘和升级相应的配套软件即可。⑥SDH/MSTP技术除支持数字传输外还同时支持声频和视频传输，使得现场与管理中心的联系十分方便，在指挥和处理突发事件时（如工程现场抢险）尤显其独特的优越性。⑦系统的开放性。新一代MCU除了支持专门的网络分布式通信协议PAKBUS外，还支持标准的SCADA通信协议——MODBUS协议，这样既可以作为主站或从站，也可以同时以主、从站方式作为数据网关接入其他采集系统。

目前最典型且应用最为广泛的主要有美国Campbell公司和澳大利亚dataTaker公司的自动数据采集与传输系统。Campbell公司的CR1000采集模块具有完全意义上的网络通信功能，本身具有网络接入功能，可以直接连接到光纤网络上，因此大大增加了数据的传输速度。CR1000 MCU同时又能兼容RS485总线技术和RS232接口技术，使得系统的维护工作十分简便。dataTaker公司推出的DT 85可编程智能数据采集器，能够简单、直接地连接更多的传感器和完成更复杂的接线方式。DT 85的双重通道概念构成多达32个被隔离的模拟输入或48个共用端模拟输入，提供多种传感器组合使用的可能性，适用于多种接线方式和应用。DT 85灵活的I/O设置和智能传感器接口，能够实现多种不同和高难度的应用，同时保持了其他所有DT 8x特点，其中包括U盘端口、Modbus用于SCADA系统、以太网、互联网、文件传递协议（FTP）和支持多个SDI-12传感器等，可简单直接连接多种不同形式的传感器，同时可对采集到的不同原始数据进行计算，按所需要的工程单位或统计报告的形式将原始数据或计算结果返回到上位机。通过计划设置实现分组采集、数据记录、报警设置和控制作业以满足不同的要求。智能传感器、GPS、PLC和其他智能装置可通过DT 80的两个串行传感器接口（RS232或RS422、RS485）进行连接。DT 85的内存多达500万数据，用户可根据数据量大小自定义内存空间及内存形式，用多个独立的计划实现不同的目的。当设定的内存被占满时，可选择设置覆盖或停止采集。用户可选择用报警的动作完成数据存档，拷贝数据到U盘，或将数据经由FTP传递给上位机。通信可经由用modem支持的RS232、USB、以太网和U盘端口来实现。DT 85可通过近距在线、远程遥控或通过互联网连接。网络服务器容许浏览器访问文档和数据库。不需要在上位机上安装任何特殊软件，也不需要上位机发出任何指令，通过互联网或移动电话的网络系统、FTP可及时将数据传递到办公室。

1.3 深圳市地质环境背景与斜坡类灾害特征

1.3.1 深圳市地质环境条件

（1）气象条件

深圳属南亚热带季风气候，长夏短冬、气候温和、日照充足、雨量充沛。年平均气温 23.0℃，历史极端最高气温 38.7℃，历史极端最低气温 0.2℃；一年中 1 月平均气温最低，平均为 15.4℃，7 月平均气温最高，平均为 28.9℃；年日照时数平均为 1837.6h；年降水量平均为 1935.8mm，全年 86%的雨量出现在汛期（4～9 月）。春季天气多变，常出现“乍暖乍冷”的天气，盛行偏东风；夏季长达 6 个月（平均夏季长 196d），盛行偏南风，高温多雨；秋冬季节盛行东北季风，天气干燥少雨。日最大暴雨量 412mm，全市日平均最大暴雨量 282mm，小时最大暴雨强度 99.4mm。多年平均蒸发量 1322mm，最小年蒸发量 1107mm。2008 年 6 月，深圳市经历了百年一遇的大雨。从竹子林国家气候观象台的记录来看，2008 年 6 月份降雨量高达 1386mm，占年平均降水量的 50%，6 月份有 9d 出现暴雨，其中 6d 为大暴雨，且 6 次过程中有 4 次过程的雨量超过 300mm，13 日出现最大雨强达到 107mm/h，打破 1997 年 7 月 19 日三洲田地区 1h 最大雨量 104.9mm 的历史记录。

（2）地形地貌

深圳市呈东西宽、南北窄的狭长形，陆地面积 1953km^2（参见文献[95]）。利用 5m 等高距的地形等高线生成深圳市的 20m×20m 的数字高程模型(DEM)，可以看出在总体地势上具有东南高的特点（参见文献[95]），山体最大高程 930 多米。根据地势高低变化将地貌类型划分为以下五种（图 1.9）：①高程大于 300m 的低山和高丘陵。高程大于 500m 的低山分布于海岸山脉的东、西两岸和大鹏半岛，占总面积的 1.05%；高程 300～500m 的高丘陵主要分布在海岸山脉、大鹏半岛、鸡公头、羊台山，占总面积的 4.37%。②高程 100～300m 的中低丘陵。分布较分散，分布于海岸山脉及大鹏半岛、龙岗河与坪山河的分水岭、羊台山周围，占 18.53%。③高程 50～100m 的高台地。主要分布于坪山河、沙湾河、观澜河的河谷平原两侧及西部三大水库的库区，占 27.10%。④高程 25～50m 的中低台地和阶地。中低台地主要呈弧形分布在深圳市西部及西南部沿海地带，阶地主要分布在东北部和西北部的河谷，占 21.91%。⑤高程 25m 以下的冲积平原、海积平原，占 27.04%。

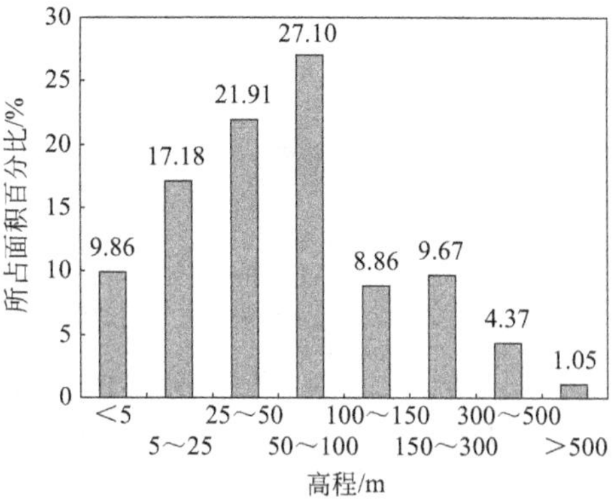

图 1.9　不同高程所占面积的百分比分布直方图

从地形坡度分布直方图可以看出（图 1.10），51.62%的面积地形平缓，坡度小于 5°，大于 20°的陡坡面积占总面积的 17.53%。正是由于深圳市地形高差较大、地形坡度较陡，加之高强度的台风暴雨，致使深圳市崩塌、滑坡等斜坡灾害比较严重。

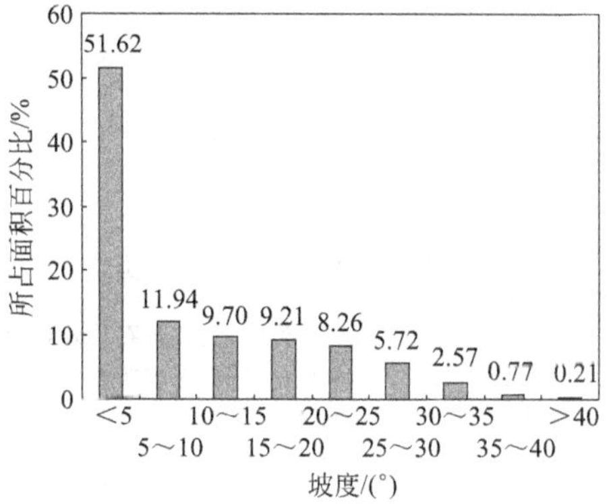

图 1.10　不同地形坡度所占面积的百分比分布直方图

(3) 地层岩性

深圳市区域内发育有震旦系、上泥盆统、石炭系、上三叠统、侏罗系、上白垩统及第四系等（参见文献［95］）。各时代地层特征见表 1.1。

表 1.1　深圳市各时代地层特征简表

地层系统			地层名称	地层岩性
系	统	代号		
第四系		Q		河流及浅海碎屑沉积，海湾和潟湖砂泥质沉积

续表

地层系统			地层名称	地层岩性
系	统	代号		
白垩系～古近系	上统	K_2E_1d	丹霞组	粉砂岩、细砂岩、泥岩
		K_2ss	三水组	为一套洪积相砂砾岩
	下统	Kg	官草湖群	山间湖泊相粗碎屑岩夹火山岩，岩性为紫红色复成分砾岩，火山岩以流纹质熔结凝灰岩夹层出现
侏罗系	上统	J_3K_1n	南山村组	流纹质凝灰岩、流纹岩夹有4层砂泥质碎屑岩
	中统	$J_{2\text{-}3}r$	热水洞组	下粗上细的酸性火山碎屑岩夹酸性、中酸性熔岩
		J_2jl	吉岭湾组	以石英砂岩为主，上部出现较厚的泥岩及钙质砂岩、粉砂岩等，夹火山岩
		$J_{1\text{-}2}t$	塘厦组	长石石英砂岩或石英砂岩、泥岩、砂质泥岩夹火山岩或凝灰质岩石
	下统	J_1qy	桥源组	长石石英砂岩、石英砂岩
		J_1j	金鸡组	上段(J_1j^1)为砂、泥岩互层，下段(J_1j^2)砂岩颜色较浅，泥岩、粉砂岩风化后多呈紫红色，间夹碳质页岩
三叠系	上统	T_3x	小坪组	石英砂岩、长石石英砂岩，上部为紫红色粉砂岩、粉砂质泥岩夹碳质页岩及煤线
石炭系	下统	C_1c	测水组	为一套海陆交互相砂泥质碎屑岩含煤建造，局部夹碳酸盐岩。下段为砂泥质岩夹碳质页岩，受断裂带影响，多已变质为石英岩及片岩；上段以石英砂岩为主
		C_1s	石磴子组	浅海相碳酸盐岩夹砂泥质岩，受燕山期影响多已变质为大理岩、白云质大理岩及结晶灰岩
		C_1ds	大赛坝组	石英砂岩、长石石英砂岩、粉砂岩、泥质粉砂岩和泥岩不等厚互层，夹含碳质泥岩及粉砂质泥岩与粉砂岩组成的韵律层，底部夹少量泥灰岩
泥盆系	上统	D_3c	春湾组	一套滨海潮坪相细碎屑岩为主的沉积岩，下段以砂岩为主，上段以页岩为主夹细粒石英砂岩和少量粉砂岩
	中、上统	$D_{2\text{-}3}l$	老虎头组	石英质砾岩、砂砾岩、含砾砂岩、中粒砂岩、细粒砂岩、粉砂岩和泥岩，局部夹含碳泥质粉砂岩
震旦系	下统	Z_1d	大绀山组	变粒岩、黑云母片岩、条带状混合岩互层出现，夹石英岩、含砾中粒石英砂岩等

此外深圳市侵入岩体分布较广泛，主要包括：下奥陶统黑云二长花岗岩，中侏罗统闪长斑岩、石英闪长岩、花岗闪长岩，上侏罗统黑云二长花岗岩，下白垩统黑云母二长花岗岩，上白垩统侵入岩黑云母二长花岗岩和花岗岩。

(4) 地质构造

深圳市地处中国东南沿海莲花山断裂带的南西段，东西向高要—惠来断裂带中段南缘地带，北西向珠江口大断裂北东盘，并且是莲花山断裂带北西支五华—深圳断裂带南西段展布区。受区域断裂带的影响，深圳市地质构造以断裂构造为主。北东向深圳断裂带斜贯全区，是区内的主导构造，对整个深圳市的地层、侵入体、变质岩分布、构造展布等具明显的控制作用；北西向断裂构造的发育程度仅次于北东向断裂，由一系列断裂束平行斜列式展布，多倾向北东，该组断裂对区内的微地貌、沟谷、溪流及泉群有较明显的控制作用；东西向断裂带在辖区不甚发育；南北向断裂发育程度差，规模小，仅有零星出露。

(5) 水文地质

按地下水赋存条件、水理性质、水力特征，深圳市地下水分为松散岩类孔隙水、基岩裂隙水、岩溶水三种类型。

松散岩类孔隙水分布在沟谷平原、河岸冲积平原、冲洪积阶地、冲积海积平原地带，面积约 $482.8km^2$。市区内松散岩类孔隙水的富水性较差，西部滨海地带水量较丰富。

基岩裂隙水按其含水介质性质可分为红层裂隙水、其他层状岩类裂隙水、块状岩类裂隙水。红层裂隙水分布在平湖至布吉一带的中生代及新生代坳陷盆地。层状岩类裂隙水广泛分布于横岗至沙湾、龙岗河和坪山河流域及大鹏半岛一带的丘陵地区。块状岩类裂隙水主要分布在海岸山脉、羊台山、大鹏半岛西部及南部。含水层为侏罗系火山岩及燕山期花岗岩，火山岩裂隙水分布于梧桐山、大鹏半岛南部。

岩溶水分布在荷坳至龙岗、坪山、葵涌三个谷地，含水层主要为下石炭统石磴子组灰岩和大理岩，含水层多属中等富水性。

(6) 新构造运动与地震

深圳市新构造运动类型主要有区域性升降运动、断裂与断块运动及地震活动。莲花山断裂带以西发育四级台地及三级夷平面，高度分别为 5～15m、20～25m、30～45m、60～80m、100～150m、200～250m 及 350～400m。深圳地区发育二级洪积阶地（3～5m、6～10m）、二级冲积阶地（3～7m、8～15m）和一级海积阶地（3～5m）。冲积阶地主要发育在布吉河以东的各主要河谷内，即主要分布在该地区的东部，西部地区只发育在茅洲河流域，观澜河西侧支流的龙华、横朗、章阁等处的阶地也很靠近大破河流域。这反映了近期的地壳上升运动有明显的区域差异。

深圳地区（包括香港地区及邻近海域）有史以来的地震活动不断发生，其中较大的破坏性地震有：1874年6月23日担杆岛5.8级地震，1905年8月12日澳门5.5级地震，1882年、1921年、1923年、1924年和1933年香港均发生过有感地震，其中1933年11月12日发生的为4级地震。深圳市历史地震资料较少，已有的历史记载中未发生过震级大于5级的地震。根据《深圳市地震烈度区划图》，本区为Ⅵ～Ⅶ度地震烈度区。从整体上看，深圳地区现代地震活动多以微震和弱震为主，震级东部相对较强、西部较弱，具有频率高、烈度小、震源浅等特征。

1.3.2 深圳市斜坡灾害特征

（1）地质灾害类型与特点

深圳市地质灾害类型主要有崩塌、滑坡、岩溶塌陷、软土地面沉降等。从早期崩塌、滑坡的个案调查，到后来的系统调查、评价等工作之后，对深圳市的地质灾害分布情况、发育规律和危害程度有了明确的掌握和了解。

1979～2004年，深圳市发生多起斜坡灾害和岩溶塌陷灾害。斜坡灾害主要包括：罗沙公路西岭山路堑边坡北坡东段3处滑坡、武警医院后山边坡滑坡、松朱水贝滑坡、金威啤酒厂滑坡、莲塘工业区钢窗厂滑坡、梅林关口羊宝地滑坡等。岩溶塌陷灾害主要有：1990年冬坑梓镇深汕公路两侧约10km范围内陆续发生十余处突发性塌陷坑，田心村一在建的四层民宅中心柱下发生深4m、面积30m^{2}的地面陷坑，龙岗街道新建不到一个月的一幢三层小楼一角墙基突然陷落形成直径3m深塌陷坑等。这些地质灾害造成了一定的经济损失和人员伤亡，之后相继开展了单点的治理工作。

2005～2006年，深圳市对辖区内地质灾害开展了摸底排查、调查和评价工作。深圳市斜坡灾害主要有崩塌和滑坡两种类型。根据2005～2006年深圳市边坡普查结果，全市共有人工边坡42747个：其中危险性小的边坡36125处，占普查边坡总数的84.4%；危险性中等的5724处，占总数的13.4%；危险性大的958处，占总数的2.2%。

根据2006年地质灾害调查结果，辖区内发育滑坡139处、崩塌244处、不稳定斜坡（潜在崩塌、滑坡）718处。在139处滑坡中，土质滑坡62处、岩质滑坡43处、土岩混合滑坡34处，总面积$11.30\times10^4m^2$，总体积$31.75\times10^4m^3$。滑坡平面形态多呈扇形、半圆形，剖面形态多为折线形、阶状，少数为凹形。滑坡一般发育有后缘陡坎，坡度一般为60°～70°，呈弧形或圈椅状展布。土质滑坡与滑体外围界线以不同成因岩土体界线为界，土质滑坡与滑体物质为人工堆积素填土、杂填土、坡残积粉质黏土夹碎石或碎石土，厚度一般为1～5m。岩质滑坡、土岩混合滑坡多沿软弱结构面，尤其是软弱泥化夹层滑动，滑带土含水率高，多呈软塑至流塑状，力学强度低，厚度为1～20cm；也有多组裂隙追踪形成切层滑面，后缘多受卸荷拉张裂缝控制，侧缘多以剪切裂缝为界，滑坡界线明显，滑体物质多为碎石土、碎裂岩、块裂岩。土质滑坡滑动面一般为土体与基岩接触界面，也有土体中的弧形滑面，滑带土一般为粉质黏土夹砾石，沿人工边坡坡脚或坡脚以上软弱结构面滑移剪出，因规模不大、形成年代不久，故滑带特征不太明显。在规模上，以小于1000m^3的小型滑坡为主，共128处，占滑坡总数的92%；土方量为1000～5000m^3的中型滑坡11处，占滑坡总数的8%（图1.11）。滑坡运动距离（L）与坡高（H）的比值在1.6以内的占总数的83.3%，大于2的占总数的5.5%（图1.12）。

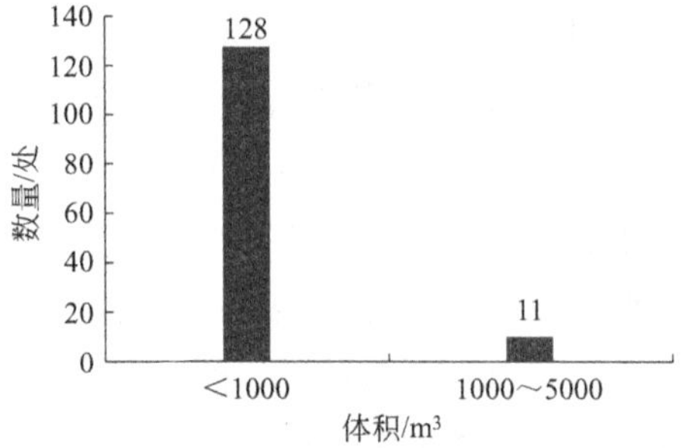

图1.11　滑坡规模频度直方图

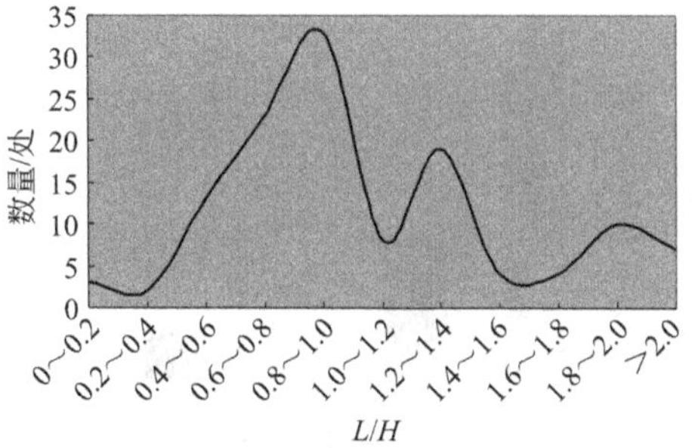

图1.12　滑坡运动距离（L）与坡高（H）比值分布图

崩塌是陡坡上被直立裂缝分割的岩土体，因下部临空，折断压碎或局部滑移，失去稳定，突然脱离母体向下倾倒、翻滚的自然现象。崩塌是深圳市地质灾害的主要灾种之一，且主要为人类工程活动引起的工程崩塌。调查 244 处崩塌总面积 $2.49\times10^4 m^2$，总体积 $4.7917\times10^4 m^3$，规模小于 $100m^3$ 的微型崩塌 172 处，占崩塌总数的 70%；$100\sim500m^3$ 的小型崩塌 57 处，占崩塌总数的 23%；$500\sim5000m^3$ 的中型崩塌 12 处，占崩塌点总数的 5%；大于 $5000m^3$ 的大型崩塌 3 处，占崩塌点总数的 2%（图 1.13）。

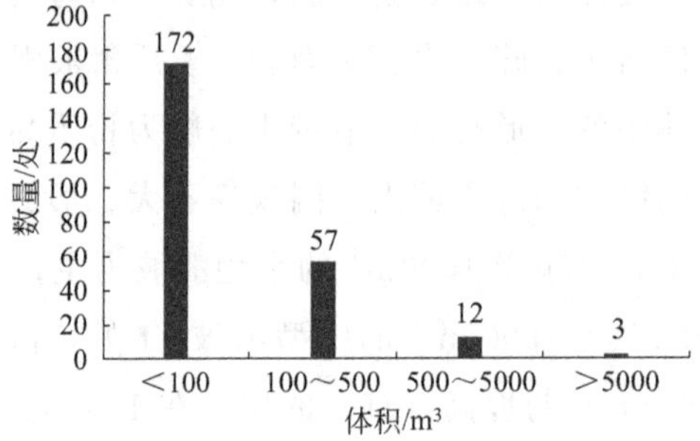

图 1.13　崩塌规模频度直方图

从崩塌体面积看，小于 $50m^2$ 的占 59.3%，小于 $100m^2$ 的占 79.4%（图 1.14）。崩塌平面形态多呈扇形、不规则长条形，剖面形态多呈折线形。崩塌堆积体平面形态多呈扇形、倒三角形，剖面形态多呈直线形。崩塌一般发育于人工边坡上部。崩源、危岩体前缘斜坡陡峻，崩塌临空条件好。崩塌堆积体以块石、碎块石土为主，块径大小不一，一般为 1～2cm，大者可达 2m，堆积体厚一般为 1～5m。崩塌运动距离（L）与坡高（H）的比值大部分在 1.2 以内、占总数的 83.3%，大于 2 的占总数的 5.5%（图 1.15）。

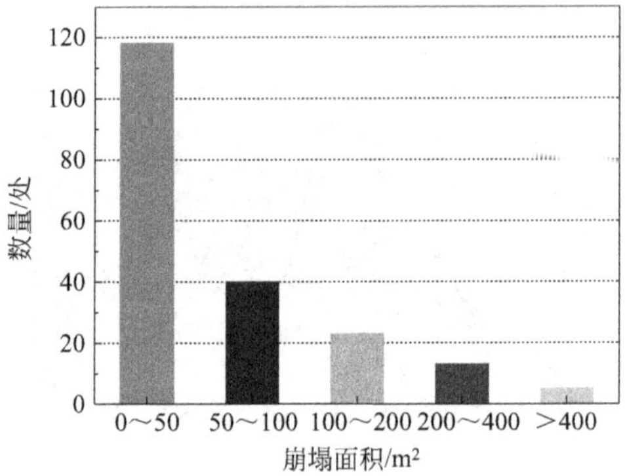

图 1.14　崩塌面积频度直方图

据统计，2005～2010 年已治理和即将治理的项目共约 1321 个，投入治理资金约 28 亿元，大规模治理从 2008 年开始。根据深圳市年度防治方案上报情况进行统计（图1.16），2008年后深圳市崩塌和滑坡灾害在逐渐减少。

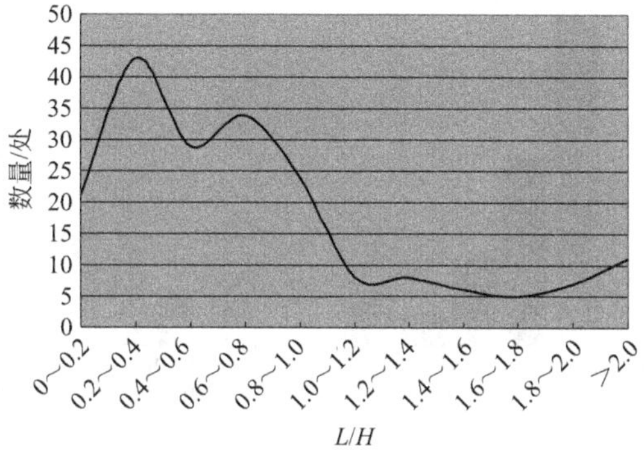

图1.15　崩塌运动距离（L）与坡高（H）的比值分布图

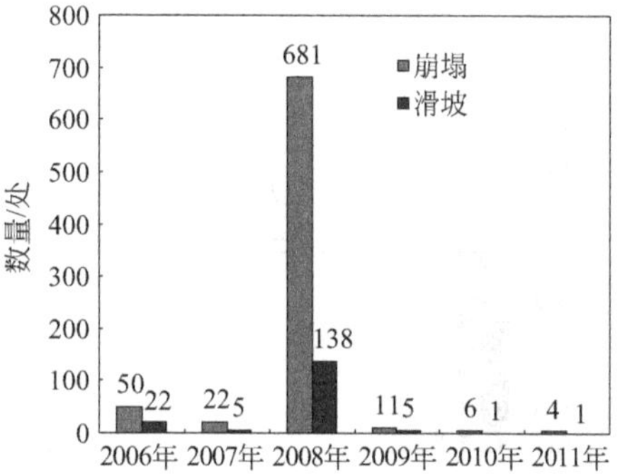

图1.16　深圳市2006～2011年滑坡、崩塌灾害治理数量

（2）深圳市斜坡灾害分布规律

斜坡灾害的分布规律主要受地形地貌、地层岩性、地质构造及人类工程活动等多种因素控制。斜坡灾害的产生与现代地貌呈伴生关系，分布高程与当地的微地貌有关，深圳市崩塌、滑坡地质灾害分布在丘陵山区、高台地的人工开挖坡脚处，分布在100m高差范围内。滑坡发生区高差大部分位于40～80m，占总数的69.4%［图1.17(a)］；崩塌发生区高差大部分位于20～70m，占总数的67.3%［图1.17(b)］。

地形坡度是斜坡灾害的发育重要影响因素之一。深圳市滑坡多发生于40°～70°边坡，占总数的94.2%［图1.18(a)］；崩塌多发生在50°～80°边坡，占总数的73.8%［图1.18(b)］。

岩土类型是影响斜坡变形破坏的主要因素之一。不同岩土类型边坡，其斜坡灾害的发育程度不同（表1.2）。斜坡类灾害以岩质边坡为主，占总数的

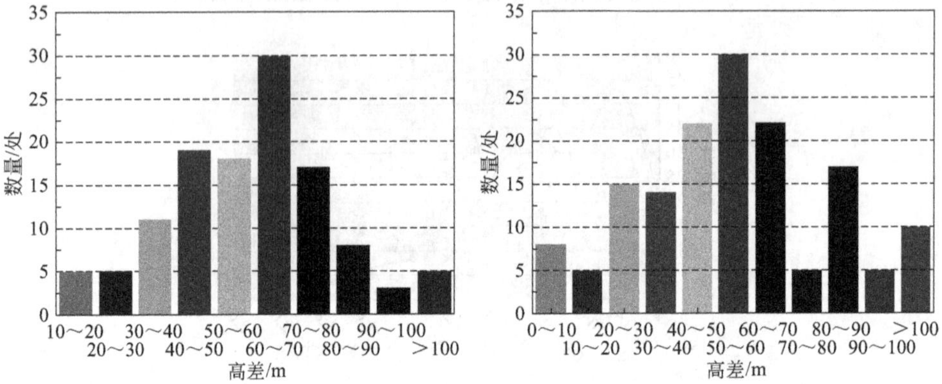

(a) 滑坡　(b) 崩塌

图 1.17　深圳市滑坡、崩塌灾害高差分布直方图

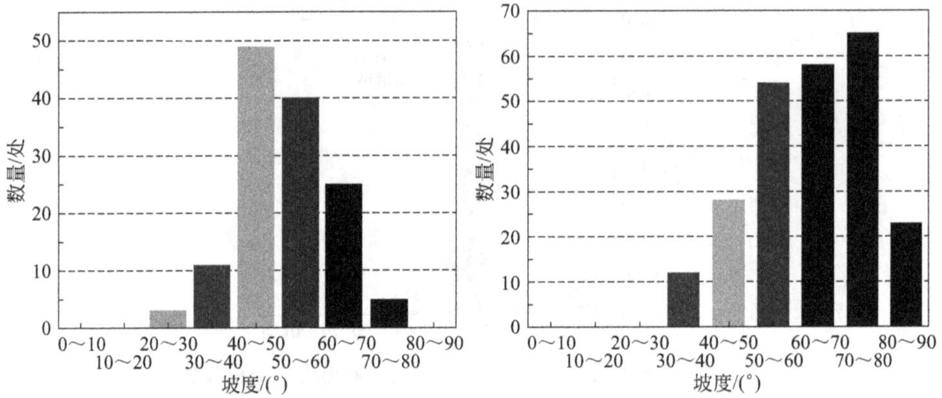

(a) 滑坡　(b) 崩塌

图 1.18　深圳市滑坡、崩塌灾害坡度分布直方图

42.83%；其次是土岩混合边坡，占总数的 29.07%；再次是土质边坡，占总数的 24.06%；填土边坡最少，占总数的 4.04%。

表 1.2　不同岩土类型边坡地质灾害发育程度统计表　　单位：处

斜坡灾害类型	岩土类型			
	土质	岩质	土岩混合	填土
滑坡	59	40	31	9
崩塌	90	100	54	0
不稳定斜坡	101	305	217	33
合计	250	445	302	42
占地质灾害总数/%	24.06	42.83	29.07	4.04

不同的岩性，滑坡地质灾害的发育程度也不同。滑坡主要发生在砂岩、花岗岩、残坡积土、泥岩、板岩和填土中［图 1.19(a)］。崩塌主要发生在花岗岩、砂岩、残坡积土、片麻岩、泥岩、变粒岩和板岩中［图 1.19(b)］。不稳定斜坡主要分布在花岗岩、砂岩、残坡积土、泥岩、片麻岩、变粒岩和填土中［图 1.19(c)］。因此斜坡灾害的发育受地层岩性控制明显，砂岩类地区易形成以滑坡为主的地质灾害，花岗岩类地区易形成以崩塌、不稳定斜坡为主的地质灾害。总体来说，发生在砂岩、花岗岩和残坡积土的斜坡灾害占总数的 87.33%。

深圳市地质灾害的形成受人类经济工程活动影响非常明显。土地减少、经济建设加强、人类工程活动日渐增强、大量的人类工程活动破坏了斜坡平衡状态，诱发了地质灾害的产生。已调查的地质灾害点 1203 处（含深圳所有地质灾害类型）中，受人类工程活动影响的 1189 处，占地质灾害点总数的 98.84%。

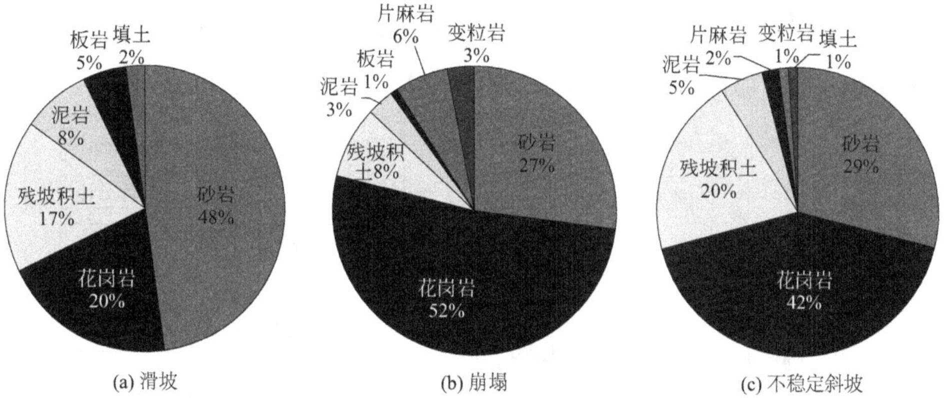

图 1.19　不同岩性滑坡、崩塌与不稳定斜坡发育程度饼状图

斜坡灾害的时间分布规律主要与降雨周期紧密相关，且地质灾害活动时间相对降雨过程多具滞后性。深圳多年平均年降雨量为 1966mm。每年 4～9 月为雨季，降雨量占年雨量的 84%，据不完全统计，已发生的崩塌、滑坡地质灾害 90%发生于这一时段，地质灾害的时间分布规律受降雨周期、降雨强度、持续时间影响明显。斜坡灾害的活动时间具有同时性和滞后性两种规律。有些在诱发因素的作用下立即活动，属同时性；但大多数滞后于诱发动力活动的时间，且滞后期长短不一。因降雨诱发的斜坡灾害多发生于降雨时或雨后数小时至数天，一般情况下，降雨量越大，滞后期越短。根据深圳市年度防治方案各管理局上报情况进行统计，2008 年深圳遭遇了百年一遇的强降雨，年内发生了 681 处崩塌和 138 处滑坡，是历年来数量最多的一年，崩塌和滑坡的发生均与强降雨有直接关系。

第 2 章 羊宝地填土边坡

2.1 引言

本章以深圳市羊宝地填土滑坡为例，对填土边坡的水文作用机理与破坏过程进行了研究。研究内容包括：

① 降雨条件下的水文响应研究，将监测分析与数值模拟相结合，研究降雨条件下填土边坡的饱和-非饱和水文响应过程及其对边坡稳定性的影响；

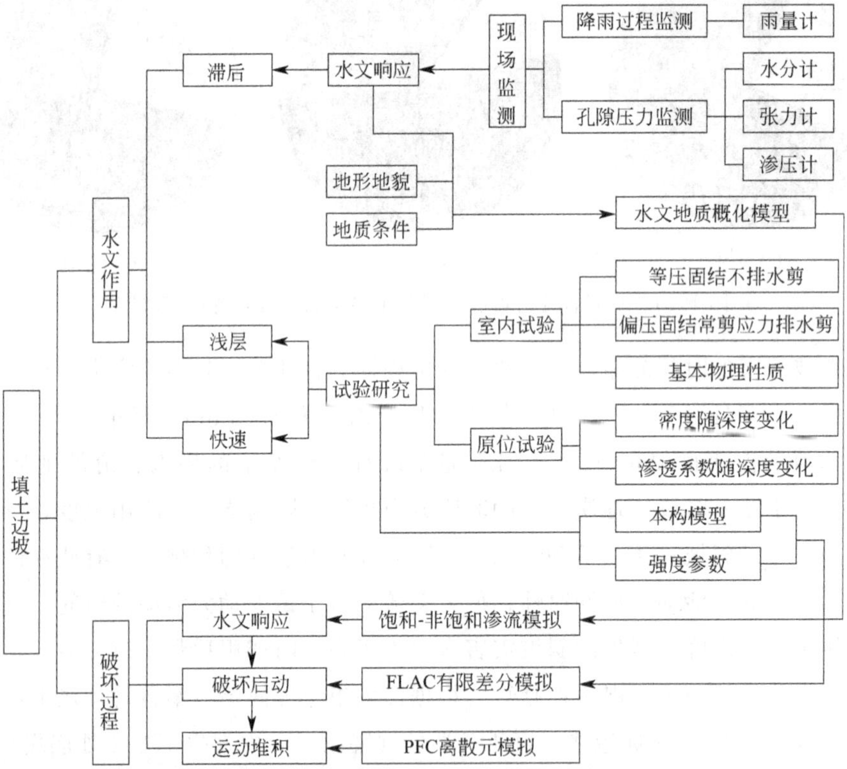

图 2.1 研究技术路线

② 破坏机理研究，依据降雨条件下填土边坡的破坏条件及应力路径试验，从填土应力-应变关系的角度出发研究填土滑坡机理；

③ 破坏过程研究，在监测分析、原位及室内试验的基础上，采用数值仿真技术，研究填土边坡的水文响应阶段、破坏启动阶段及运动堆积阶段的特点，为滑坡治理及风险分析奠定基础。

详细研究技术路线见图 2.1。

2.2 羊宝地填土滑坡概况

2.2.1 滑坡区地质环境条件

2.2.1.1 地形地貌特征

羊宝地滑坡位于深圳市宝安区东南部与福田区相接的梅林关附近，属深圳中部、塘朗山东部的丘陵地带。周边为大片人工挖掘平地，地形总体北东低、四周较高，海拔高程 104～385m，相对高差 281m。地表植被发育，覆盖程度高。

如图 2.2 所示，羊宝地滑坡位于斜坡的中下部，东侧为一关闭多年的采石场，总体为北东开口的“U”字形围椅状谷地，地形地貌受人工活动改造的痕迹明显；底部是采石场废弃的石料加工场地，地势相对平坦；南侧谷坡地势较陡，总体坡度约 30°，坡体上因采石开道，形成数级陡崖，采掘面上岩土裸露；滑坡顶部为采石场废弃的作业道路，顺该道路外侧的斜坡是采石场弃土弃渣区，普遍覆盖一层人工填土；北侧山坡主要为自然斜坡，顺坡脚为开采石料形成的陡坎，

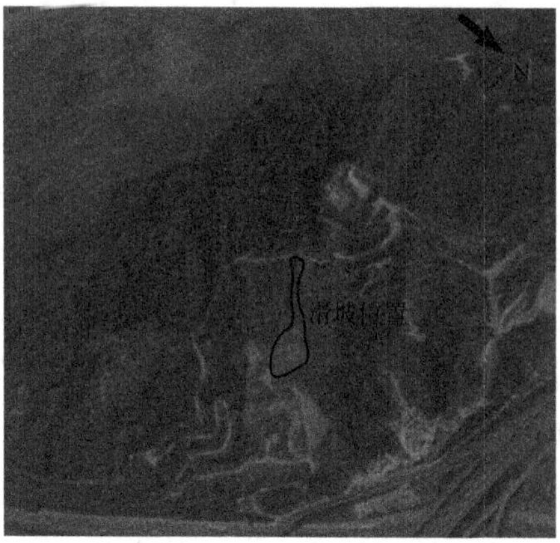

图 2.2 研究区三维影像图

陡坎高 5～10m，开采面上基岩裸露；滑坡西侧为一关闭的采石场，其南缘为采掘石料形成的陡崖，高度一般为 10～20m，坡度 70°～80°，其上基岩裸露。关闭采石场现作为弃土堆填场地，弃土采用分台堆填，每台高度 5～10m，台间设有马道，宽 8m，台面间为坡比约 1∶2 的斜坡，现已填筑台面 5～6 级，形成了大规模的人工填土边坡[96]。

2.2.1.2 地层岩性

滑坡区地层岩性简单，主要为燕山期粗粒花岗岩、花岗岩残积土及人工填土。花岗岩残积土分布于未经剥离的自然山坡上，与下伏强风化花岗岩呈渐变过渡，厚度随地形起伏变化，一般为 2～5m。人工填土分布广泛，主要为采石场弃土[96]。填土组成随位置不同而有所变化，滑坡区主要为全强风化花岗岩填土，土质松散，厚度 3～10m 不等。滑坡区东侧填土为大直径花岗岩块石夹杂全强风化花岗岩。花岗岩块石直径在 0.2～2m 之间，分布极不均匀。

2.2.1.3 地质构造

滑坡区附近断裂带以北西向分布为主，共有 14 条断裂带，主要发育于燕山期岩体中，以压性、压扭性为主（参见文献 [95]）。虽然这些断裂带对滑坡的产生没有直接的影响，但这些压性、压扭性的断裂致使花岗岩体内有多级裂隙面、节理裂隙发育。依据地表出露的基岩，花岗岩体内主要发育有三组节理，第一组走向 195°～208°，倾角 90°左右；第二组走向 148°，倾角 218°；第三组走向 180°，倾角 67°。

2.2.1.4 水文地质条件

滑坡区地下水主要为基岩裂隙水及第四系松散孔隙水，以降雨补给为主，以泉的形式向地表排泄。基岩裂隙水主要分布于近地表的花岗岩风化裂隙中，明显受风化及地形控制。当地形切割达到风化裂隙含水层时，地下水即以下降泉的形式出露地表。滑坡区内多处采石面切割花岗岩风化裂隙带，揭露花岗岩风化裂隙水，形成下降泉，水量小[96]。第四系松散孔隙水赋存于第四系残坡积土及人工填土中，由于滑坡区残坡积层厚度小，且分布于山坡地表浅部，储水性能差，一般不含水；而广泛分布的人工填土，储水性能因堆填材料粒度不同而有差异。颗粒较细的人工填土，含水率较高；而块石含量较大的填土，储水性能较差。

2.2.2 滑坡特征

2.2.2.1 滑坡滑动破坏特点

羊宝地滑坡位于“U”字形围椅状谷地后缘的填土边坡上，坡度 20°～25°，坡下为近水平的平地（图 2.3、图 2.4）。该填土滑坡于 2002 年 9 月 18 日 13:40 分发生破坏，滑体在到达坡脚平地后，以流动的方式继续向前运移了 140m，造成半山坳的违法搭建窝棚倒塌，十余间窝棚被泥土掩埋，经初步统计，此次事故造成 5 人死亡、31 人受伤。滑坡呈勺形，主轴总体走向约 45°，总长约 315m（图 2.3）。

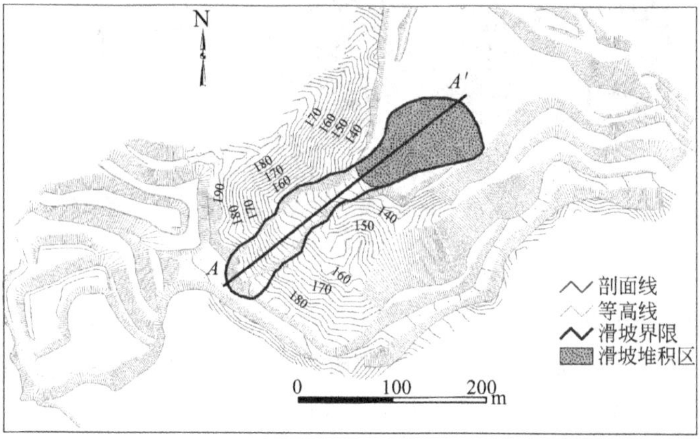

(a) 平面图

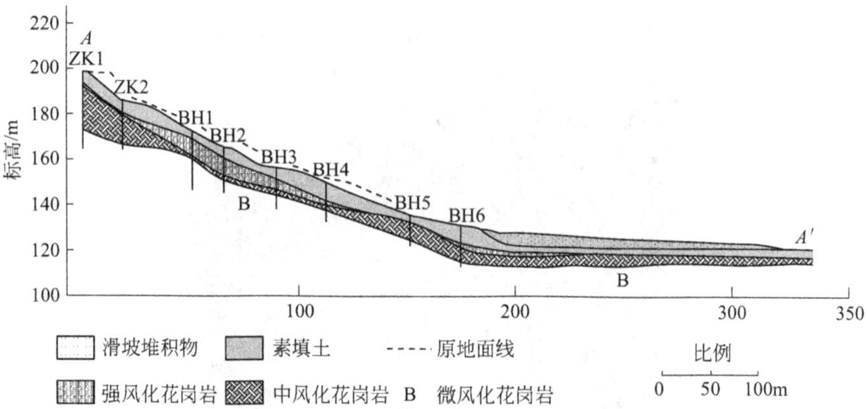

(b) 剖面图

图 2.3 羊宝地滑坡工程地质图

滑坡地貌特征明显，滑坡后壁、侧壁、滑舌均清晰可见（图 2.4）。滑后滑床显示为一明显顺坡向的沟槽，沟槽长约 170m、宽 30～50m。滑面前缘位于沟口位置，高程约 130m，滑坡后缘高程 199m，高差约 70m，平均坡度约 22°，主滑方向 N50°E。滑坡壁呈开口的袋状地形，后壁呈围椅状，高约 12m、宽约 50m，滑坡两侧为陡坎或陡坡，高度一般为 3～8m。通过滑前与滑后地形的对比分析，滑坡体厚度在 3～8m 之间，属浅层滑坡。

图 2.4　滑坡侧景图

滑坡滑动后，滑动土体脱离滑床，沿 N57°E 向前滑动 140m，舌状堆积在坡下近水平的平地上。舌状堆积体宽 30～80m，前缘及两侧薄、中后部较厚，一般厚度为 1～3m，最大厚度约 5m，估计体积为 $2.5\times10^4\mathrm{m}^3$。

滑体在滑动过程中由于受到地形影响，在高程 140～155m 处拐弯而使滑体的运动方向由 N43°E 转为 N57°E，因而在地形凸出侧形成了高约 5m 的超高堆积（图 2.5），赵春宏和戴福初（2007）以此推算出滑体在该处的运动速率为 7m/s。从滑

图 2.5　弯道超高堆积

坡滑动速率、滑体物质运动距离、堆积体地貌形态特征来看，该滑坡为流滑破坏。

2.2.2.2 降雨特征

降雨是滑坡发生的诱发因素。通过对滑坡东南部约 10km 的雨量站的降雨资料分析（图 2.6），滑坡发生前 9 月份的累计降雨量为 384mm；在滑坡发生前 3d 连降暴雨，累计降雨量达 247.8mm，最大小时降雨量为 23.2mm，出现于 9 月 16 日 1:00～2:00，最大 24h 降雨量为 128.8mm，出现于 9 月 15 日 3:00 至 9 月 16 日 2:00；而在 9 月 18 日，滑坡发生前仅有 3.8mm 的降雨量。从滑坡发生时间与降雨过程的相互关系来看，该滑坡发生在雨停后的 13h，因此为滞后型滑坡。

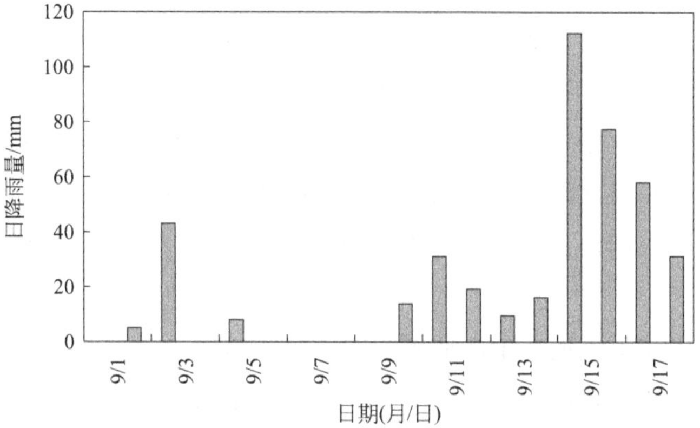

(a) 日降雨量

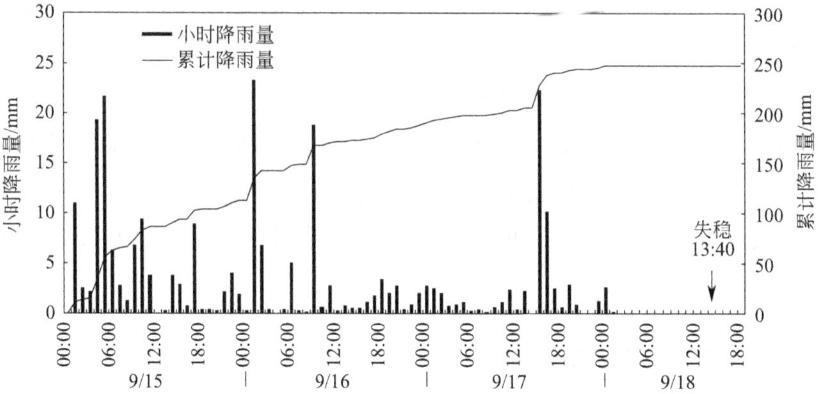

(b) 2002年9月15～18日各时段及累计降雨量

图 2.6　滑坡东南部约 10km 的雨量站的降雨资料

长时间的降雨大量入渗到滑坡体上的人工填土层内，致使土体含水率增加、地下水位升高，加之滑坡在地形上为一凹槽，对地下水有汇流作用。从滑坡发生后随即开展的应急调查来看，上部滑坡土体为近饱和，滑坡体内已形成水位较高的饱和地下水流。

2.3 填土边坡水文响应

2.3.1 监测方案与实施

降雨是诱发羊宝地滑坡的触发因素。从水文响应的角度出发，降雨诱发滑坡有三种途径：①雨水下渗，基质吸力降低甚至丧失，导致失稳[17,18]；②雨水下渗到地下水位或隔水层后，随着雨水入渗的不断补给，地下水位或隔水层上部瞬态地下水位抬升，造成坡体孔隙水压力增大、有效强度降低，导致失稳[28]；③坡体内存在渗透系数相对较高的地层，降雨时大量的雨水经该层在地表出露位置渗入坡体内部，并因该地层的空间分布及各层间渗透系数的差异，造成该层地下水囤积、微承压，从而造成上层坡体孔隙水压力增大、有效强度降低，导致失稳[97]。

本节主要从研究羊宝地填土滑坡水文响应角度出发，通过对降雨量、孔隙水压力、基质吸力及体积含水率的监测，研究羊宝地填土边坡的饱和-非饱和渗流过程，分析羊宝地填土滑坡的水文作用机理。

鉴于监测时，羊宝地填土滑坡已发生，地形地貌已发生改变，滑床残余填土已受扰动，单监测该滑坡主断面，难以准确表达滑坡前边坡的水文响应情况。故在监测设计中不仅考虑滑坡主剖面，还选择对原滑坡区外右侧填土边坡进行监测（图 2.7）。滑坡区外右侧填土边坡未受滑坡影响，且地层分布、工程地质条件与原滑坡滑动前相近。对滑坡区外右侧填土边坡的监测可以对比研究原滑坡失稳的水文因素，有助于了解降雨条件下原滑坡区的饱和-非饱和水文响应过程。

2.3.1.1 监测仪器及其布置

本次监测主要采用了雨量计、张力计、水分计、渗压计等监测仪器。雨量计置于监测范围内，主要目的是监测降雨量，是利用其他监测仪器分析不同降雨强度及持续时间条件下坡体水文响应的基础。

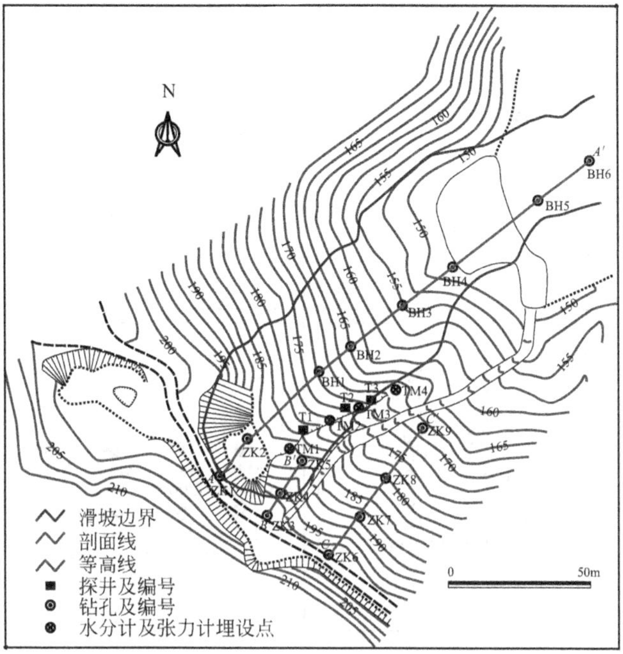

图 2.7　勘察监测布置图

张力计量测的是土体内的基质吸力。水分计量测的是土体中的体积含水率。一般在仪器埋设中，张力计与水分计相隔一定距离，成对埋设，用于监测降雨条件下边坡土体的饱和-非饱和入渗过程。张力计与水分计共埋设于四个位置，从坡上向坡下依次为 TM1、TM2、TM3 和 TM4，位于滑床右侧填土内，该位置的填土在原有滑动过程中未受到干扰（见图 2.7）。每个位置设计深度为 0.5m、1m、2m、3m。在埋设过程中，受实际情况限制，实际埋设深度与设计深度略有出入，但相差不大（见图 2.8）。

渗压计埋设共分为 $A—A'$、$B—B'$、$C—C'$三个剖面。$A—A'$剖面位于原滑床中部，$B—B'$和 $C—C'$剖面位于原滑床右侧、未受原滑坡影响的填土边坡内（见图 2.7）。图 2.9～图 2.11 为渗压计在三个剖面埋设的钻孔号及对应的埋深。羊宝地滑坡滑后，曾在滑床上发现有泉水出露，因而在 $B—B'$及 $C—C'$两个剖面，每个钻孔内埋设两个渗压计。一个位于地下水位以下、中风化花岗岩内，用于监测降雨条件下地下水位的变化情况；另一个位于填土层底部，距离填土层底部 0.5m，用于监测填土层内水位的变化情况。这样埋设渗压计的目的是查明降雨条件下填土内地下水位及下伏岩土体内地下水位的变化及其相互关系。

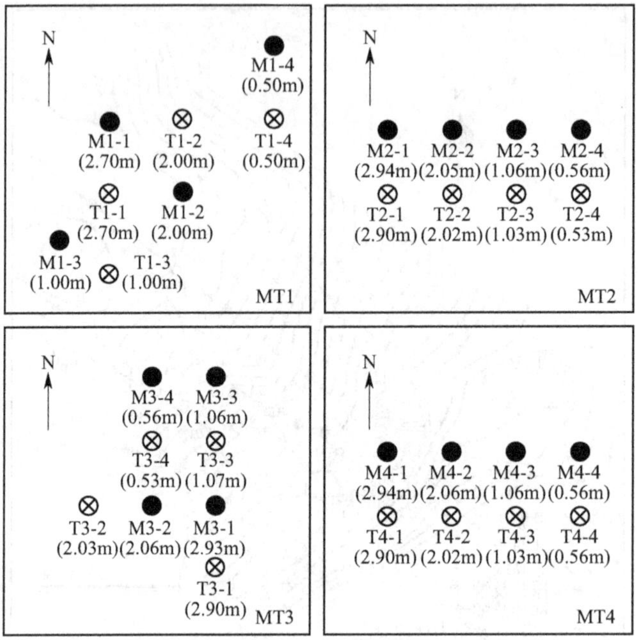

图 2.8 水分计、张力计埋设位置示意图

●水分计编号及埋深；⊗张力计编号及埋深

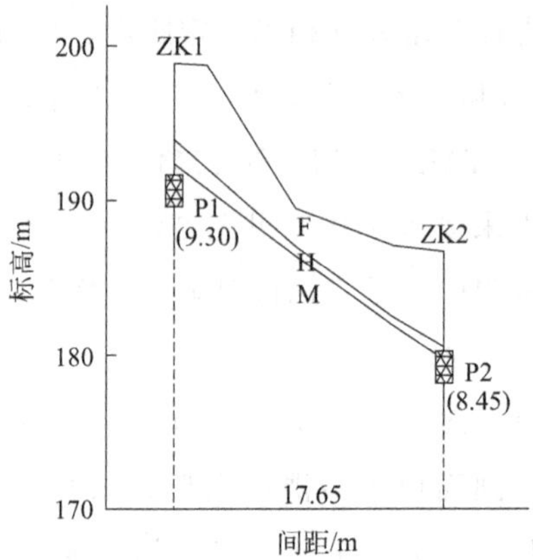

图 2.9 $A—A'$剖面渗压计埋设位置图

F—素填土；H—强风化花岗岩；M—中风化花岗岩；⊠—渗压计；

P2—渗压计编号；(8.45) —渗压计埋深，m

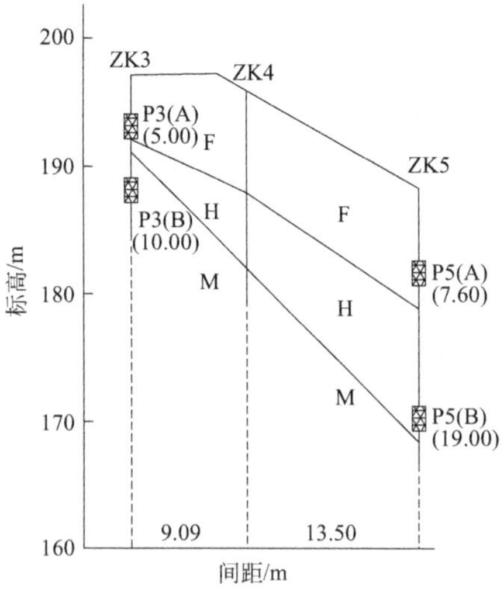

图 2.10 $B—B'$剖面渗压计埋设位置图

F—素填土；H—强风化花岗岩；M—中风化花岗岩；▩—渗压计；

P5(B)—渗压计编号；(19.00)—渗压计埋深，m

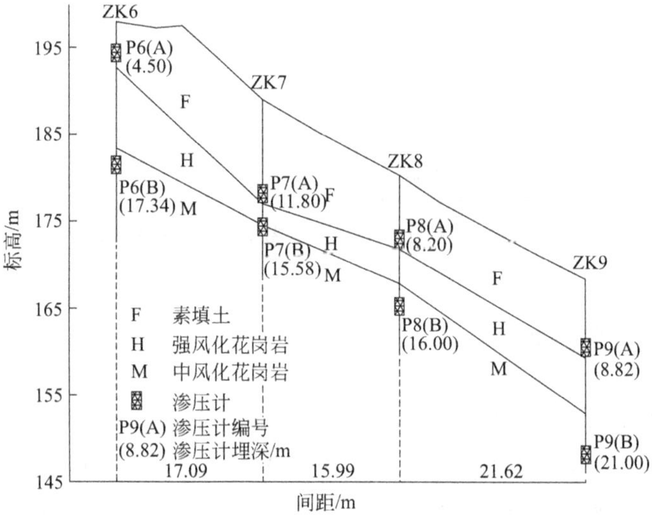

图 2.11 $C—C'$剖面渗压计埋设位置图

2.3.1.2 数据采集与传输

现场监测过程中的所有数据采用自动数采仪采集，采集时间间隔为 15min。因监测点在外接电源方面存在许多不便利条件，对数据自动采集仪与无线即时传输系统采用太阳能进行供电。

测点的传感器通过外接电缆与自动数采仪的通道相连，传感器所测得的数据通过传感器的外接电缆进入自动数采仪，自动数采仪的 RS232 端口与 GSM 调制解调器相连，利用天线进行数据的传输（图 2.12）。

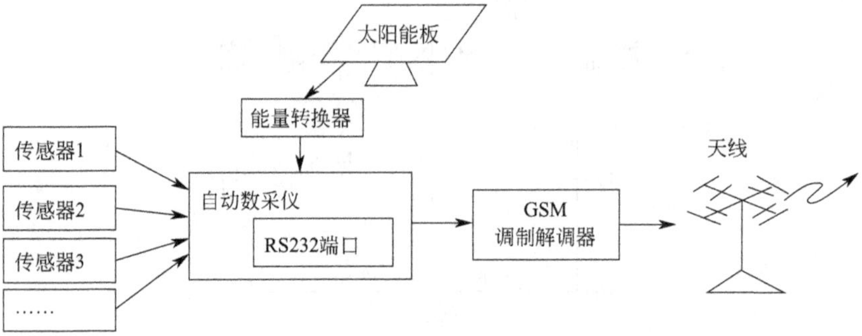

图 2.12　数据的自动采集与无线发射系统示意图

办公室台式机或笔记本电脑利用电话线，拨通无线发射系统中安装在 GSM 调制解调器中的 SIM 卡号后，即可通过 GPRS 天线实时接收无线发射系统传出的监测数据（图 2.13）。

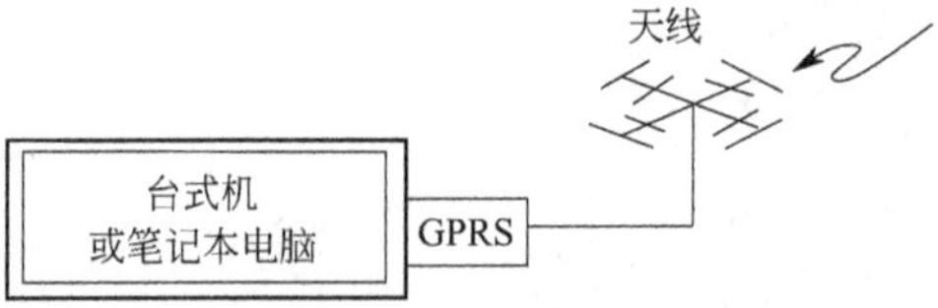

图 2.13　监测数据实时接收无线发射系统示意图

2.3.2　监测数据分析

本次所用监测数据时间段是从 2008 年 6 月 5 日至 2009 年 3 月 17 日，历时约九个多月。虽然本次监测周期不到一个水文年，但基本包括了深圳市的雨季和旱季，可以清楚地表达出监测期间雨季、旱季间的一个循环，为分析一个水文年内的地下水位变化、边坡降雨条件下的饱和-非饱和入渗过程等提供了数据。

2.3.2.1　降雨量

图 2.14 及图 2.15 分别为雨量计记录到的日降雨量及小时降雨量图，表 2.1 为据图 2.14 得出的 6～7 月份四次降雨的降雨特征。

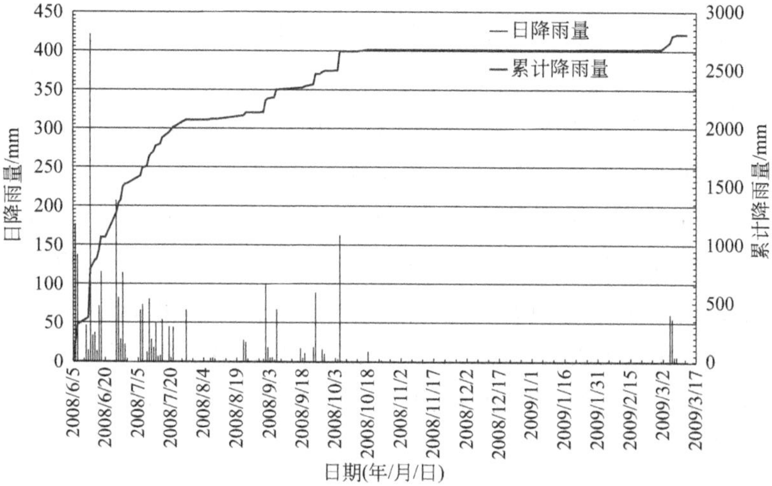

图 2.14　2008/6/5～2009/3/17 期间的日降雨量及累计降雨量

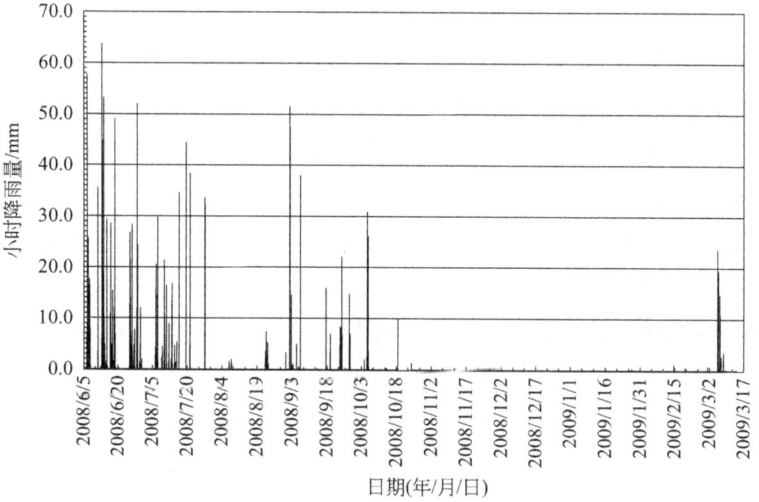

图 2.15　2008/6/5～2009/3/17 期间的小时降雨量

表 2.1　降雨特征

降雨事件	降雨日期	最大日降雨量/mm	持续时间/d	累计降雨量/mm	平均日降雨量/mm
1	2008/6/5～6/7	176.6	3	314	104.7
2	2008/6/11～6/20	420.6	10	752	75.2
3	2008/6/25～6/30	207.2	6	458.4	76.4
4	2008/7/6～7/16	72.8	11	394.2	35.8

从图表中可以得出：

① 研究区雨、旱两季分界明显，从监测时段内的降雨量来看，降雨主要集中于 6～10 月份，11 月份到来年 2 月份基本没有降雨。

② 雨季期降雨具有强度高、持续时间久的特点，是典型的台风降雨特征。监测期间最大日降雨量高达 420.6mm，最大小时降雨量为 63.8mm。6 月初至 7 月中旬共有四次降雨，最短持续时间 3d，最长达 11d。

③ 已有研究发现，强度低、持续时间长的降雨会充分入渗到坡体深部，降低基质吸力、抬升地下水位，多诱发深层滑坡；强度高、持续时间短的降雨使表层土体饱和或近饱和，基质吸力大幅降低或完全丧失，多诱发浅层滑坡。羊宝地的降雨特征融合了前人滑坡研究中的两种对边坡稳定最不利的降雨特征。降雨强度高，会使浸润锋以近饱和或饱和的形式向下扩展，持续时间长显然将抬升地下水位，增大孔隙水压力。

2.3.2.2 渗压计

图 2.16～图 2.23 分别为渗压计监测到的水位埋深变化曲线，其中 P3（B）因传感器故障未能监测到数据。结合渗压计降雨响应表（表 2.2）、图 2.16～图 2.23 及现场勘察可以得出以下几点初步认识：

① 对比历经雨季和旱季的整个监测期间的水位变化，可以看出监测范围内地下水位的一个循环过程：在雨季降雨条件下地下水位抬升，雨后地下水位回落；在旱季，地下水位以远小于雨季的回落速率持续回落，直至达到稳定值，或是在回落到稳定值前，下一个雨季来临，地下水位又开始新一轮的变化循环，如 P1（图 2.16）、P2（图 2.17）、P6（B）(图 2.20)、P8（B）（图 2.22）和 P9（B）（图 2.23）所示。

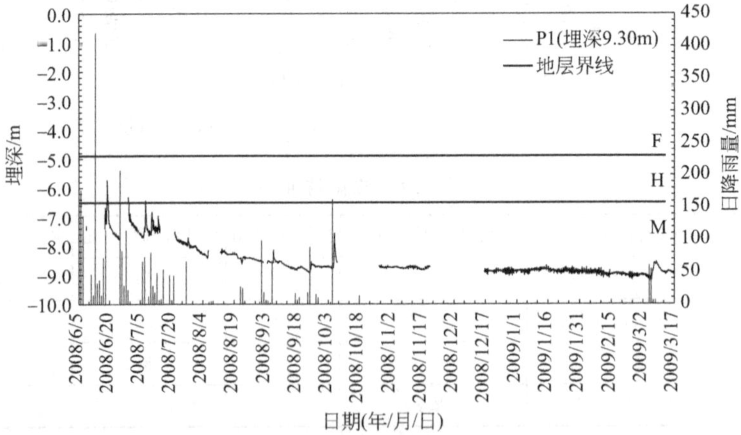

图 2.16 渗压计 P1 水位埋深变化曲线

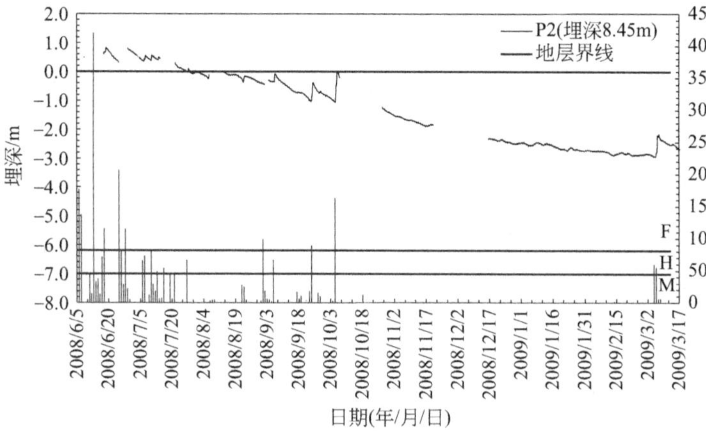

图 2.17 渗压计 P2 水位埋深变化曲线

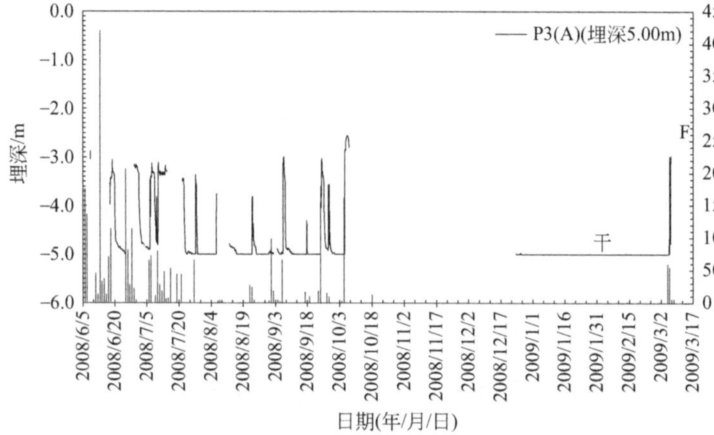

图 2.18 渗压计 P3（A）水位埋深变化曲线

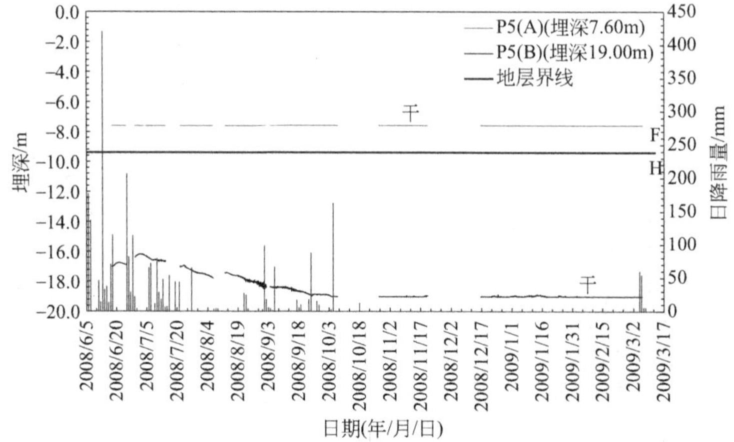

图 2.19 渗压计 P5（A，B）水位埋深变化曲线

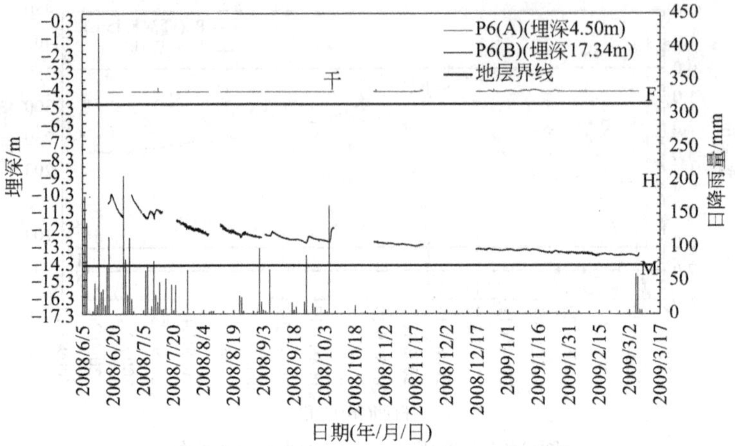

图 2.20　渗压计 P6（A，B）水位埋深变化曲线图

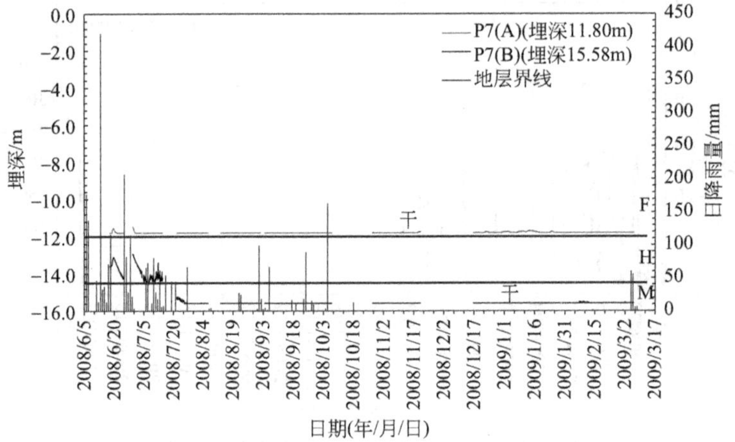

图 2.21　渗压计 P7（A，B）水位埋深变化曲线

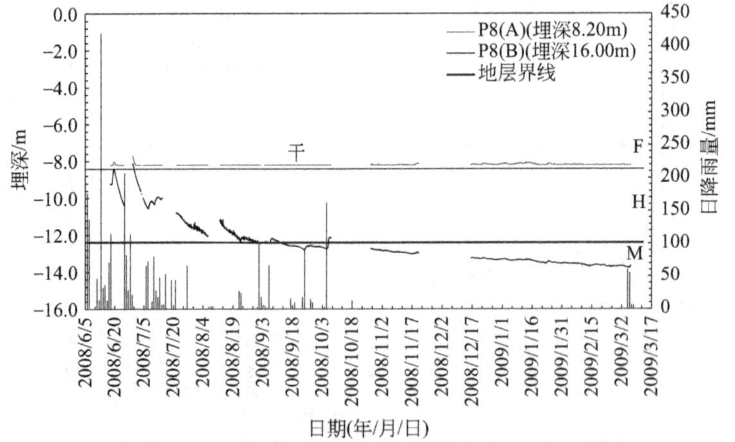

图 2.22　渗压计 P8（A，B）水位埋深变化曲线

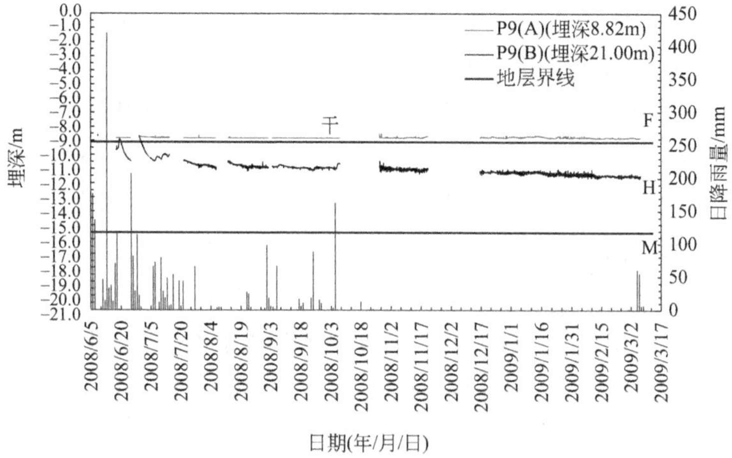

图 2.23　渗压计 P9（A，B）水位埋深变化曲线

表 2.2　渗压计降雨响应

剖面	A—A′		B—B′		C—C′			
渗压计编号	P1	P2	P3(A)	P5(B)	P6(B)	P7(B)	P8(B)	P9(B)
埋设层位	中风化	中风化	填土层	强风化	中风化	中风化	中风化	中风化
初始响应/h	4.27	4.77	5.02	38.52	10.77	14.52	21.52	12.02
峰值响应/h	22.50	23.00	21.00	26.25	36	30.75	30.25	35.33
水头差/m	1.29	0.21	0.76	0.04	0.49	0.46	0.44	0.33
响应速率/(10^{-6}m/s)	15.9	2.5	10.1	0.4	3.8	4.2	4	2.6

注：本表是以 2008/7/6 7:14 开始的那次降雨为例来对比研究各点渗压计的降雨响应。初始响应为开始降雨后，渗压计显示水位不再下降时的用时。峰值响应为初始响应后，渗压计显示水位达到峰值的用时。水头差指峰值与初始响应时刻的水头差。

② *A*—*A*′剖面和 *C*—*C*′剖面中风化层内孔隙水压力变化受降雨影响比较大。由埋设于 *A*—*A*′剖面中风化层内的渗压计 P1（图 2.16）和 P2（图 2.17）及 *C*—*C*′剖面中风化层内的渗压计 P6(B)(图 2.20)、P7(B)(图 2.21)、P8(B)（图 2.22)、P9(B)（图 2.23）监测到的水位埋深变化曲线与日降雨量对比可以看出：降雨条件下，单次累积降雨量越大，中风化层中的渗压计监测到的水位抬升越高；累积降雨量小或无降雨时，水位逐渐回落。

③ *A*—*A*′剖面中风化层内的地下水具有一定承压性质。强降雨期间，P2（图 2.17）监测到的水头高出地表，且监测到的最大水头超出地表 0.82m，并在

埋设 P2 的钻孔 ZK2 地表附近发现有泉水溢出，但泉水水头最高不超出地面 0.05m，这表明中风化层内的地下水具有一定的承压性质。据此可以推测出，泉眼的形成是降雨期间和降雨过后中风化层内地下水承压，部分地下水向上渗透达到填土层，甚至溢出地表。P2（图 2.17）还表明，累积降雨量越大，水头抬升越高。2008/6/30～2008/7/6 之间虽没有降雨，P2 水头逐渐下降，但承压现象依然存在，这也表明此位置中风化层的排泄速率较小。虽然这段时间没有降雨，但降雨期间中风化层储存的地下水需耗费一定的时间排泄出去。

④ $C—C'$剖面中风化层内的地下水也具有一定的承压性质。P8（A）和 P8（B）（图 2.22）表明降雨条件下填土层和中风化层内水位均抬升，并且中风化层水位抬升到填土层，但两者监测到的水位却不相同，最大处相差约 0.6m，可见不是埋设位置的误差所致。

⑤ 中风化层内水位变化滞后于降雨，但滞后时间较短。滞后是因为降雨须通过一定的渗流途径才能达到中风化层。降雨滞后时间较短的原因一般有两种：一是渗流途径短，二是渗流速度快。中风化层上覆强风化层的渗透系数相对较低，如果中风化层内的地下水完全依靠降雨垂直入渗补给，则滞后时间长。钻探揭露中风化层花岗岩节理裂隙发育、渗透系数较高，同时现场量测到节理走向与监测剖面的走向大致一致。由此推测，监测到的中风化层内的水位随降雨的变化，主要是由中风化层内部的侧向径流补给引起，而不是降雨垂直入渗所致。分水岭附近有节理裂隙发育且饱含裂隙水的中风化层出露，给中风化层内部侧向径流提供了补给来源。

⑥ 由 P1（图 2.16）和 P2（图 2.17）可以看出，相对其他两个剖面，$A—A'$剖面降雨期间地下水位埋深较浅。这是因为地下水主要赋存于中风化层中，而 $A—A'$剖面中风化层的埋深相对其他两个剖面较浅。这可能也是 $A—A'$剖面位置发生滑动而 $C—C'$剖面位置依然稳定的原因之一。

⑦ $B—B'$剖面的 P3（A）（图 2.18）对降雨响应敏感，水头抬升和回落速率较大。虽然埋设于中风化层中的 P3（B）因故障未能测到数据，但还是可以从降雨响应的敏感性判断出 P3（A）测到的水位是填土层内的滞水，而不是中风化层内地下水承压所致。如果渗透路径是中风化层内的承压水经中间渗透系数相对较小的强风化层向上入渗到填土层中，填土层中降雨响应不会如此敏感。填土层水位响应敏感是由于 $B—B'$剖面回填材料主要是大量大直径块石夹杂部分全风化花岗岩，渗透系数较高，所以会在降雨中水头快速抬升，而在降雨后由于侧向渗流排泄，快速回落。

⑧ $B—B'$剖面的 P5（B)（图 2.19）埋设于强风化花岗岩中，监测数据表明，该剖面强风化层内水位同样受降雨影响，但与中风化层相比，同等条件下水位变化幅度较小，滞后时间较长。这是由于中风化层承压，强风化层内水位主要靠中风化层内的承压水向上渗透补给。因强风化层渗透系数相对小于中风化层，中风化层对强风化层的补给速率小于中风化层自身的侧向补给，导致水位变化小，滞后时间长。

⑨ $C—C'$剖面填土层中存在少量滞水。由 P7（A)（图 2.21）和 P8（A）（图 2.22）可以看出，在第 2 和第 3 次降雨中，填土层测到水位，但该水位均高于对应位置 P7（B）和 P8（B）测到的中风化层中水位，因此排除该水位是像 $A—A'$剖面中那样由中风化层承压向上渗流产生的。由 P7（A）和 P8（A）还可以看出，$C—C'$剖面的填土层只有在降雨强度大、持续时间长的情况下才会出现滞水，且滞水水位较低，并在雨后快速消散。这是由于该剖面填土层主要是由大量块石夹杂全风化花岗岩组成，渗透系数较大、排泄能力强。当降雨强度小或持续时间短时，该位置填土层内的补给量难以超越最大排泄量，无滞水出现。当降雨强度大时，补给量超过排泄量，有滞水出现；降雨停止后，受较强的排泄能力影响，滞水快速消散。

⑩ $C—C'$剖面填土层渗透系数大于强风化层。因为中风化层的渗透系数大于强风化层，如填土层渗透系数小于强风化层，会导致填土层中的水渗入到中风化层中，则 P7（A）和 P8（A）难以产生滞水。$C—C'$剖面中，填土层内的 P6（A）（图 2.20）和 P9（A）（图 2.23）没测到水位，是该处补给量小于最大排泄量所致。

⑪ 由图 2.21 和图 2.22 可以看出，埋设于 $C—C'$剖面填土层中的 P7（A）、P8（A）与对应中风化层中的 P7（B）、P8（B）分别量测到不同的水位。考虑到中风化层渗透系数高于强风化层，填土层受堆填材料影响性质分布不均匀，判定此水位差异是由于中、强风化花岗岩及填土三层中强风化层渗透系数差异引起的。填土层中测到的水位不是中风化层内的地下水承压向上渗流所致，中风化层测到水位不会小于填土层中所测到的。P7（B）测到的水位还表明，不论此处中风化层承压与否，中风化层内的水位都不能达到填土层。因而填土层中的水位主要是降雨入渗及填土层的侧向补给所引起的。填土层分布不均匀，$A—A'$附近填土层材料主要是由全风化花岗岩组成，颗粒较细，附近位置的原位试验测到的渗透系数较小；而 $C—C'$附近填土层材料主要是由大量大直径块石夹杂部分全风化花岗岩组成。填土材料的差异会造成两个剖面渗透系数存在差异，故P7(A)、

P8（A）测到填土层中存在瞬态地下水流，是由于该处渗透系数较高、下伏强风化层相对隔水、降雨入渗而形成。

上述分析由现场观测到的泉水由填土底部渗出（图 2.24）和附近基岩地下水沿裂隙渗出（图 2.25）得到验证。

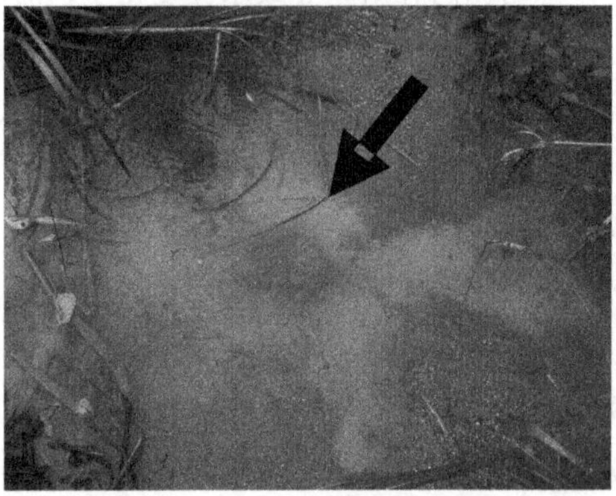

图 2.24　ZK2 附近雨后泉水出露

图 2.25　附近出露花岗岩

2.3.2.3　水分计及张力计

图 2.26～图 2.28 为水分计测到的体积含水率随时间变化的曲线。图 2.29 和图 2.30 为张力计测到的基质吸力随时间变化的曲线。为了便于对比，制图过程中采用了相同的坐标轴。通过对体积含水率及基质吸力随时间变化曲线的观察可以得出以下几点认识。

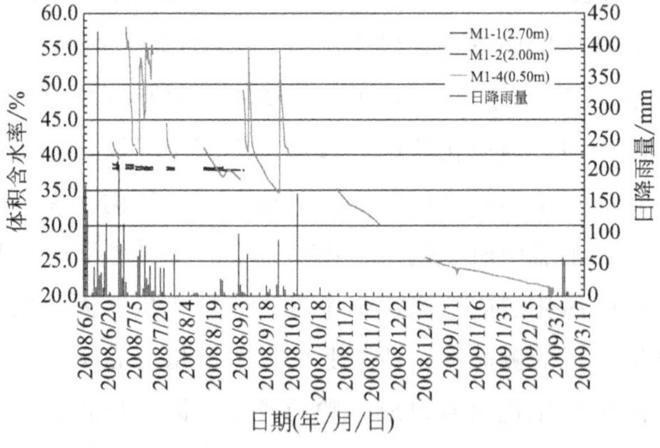

图 2.26　平台 TM1 处体积含水率变化曲线

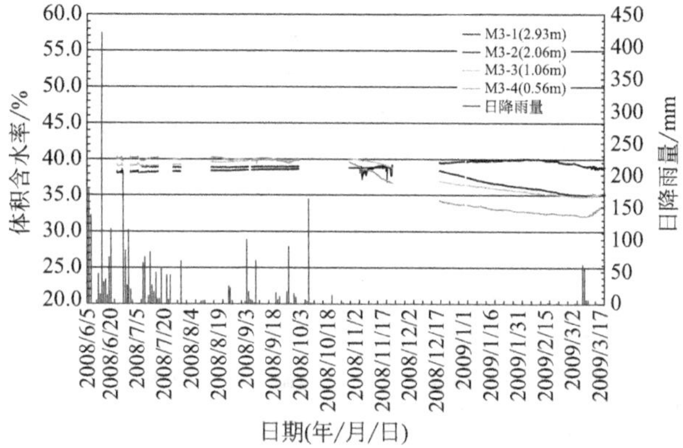

图 2.27　平台 TM3 处体积含水率变化曲线

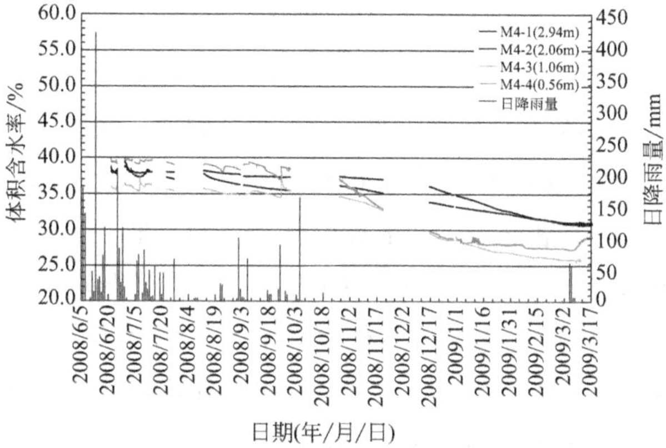

图 2.28　平台 TM4 处体积含水率变化曲线

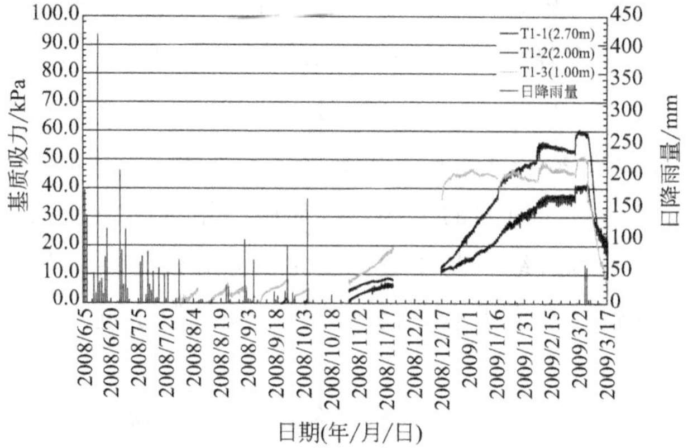

图 2.29　平台 TM1 处基质吸力随时间变化曲线

① 由图 2.26 和图 2.29 可以看出，TM1 处雨季：埋深 0.50m（M1-4）位置的

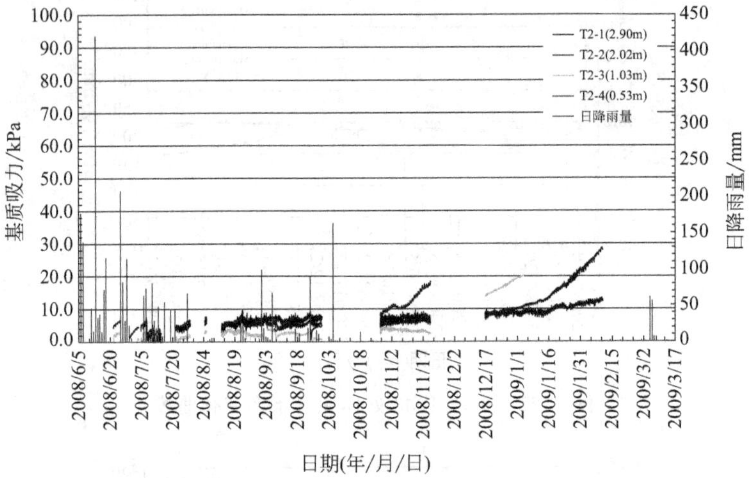

图 2.30　平台 TM2 处基质吸力随时间变化曲线

体积含水率受降雨影响产生大幅度的变化，响应敏感；在降雨强度减小的情况下，深度 2.00m（M1-2）及 2.70m（M1-1）处体积含水率略有下降，但其变化幅度相比 M1-4 来说很小；1.00m 处的基质吸力（T1-3）受降雨影响比较明显，雨后基质吸力快速下降，下降的幅度受降雨持续时间和降雨强度的影响。这表明在 TM1 处，降雨对浅层的体积含水率及基质吸力影响比较明显，随深度增加，影响减弱。TM1 处旱季：埋深 0.50m 处体积含水率（M1-4）大幅度下降，但下降的速率随干旱持续的时间降低，这是由于非饱和状态下土体的渗透系数为一与体积含水率相关的渗透函数，脱水条件下体积含水率的降低引起渗透系数的大幅降低，导致体积含水率的下降速率减缓；当到达残余体积含水率后，体积含水率不再降低；1.00m 处基质吸力（T1-3）初始增长的速率大于 2.00m（T1-2）和 2.70m（T1-1）处，基质吸力增加到一定程度（约 45kPa）后，变化幅度大幅放缓；2.00m（T1-2）和 2.70m（T1-1）处的基质吸力依然增加。随着较长时间的干旱，基质吸力增加到一定程度后，在下一个雨季来临前增加速率也放缓。基质吸力变化的差异性是由于脱水是个由浅及深的过程，浅层脱水快，基质吸力变化响应快。随着脱水过程的持续，深部基质吸力开始响应。

② 由图 2.30 可以看出，平台 TM2 处雨季：监测深度内的基质吸力都受降雨影响而产生了波动，雨后基质吸力降低，如再遇降雨补充，基质吸力降低到一定程度后开始增长；降雨条件下基质吸力响应时间与波动幅度因埋深不同而有差异，埋深越深，基质吸力响应滞后时间越长，波动幅度越小。平台 TM2 处旱

季：监测深度内的基质吸力都因干旱脱水而增长，且初始增长速率随监测点深度的增加而减小；随着干旱时间的持续，监测点基质吸力的增长出现拐点，由缓变陡，监测点埋深越大，产生拐点所需干旱持续时间越长。基质吸力增长出现拐点是因为土水特征曲线为一倒“S”形曲线，随着脱水过程的发展，微量的体积含水率变化就可以导致基质吸力的大幅增长。

③ 由图 2.27 可以看出，平台 TM3 处雨季：除埋深最浅监测点 0.56m 处体积含水率（M3-4）受降雨影响略有起伏外，其余埋深相对较深处体积含水率基本没有起伏。浅层含水率产生起伏表明浅层体积含水率受降雨影响比较大；降雨条件下体积含水率变化不大的原因是受渗透系数影响，降雨没有入渗到该位置，或是该位置补给与排泄基本平衡。平台 TM3 处旱季：埋深越深体积含水率变化幅度越小，并且体积含水率的降低速率随干旱持续时间的延续而降低；干旱持续时间较久后，同一剖面体积含水率分布随由浅及深呈由小到大的变化。

④ 由图 2.28 可以看出，平台 TM4 处雨季：降雨持续时间较短的情况下，埋深 0.56m（M4-4）处的含水率由回落转为抬升；1.06m（M4-3）处含水率回落变缓，但无增长；2.06m（M4-2）及 2.94m（M4-1）处含水率仍保持回落趋势，2.94m 处的含水率回落速率更大。这表明降雨持续时间短时，浸润锋仅是接近到 1.06m 深，更深处无渗透补给，含水率持续下降。在降雨持续时间长的情况下，最深 2.94m 处的含水率也发生了变化，但相对顶部，其滞后时间较长。这是因为持续时间长的降雨保证浸润锋不断向下发展，滞后时间的长短由浸润锋向下发展的速度决定。平台 TM4 处旱季：埋深 0.56m 处的含水率下降速率最大，1.06m 处的次之，而 2.06m 和 2.94m 处的变化则相对较小；随着干旱的持续，0.56m 处的含水率变化速率减小，渐趋稳定状态，而 1.06m、2.06m 和 2.94m 处的含水率持续下降，但下降速率减小。

图 2.31～图 2.33 为降雨条件下平台含水率剖面的变化情况。可以得出如下认识：

① 降雨条件下，体积含水率分布基本为由浅及深逐渐减小。

② 降雨条件下，平台 TM1（图 2.31）和 TM3（图 2.32）处含水率主要是浅层 0.5m 处发生变化，没有向深部发展，这表明该两处降雨条件下浸润锋向下的扩展程度较小。

③ 降雨条件下，平台 TM4（图 2.33）0.5m 和 1m 深处含水率增加，而 2m

处基本没有变化，这表明该处浸润锋扩展到1m左右。3m处含水率增加，且增加的幅度大于表层，这与TM4的埋设位置有关，TM4前方为一小陡斜坡，斜坡上植被发育，植物根须的影响使TM4有异于TM1和TM3。

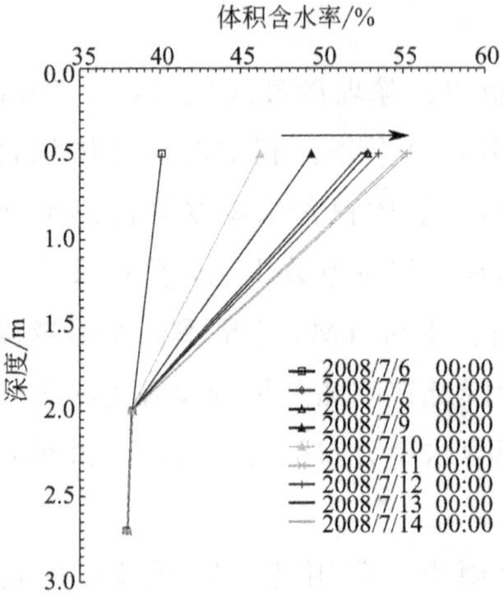

图 2.31 降雨条件下平台TM1处含水率剖面

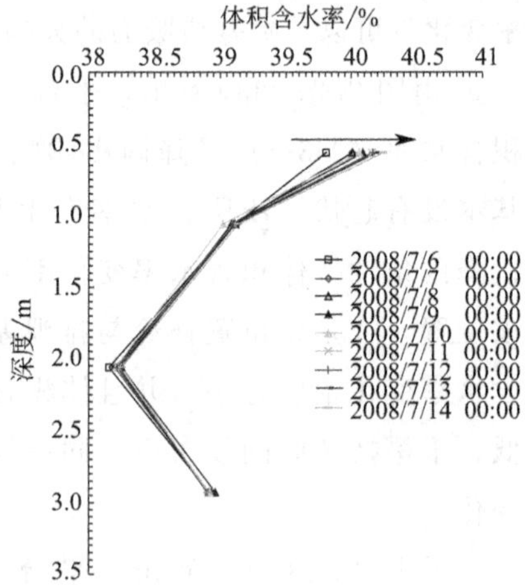

图 2.32 降雨条件下平台TM3处含水率剖面

图2.34和图2.35为干旱脱水条件下平台TM3和TM4含水率剖面的变化情况，可以得出：

① 干旱条件下，体积含水率分布基本为由浅及深逐渐增加，与降雨条件下的体积含水率的分布基本相反，表明浅部土层受降雨入渗和干旱脱水的影响大于深部土层；

② 干旱条件下，平台TM3处仅2.93m以上产生了较明显的脱水，这表明该处干旱脱水影响深度可能在2.93m以内；

③ 干旱条件下，平台TM4处4个监测点都有脱水发生，但随深度的增加脱水量降低。

图2.36和图2.37为干旱脱水条件下平台TM1和TM2基质吸力剖面的变化情况。通过这些基质吸力变化图可以得出如下认识：

① 基质吸力分布由浅及深逐渐降低。表明浅部的土层基质吸力受干旱脱水的影响大于深部土层；

② 干旱条件下，平台TM1处三个监测点基质吸力均增加，但随深度增加基质吸力增量减小；

③ 干旱条件下，相比平台 TM1 处，平台 TM2 处基质吸力变化较小，并且仅在小于 2m 的范围内基质吸力有较显著的增加。

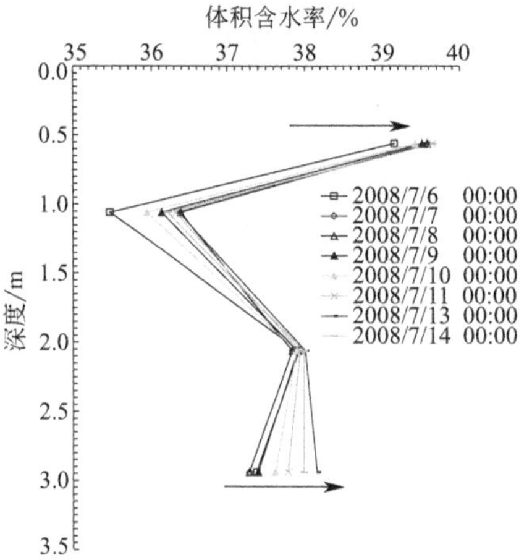

图 2.33 降雨条件下平台 TM4 处含水率剖面

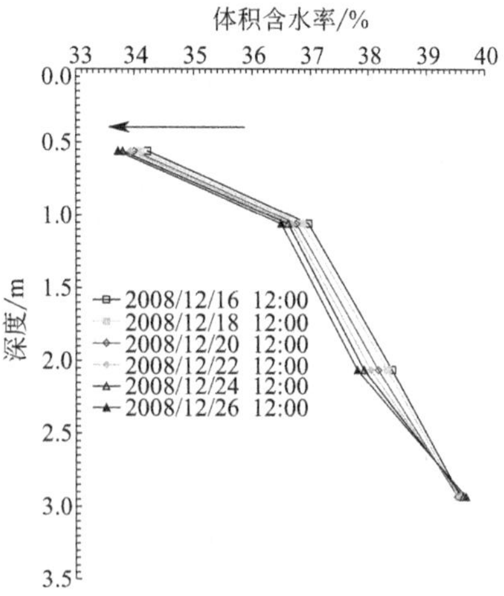

图 2.34 干旱脱水条件下平台 TM3 处含水率剖面

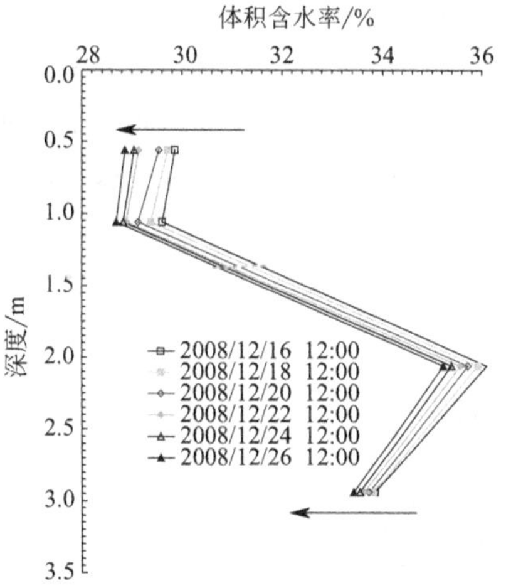

图 2.35 干旱脱水条件下平台 TM4 处含水率剖面

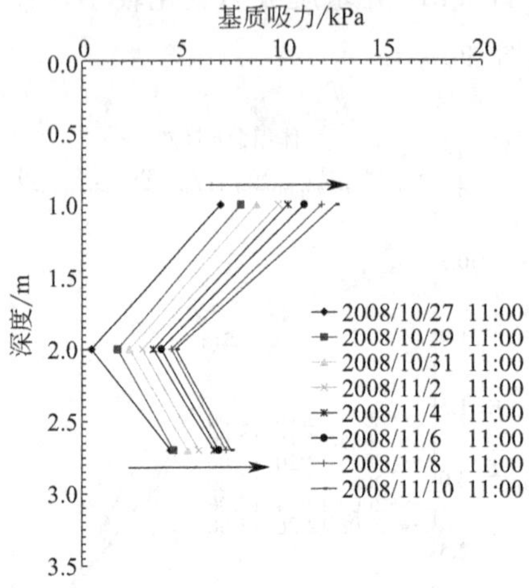

图 2.36　平台 TM1 处基质吸力剖面

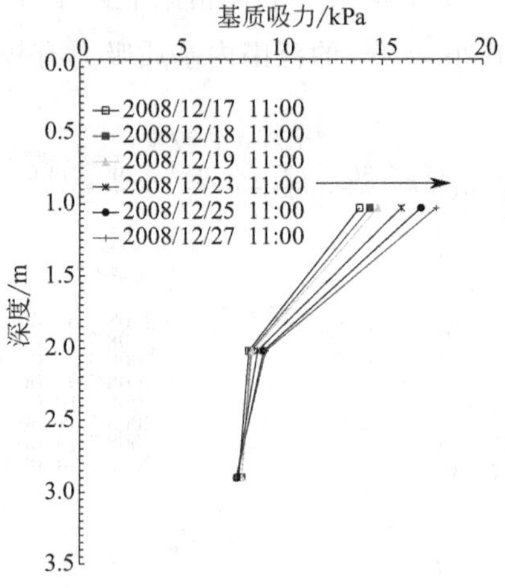

图 2.37　平台 TM2 处基质吸力剖面

2.3.3　水文地质概化模型

通过对上述监测资料的分析，结合勘探资料及现场踏勘可以得到如图 2.38 所示的羊宝地滑坡水文地质概化模型。在图 2.38 中，位于中部的中风化花岗岩渗透系数既大于上覆的强风化花岗岩和填土层，也大于下部的微风化花岗岩。旱季，顶部填土层和强风化层处于非饱和状态，地下水主要受降雨补给，为基岩裂隙水，主要赋存于中风化花岗岩中，地下水位应处于中风化层内。

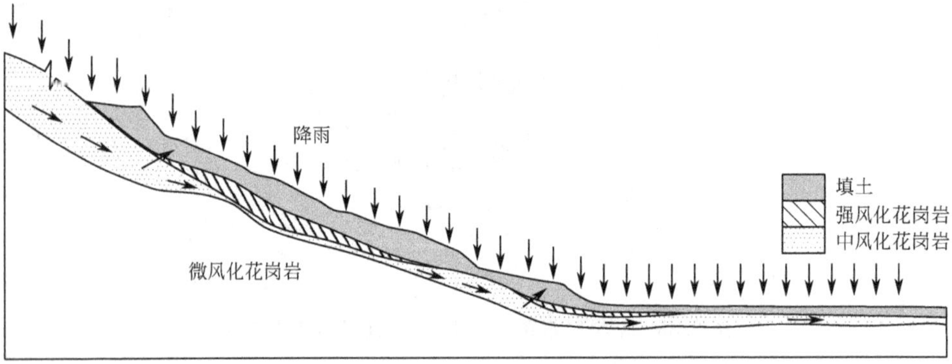

图 2.38　羊宝地滑坡水文地质概化模型

羊宝地填土滑坡位于 F5 断层的端部附近，虽然从区域地质图来看，断层对滑坡的产生没有直接的影响，但由于断层端部效应，造成花岗岩体节理裂隙发育

（图 2.25），其中一组节理走向与滑坡主轴总体走向相近，形成了导水通道，给降雨入渗提供便利条件。在强风化层中，可能由于风化作用对裂隙的充填造成其渗透性相对较低，而在中风化层中，岩石和裂隙的风化程度不如上覆强风化层，因此其渗透性相对强风化层高。降雨条件下，降雨通过在分水岭附近出露的中风化层快速渗入。由于中风化层节理裂隙发育，且在分水岭附近出露面积较多，降雨条件下入渗到中风化层的流量较大。入渗的雨水在中风化层中沿节理裂隙顺坡朝坡体下部渗流。在填土层正下方，中风化层通道变窄，排泄量低，分水岭处汇入的大量雨水因此而囤积，并产生较高的水压力。降雨强度越高，中风化层内孔隙水压力也就可能越高。高孔隙水压力向顶部的强风化层及填土层渗透，造成顶部强风化层与填土层基质吸力降低或消失，孔隙水压力升高，给边坡的稳定性带来不利影响。

2.4 填土的工程特性及滑坡的形成机理

2.4.1 概述

通过对羊宝地填土滑坡的运动特征、滑体物质运动距离、堆积物地貌特征，判定该滑坡为流滑破坏。对填土工程特性的试验研究可以知道填土的液化能力及填土在触发条件下的力学特性。

2.4.2 填土的基本物理性质

为了探明人工填土的物理性质，2002 年在滑床南侧外缘与滑坡体上、中、下部相对应的位置，布置了 3 个探井，在不同深度内以灌砂法进行了现场密度测试，并取样进行了颗分试验；2008 年在滑床南侧又布置了 3 个近 4m 深的探井，再次以灌砂法进行了现场密度测试及取样进行了颗分试验（图 2.39、图 2.40）。

从图 2.39 可以看出，两次试验所得的粒径分布曲线大致相似，粒径大于 1mm 的约占 50%以上，这表明两次试验材料的组成基本相同。

从图 2.40 可以看出，2002 年所测干密度变化范围为 1.14～1.50g/cm^3，孔隙比为 0.79～1.36；2008 年所测干密度变化范围为 1.54～1.73g/cm^3，孔隙比为 0.54～0.66。两次试验的材料组成基本相同，但干密度发生了较大的变化。这可能是由于年降雨量多，降雨强度高，2008 年再次试验时相距滑坡发生已过六年，表层松散的填土已被冲刷殆尽，遗留下来的填土层固结程度较高，相对密

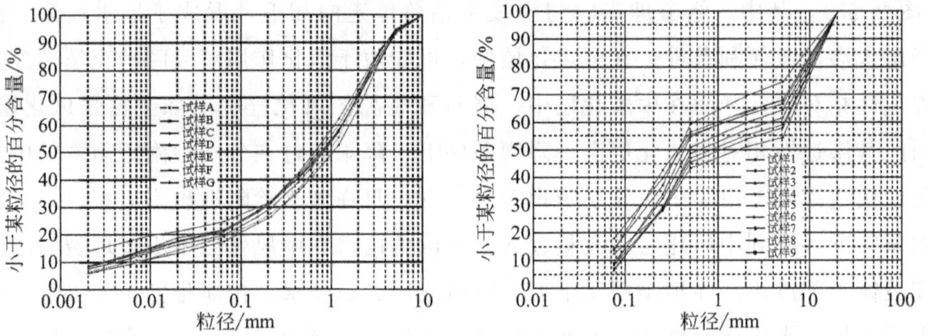

(a) 2002年试验结果　　(b) 2008年试验结果

图 2.39　填土的粒径级配曲线

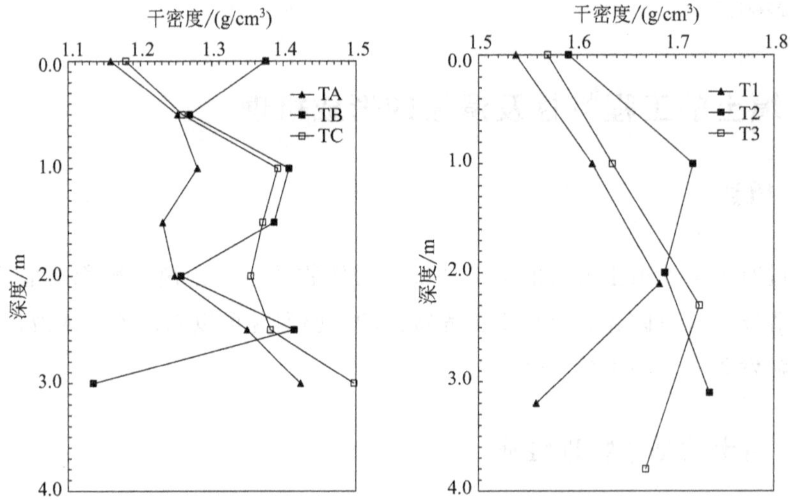

(a) 2002年试验结果　　(b) 2008年试验结果

图 2.40　干密度随深度的变化

实，不易被冲刷带走。

羊宝地填土层的液限变化范围为 34%～38%（表 2.3），它表明了填土层土体从可塑状态转到流动状态所需的含水率。降雨条件下，当坡体的含水率在降雨入渗条件下达到液限时，坡体就会转到流动状态，产生较大的危害性。

表 2.3　填土层基本物理性质

物理性质	变化范围	物理性质	变化范围
密度/(g/cm^3)	1.81～2.00	液限 W_L/%	34～38
干密度/(g/cm^3)	1.54～1.73	塑限 W_P/%	21～23
相对密度 G_S	2.67～2.68	塑性指数 I_P/%	13～15
孔隙比 e	0.54～0.66		

2.4.3 填土的水理特性

图 2.41 为原位双环试验测得的三个不同位置填土层、不同深度下的渗透系数。可以看出，填土层的渗透系数空间分布不均匀，并随深度而增大。造成差异的原因是干密度和孔隙比分布不均匀［图 2.40（b)］，并且受雨水作用，表层填土的细粒含量略大于深部。填土层渗透系数空间分布的不均匀，会造成雨水沿渗透系数大的通道快速渗入坡体内部，提升坡体的孔隙水压力，对边坡的稳定性造成不利影响。

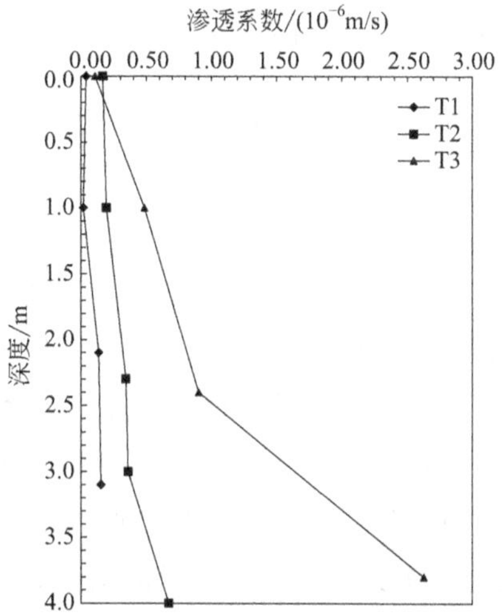

图 2.41 原位渗透系数

2.4.4 填土的力学性质

2.4.4.1 试验方案与试验步骤

土的应力-应变特性与滑坡发生的机理有着重要的联系。试验方案依据降雨滑坡失稳的条件及应力路径具体制定，目的是研究填土的应力-应变特性，从而分析滑坡的发生机理。静态液化是土体不排水条件下强度骤然降低的一种现象。强度的降低是小变形条件下，孔隙水压力快速增长，无法及时消散，围压降低造成的[98-100]，因此开展了等压固结不排水剪（ICU）试验。Brand[101] 认为降雨入渗条件下，斜坡破坏的应力路径为土体所受的偏应力 q 不变，随着基质吸力的降低，孔隙水压力的上升，平均有效围压 p' 逐渐减小的过程（图 2.42）。因而模拟降雨条件下的应力路径开展了偏压固结常剪应力排水剪（CQD）试验。

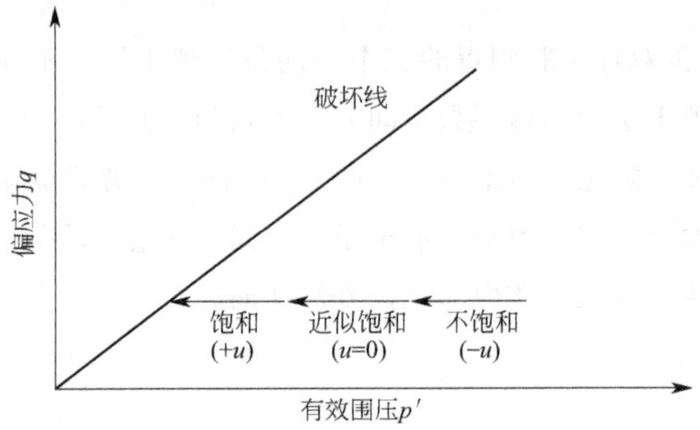

图 2.42　降雨入渗条件下斜坡土体破坏的应力路径（改自文献 [101]）

根据滑坡发生后的现场观察，滑坡发生前坡体内有较高的地下水位，上部土体亦近饱和，因此只对饱和土样进行了三轴试验。由于滑坡为浅层破坏，因此试验过程中的有效应力水平较低。

2002 年滑坡发生后，原位填土松散，易扰动，现场获取原状土样十分困难。2008 年再次对填土边坡进行了勘察，并通过探井获取到原状土样。此时相距滑坡已过六年，在强降雨下浅层的松散填土已冲刷殆尽，遗留的原位填土干密度与滑前的松散填土相比，差异较大（图 2.40）。不同深度的填土固结程度不同，干密度也不同。依据 2002 年现场密度测试结果，利用击实方法，采用击实度 75% 和 85% 制备试样进行试验，作为研究滑体物质的依据，并采用 2008 年所获取的原状样进行试验，作为研究松散填土下覆填土的依据。为了消除大颗粒直径对试验结果的影响，试验中试样直径为 70mm、高 140mm。具体试验方案如表 2.4 和表 2.5 所示。

所有试验均采用 GDS 三轴测试系统完成。试样饱和先采用 CO_2 排气，然后逐渐增加围压和反压进行饱和。在反压饱和的过程中，始终保持围压比反压大 10～20kPa，以防孔隙水压力超过围压而造成试样的膨胀扰动。当施加的反压达到一定程度后，保持围压和反压稳定。在试样反压饱和一定时间后，测试 B 值，当 B 值不小于 95% 时，即认为试样已饱和。

试样饱和后，等压固结不排水剪（ICU）试样在设计的有效固结应力条件下进行固结，固结完成后，采用 0.1mm/min 的速率轴向加载，直到试样破坏。试样饱和后，偏压固结常剪应力排水剪（CQD）试样首先在要求的最小有效固结应力下进行等压固结，然后缓慢增加轴向荷载，使之完成偏压固结，偏压固结完成后，保持试样所受围压和轴向荷载不变，然后以 2～10kPa/h 的速率线性增加反压，直到试样破坏。试验过程中自动采集轴向压力、轴向位移和孔隙水压力值，试验结果均根据 BS1377 对橡皮膜的刚性效应进行校正。

表 2.4 ICU 试验方案

试验系列	试样编号	干密度 $\rho_d/(g/cm^3)$	固结后		备注
			σ_c'/kPa	ε_a	
ICU75	ICU75-1	1.33	25	0.814	击实度 75%
	ICU75-2	1.33	50	0.718	
	ICU75-3	1.33	100	0.642	
ICU85	ICU85-1	1.50	25	0.732	击实度 85%
	ICU85-2	1.50	50	0.723	
	ICU85-3	1.50	100	0.663	
	ICU85-4	1.50	200	0.585	
ICUS	ICUS-1	1.73	25	0.538	原状样
	ICUS-2	1.73	100	0.494	
	ICUS-3	1.73	200	0.476	

表 2.5 CQD 试验方案

试验系列	试样编号	干密度 $\rho_d(g/cm^3)$	固结后			备注
			σ_1'/kPa	σ_3'/kPa	ε_a	
CQD75	CQD75-1	1.33	67	25	0.724	击实度 75%
	CQD75-2	1.33	137	50	0.641	
	CQD75-3	1.33	270	100	0.579	
CQD85	CQD85-1	1.50	67	25	0.703	击实度 85%
	CQD85-2	1.50	134	50	0.639	
	CQD85-3	1.50	257	100	0.593	

在试验数据处理时，选取以下应力-应变参数：平均有效应力 $p'=(\sigma_1'+2\sigma_3')/3$，其中 σ_1'、σ_3' 分别为最大、最小有效应力；偏应力 $q=\sigma_1-\sigma_3$，其中 σ_1、σ_3 分别为最大、最小总应力；轴向应变 ε_a。

在试验数据分析中，以等压固结不排水剪（ICU）试验结果为基础确定稳态线（SSL），然后以此稳态线为基础，对试验结果与滑坡机理进行分析。

2.4.4.2 固结不排水剪试验结果分析

（1）应力-应变关系

图 2.43～图 2.45 为三组等压固结不排水剪的试验结果，其中 ICU75 和 ICU85 代表了滑体松散填土的性质，ICUS 代表了松散填土下伏填土的物理性质。通过对 ICU75 和 ICU85 试验结果的分析，可得出：

① ICU75 和 ICU85 均在不排水条件下显示出应变软化现象[图 2.43(a)、图

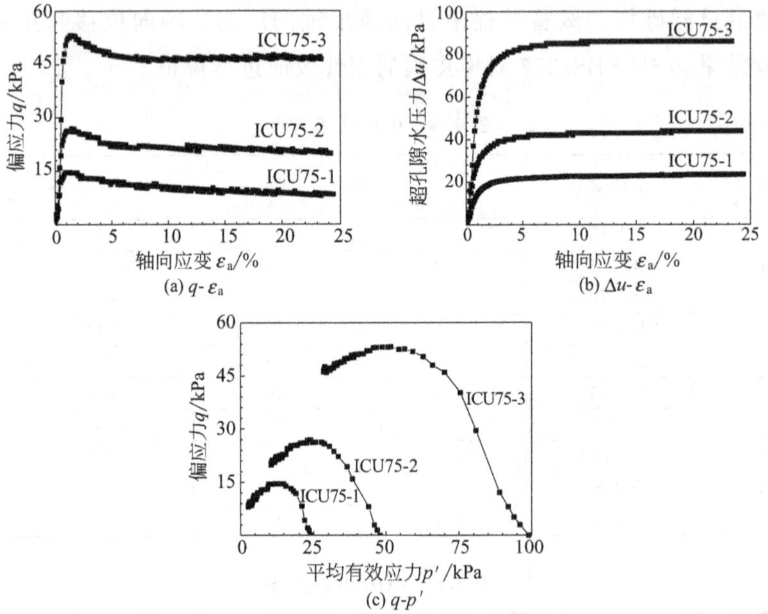

图 2.43　ICU75 等压固结不排水剪试验结果

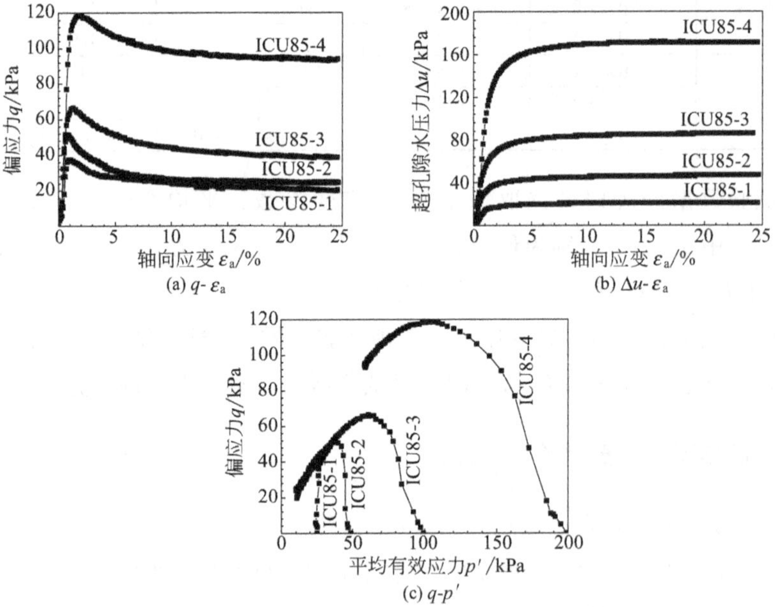

图 2.44　ICU85 等压固结不排水剪试验结果

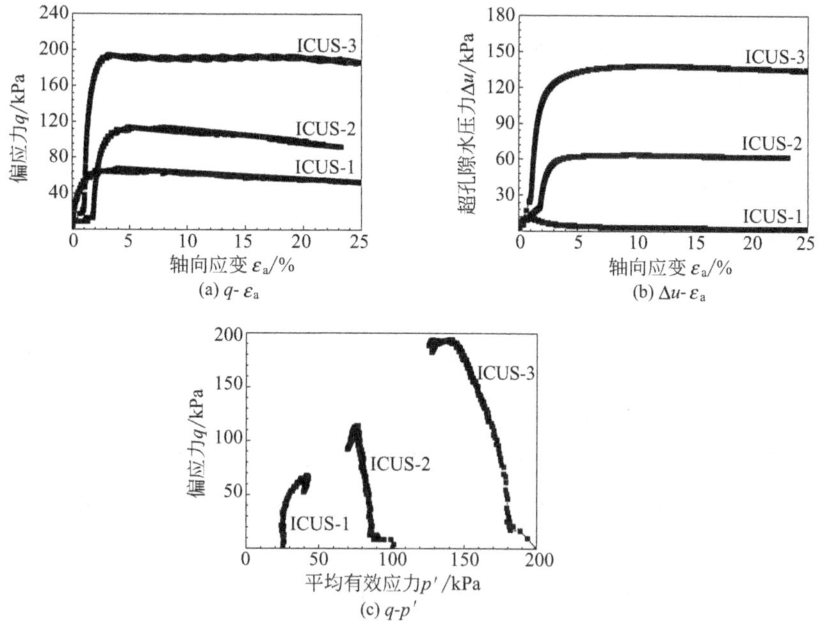

图 2.45 ICUS 等压固结不排水剪试验结果

2.44(a)]，并且在软化过程中孔隙水压力增大[图 2.43(b)、图 2.44(b)]。ICU75 和 ICU85 剪切强度达到峰值所需的轴向应变较小，一般不大于 1%，表明微小变形即可引起松散填土液化。ICU75 和 ICU85 的上述性质表明松散填土具有静态液化特性。

② 随着轴向应变的增加，ICU75 和 ICU85 在不排水条件下，偏应力在软化后达到稳定状态，孔隙水压力增加到一定程度后也达到稳定状态，偏应力和孔隙水压力随轴向应变的增加均不再产生变化。

通过对图 2.45 所示 ICUS 试验结果分析，可以得出：

① ICUS 在不排水条件下显示为理想强塑型，偏应力达到峰值后，随着轴向应变的增加，偏应力基本不再发生变化[图 2.45(a)]。ICUS-2 和 ICUS-3 在三轴压剪过程中，随着轴向应变的增加，孔隙水压力达到一定程度后处于稳定状态，不再随轴向应变的增加而变化[图 2.45(b)]。ICUS-1 孔隙水压力达到峰值后，又回落。这是由于该级试验围压低，试样具有剪胀破坏的特点[图 2.45(b)]。

② ICUS 的上述性质表明滑体下伏填土不具备静态液化的特性。通过对代表松散填土性质的 ICU75 和 ICU85 的试验结果与代表滑体下伏填土的 ICUS 的试验结果对比，可以看出两者的应力-应变关系有着本质的区别，这表明了羊宝地

静态液化仅能出现在具有应变软化的浅层松散填土中。随着深度的增加，下伏填土的固结程度增大，孔隙比减小，其应力-应变关系也发生了变化，由应变软化型转化为理想弹塑型，不再具备静态液化的特性。

（2）液化势指数

液化势指数（liquefaction potential index，LPI）是 Ng 等借鉴脆性指数而提出，其表达方式为：

$$LPI=\frac{q_{max}-q_{min}}{q_{max}} \tag{2.1}$$

式中，q_{max} 为最大偏应力，是应力-应变关系中偏应力峰值；q_{min} 为最小偏应力，是稳态和准稳态时的偏应力值。

液化势指数（LPI）的大小表明了材料的液化势大小，范围为 0～1。当材料处于完全液化状态时，LPI 为 1；当材料不存在液化时，最大偏应力和最小偏应力相同，LPI 为 0。

表 2.6 为代表滑体松散填土的 ICU75 和 ICU85 试验结果的特征值，及由此计算出的液化势指数，ICUS 为理想弹塑型（图 2.45），液化势为 0，故未标注于表中。

表 2.6　滑体松散填土试验特征值

试验系列	试样编号	峰值/kPa		稳态/kPa		孔隙比 e	液化势指数 LPI	初始状态参数 ψ
		p'_p	q'_p	p'_{ss}	q'_{ss}			
ICU75	ICU75-1	14.9	14.6	2.7	8.0	0.814	0.45	0.16
	ICU75-2	24.0	26.9	20.6	19.8	0.718	0.26	0.11
	ICU75-3	51.7	53.2	28.4	46.2	0.642	0.13	0.09
ICU85	ICU85-1	25.5	37.5	10.6	19.9	0.732	0.47	0.08
	ICU85-2	38.2	51.5	10.1	24.2	0.723	0.53	0.12
	ICU85-3	61.2	66.5	25.8	38.4	0.663	0.42	0.11
	ICU85-4	106.6	118.7	58.5	94.4	0.585	0.20	0.08

结合表 2.6 和图 2.46，通过有限的试验数据可以看出，对于同一组试样，液化势指数基本与孔隙比成正比线性关系。孔隙比受前期固结压力的影响，羊宝地边坡浅层填土围压低，孔隙比大，液化势指数也就大，易受降雨激发发生静态液化；随埋深增加，固结应力变大，孔隙比减小，填土液化势指数降为 0。对于松散填土边坡，液化势指数随深度而降低的幅度决定了液化滑动的深度。

（3）稳态线与状态参数

稳定状态（steady state）是指土体在变形不断增加的情况下，体积、有效正应力、剪应力保持不变的一种状态。当土体达到稳态时，其原始结构完全破

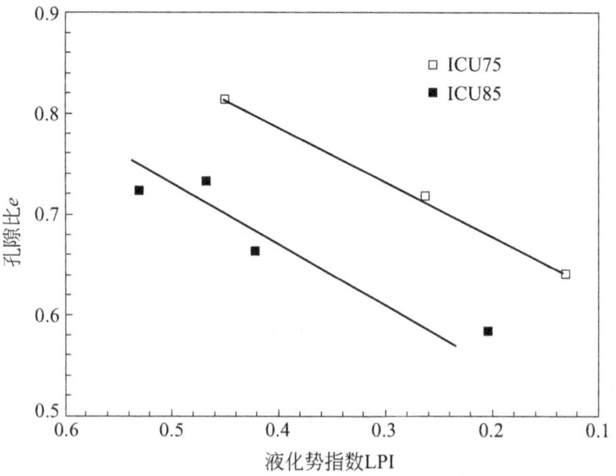

图 2.46 液化势指数与孔隙比关系曲线

坏，形成一种新的“流动结构”。根据试样达到稳态后的孔隙比 e、平均有效应力 p'_{ss} 和偏应力 q_{ss} 可以得到试样在 q-p' 和 e-$\ln p'$ 平面内表达的土体的稳态线（steady state line）（图 2.47）。

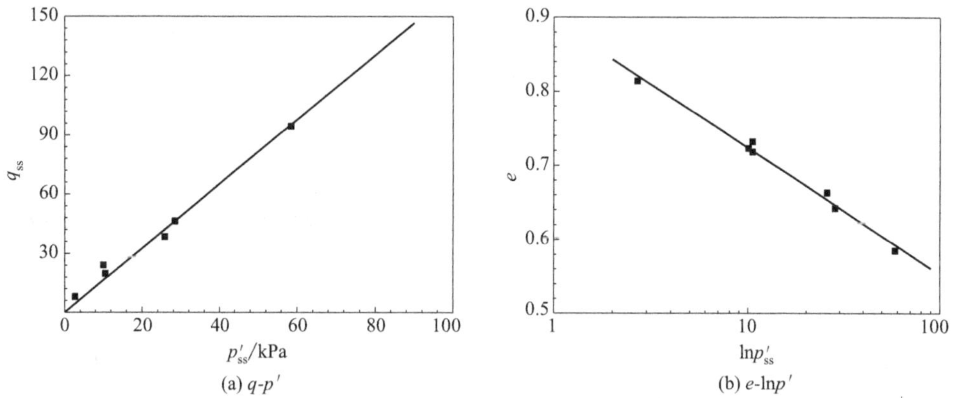

图 2.47 由等压固结不排水剪试验确定的稳态线

稳态线（SSL）是通过 ICU75 和 ICU85 试验结果最优拟合而得，其最优拟合方程为：

$$q_{ss}=1.63p'_{ss} \quad (q\text{-}p'\text{平面内}) \tag{2.2}$$

$$e=0.895-0.074\ln p'_{ss} \quad (e\text{-}\ln p'\text{平面内}) \tag{2.3}$$

状态参数（state parameter）ψ[102] 用来描述 e-$\ln p'$ 平面内以稳态线为参照标准的土体状态（图 2.48）。当土体达到稳状时，土体状态位于稳态线上，状态

参数为 $\psi=0$；当土体具有剪缩性时，土体状态位于稳态线的上方，状态参数 $\psi>0$；当土体具有剪胀性时，土体状态位于稳态线的下方，状态参数 $\psi<0$。由表 2.6 可以看出 ICU75 和 ICU85 的状态参数均大于零，这表明表层松散填土具有剪缩特性。

结合表 2.6 和图 2.49，通过 ICU75 和 ICU85 的试验数据可以看出，在固结不排水剪试验中，边坡的初始状态参数与液化势指数有着正比线性关系。表明当边坡状态参数 $\psi>0$ 时，边坡的初始状态越接近于稳态，发生液化的可能性降低。边坡的状态参数是由孔隙比和围压共同决定的，初始状态参数与液化势指数的正比线性关系还表明，边坡发生液化的可能性不仅与土体的孔隙比有关，还与坡体的应力状态有关。对边坡状态参数与液化势指数关系的分析不仅有助于分析边坡发生液化的机理和空间范围，还有助于指导填土边坡填筑设计。

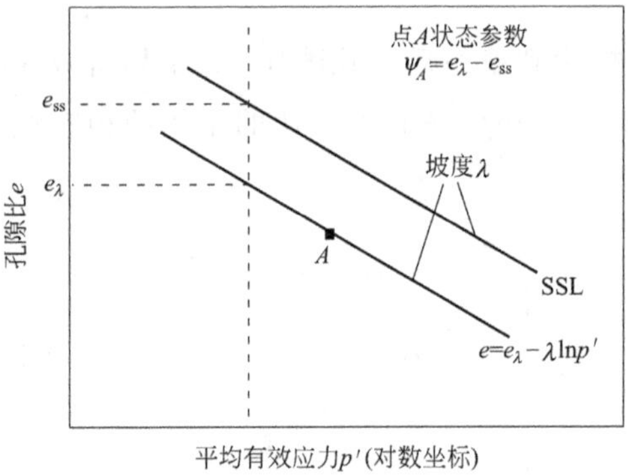

图 2.48　状态参数 ψ 定义[102]

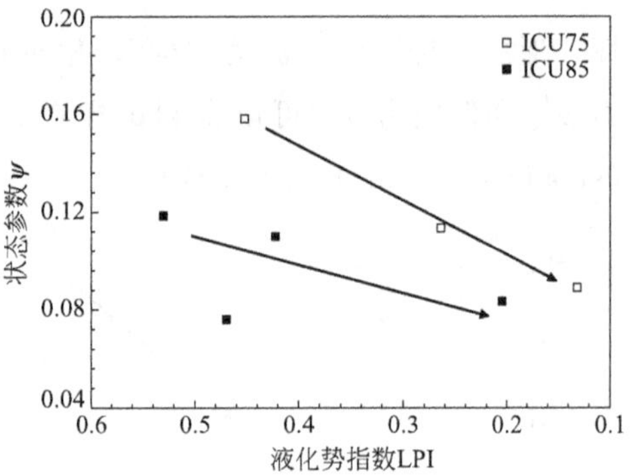

图 2.49　状态参数与液化势指数关系曲线

(4) 失稳线与等压固结线

失稳是指土体单元的一种状态，当土体单元处于此状态时，在遭受轻微有效应力扰动的情况下，不能承受当前所遭受的应力状态，失去控制，产生塑性大变形，是土体有效应力路径的峰值点。失稳线是不排水条件下有效应力路径峰值点的连线。

失稳线（IL）是通过 ICU75 和 ICU85 试验结果最优拟合而得（图 2.50），其最优拟合方程为：

$$q_{IL}=1.12p'_{IL}\qquad (q\text{-}p'\text{平面内})\qquad (2.4)$$

等压固结线（ICL）是 e-$\ln p'$平面内试样等压固结后孔隙比与围压的关系曲线，也是通过 ICU75 和 ICU85 试验结果最优拟合而得（图 2.51），其最优拟合方程为：

$$e=1.067-0.090\ln p' \quad (e\text{-}\ln p'\text{平面内}) \tag{2.5}$$

失稳线（IL）和等压固结线（ICL）都是依据固结不排水试验获取，引入两者主要是为了与稳态线（SSL）相结合，更好解释常剪应力排水剪的试验结果和滑坡形成机理。

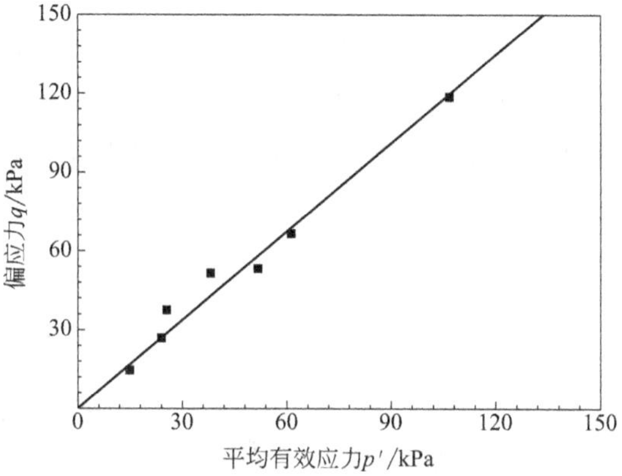

图 2.50　由等压固结不排水剪确定的失稳线

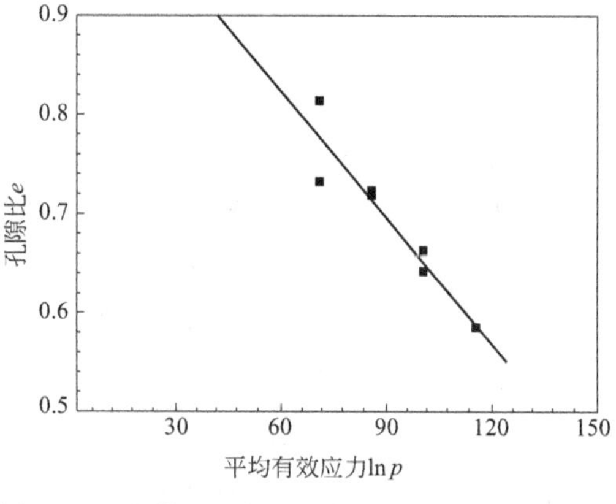

图 2.51　由等压固结不排水剪确定的等压固结线

2.4.4.3　常剪应力排水剪试验结果分析

图 2.52 和图 2.53 为代表松散填土性质的 CQD75 和 CQD85 常剪应力排水剪试验结果，作图时用到的稳态线（SSL）、失稳线（IL）和等压固结线（ICL）都是通过前面固结不排水剪试验得到。分析得出：

① 初始阶段，随着孔隙水压力的增加，平均有效应力减小，但轴向应变变

化幅度较小，一般不超过 2%。当孔隙水压力增加到一定程度，初始阶段的轴向应变发生突变，短时间内急剧增长［图 2.52（a）和图 2.53（a）］，尤其是 CQD75-1 试样的破坏过程小于 5s，致使不得不在其余试验中将采样时间间隔设置为 1～2s。

② 结合图 2.52（a）、图 2.53（a）和图 2.54 可以看出，试样破坏前轴向应变随着偏压固结时平均有效应力的增加而增加。由表 2.7 可以看出，同一组试样状态参数随偏压固结时平均有效应力的增加而减小。液化势指数同状态参数成正比关系（图 2.49），随平均有效应力的增加，液化势指数减小，引起试样破坏前轴向应变增加。试样破坏后轴向应变急剧增长是其发生静态液化的一种表现。

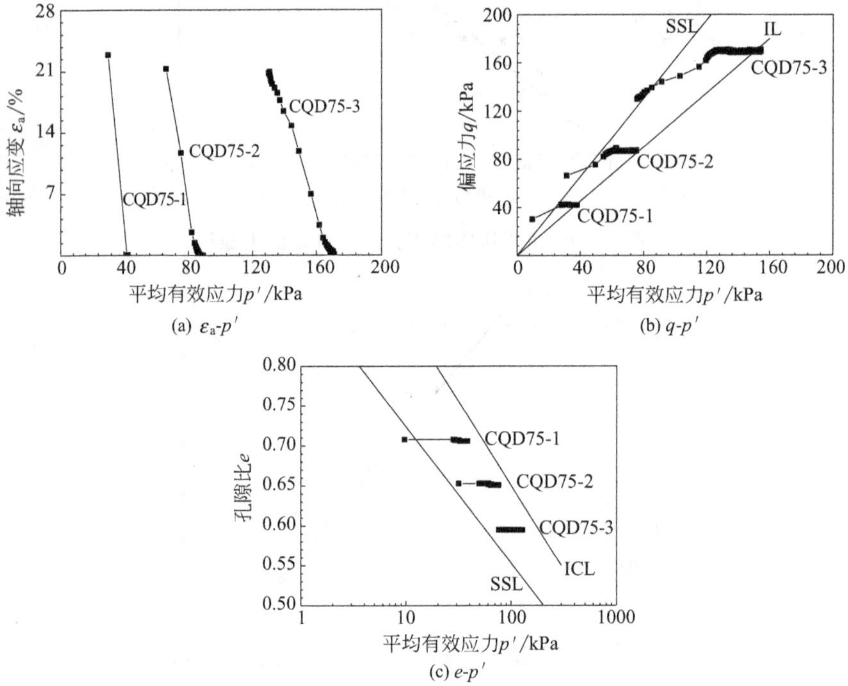

图 2.52 CQD75 常剪应力排水剪试验结果

③ 结合图 2.52（b）和图 2.53（b）可以看出，在常剪应力排水剪过程中，初始阶段，随着有效围压的减小，偏应力基本没有变化，当有效围压减小到一定程度后，孔隙水压力的微小增加就引起偏应力的快速降低，表明试样确实发生了静态液化。剪应力突变点位于失稳线（IL）和稳态线（SSL）之间，称该区域为潜在失稳区。

④ 结合图 2.52（b）和图 2.53（b）可以看出，偏压固结后，所有试样的初

始状态位于稳态线的上方，即具有剪缩的特性。

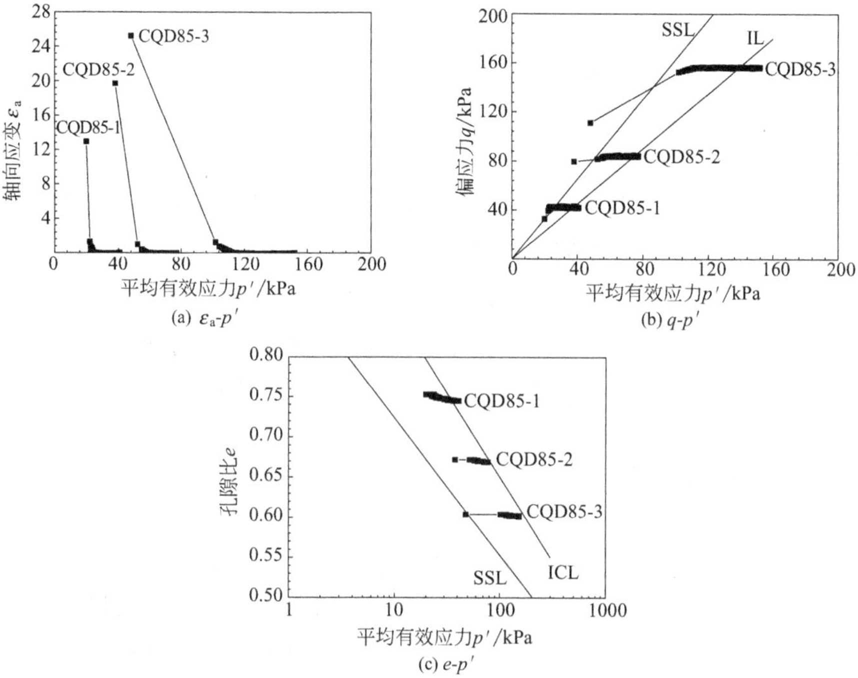

图 2.53　CQD85 常剪应力排水剪试验结果

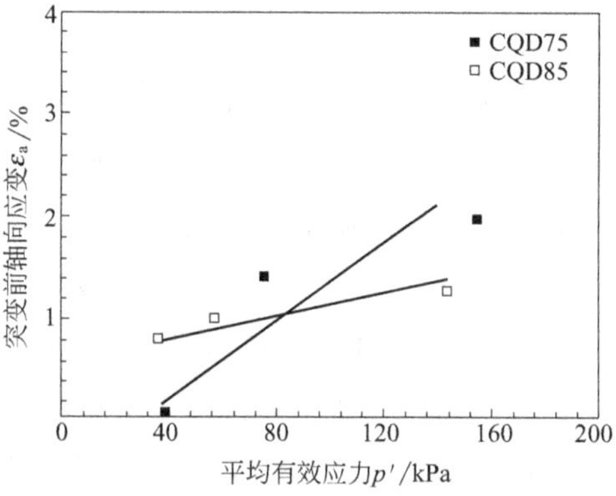

图 2.54　突变前轴向应变与平均有效应力的关系

表 2.7　CQD 偏压固结后状态参数

试验系列	试样编号	偏压固结后		
		p'/kPa	e_c	ψ
CQD75	CQD75-1	39	0.724	0.10
	CQD75-2	79	0.641	0.07
	CQD75-3	157	0.579	0.06

续表

试验系列	试样编号	偏压固结后		
		p'/kPa	e_c	ψ
CQD85	CQD85-1	39	0.703	0.08
	CQD85-2	78	0.639	0.07
	CQD85-3	152	0.593	0.07

⑤ 由图 2.52（c）和图 2.53（c）可以看出，试样破坏前孔隙比略微增大。偏压固结过程中，试样排水固结，剪应力增加。常剪应力排水剪过程中，孔隙水压力增加，剪应力保持不变，有效围压相对于初始偏压固结时降低，产生卸荷回弹，导致孔隙比增大。在常剪应力排水剪过程中，孔隙水压力增长比较缓慢，在破坏前轴向应变不超过 2%，因而回弹造成的孔隙比变化幅度微小[69]。

2.4.5 滑坡形成机理

通过对羊宝地填土滑坡特征的调查发现，该滑坡在时间上相对降雨过程滞后、在破坏深度上为浅层破坏、从滑坡体运动和堆积特点上具有流滑特征。通过对松散填土的室内应力路径三轴试验，表明松散填土具有静态液化特性。

① 松散击实填土的等压固结不排水剪试验表明松散填土在不排水条件下具有应变软化的特性，强度在到达峰值后发生软化，并伴随剪切过程孔隙水压力增大，说明松散填土具有静态液化的特性。在低围压下，随着剪应力的增加，土体颗粒重排列，体积产生缩小趋势（图 2.55），因而不排水条件下孔隙水压力增大，发生静态液化。偏压固结常剪应力排水剪表明试样的破坏具有突变性，随着孔隙水压力的增加和平均有效应力的降低，轴向应变在不到 2%时，剪应力快速下跌伴随孔隙水压力的迅速上升，说明土体结构完全破坏，填土产生静态液化。

② 浅层滑动是填土物理力学性质随深度变化造成的。填土的液化势受到孔隙比和应力状态的影响，浅层填土位于稳态线的上方，有剪缩特性，具有一定的液化势，在固结不排水条件下呈应变软化；下伏填土不具备剪缩特性，在固结不排水条件下呈理想弹塑型。随着深度的增加，原位有效围压增大，填土固结程度增加、干密度增加、孔隙比减小，液化势也随之发生变化。在到达一定深度后，填土在固结不排水剪切过程中，呈理想弹塑型应力-应变关系，不排水条件下不足以产生超孔隙水压力使填土液化。因而羊宝土填土静态液化仅能在浅层具有一定液化势的松散填土中产生，这也就决定了滑体的深度。

③ 羊宝地填土滑坡滑动速率高达 7m/s，这是由松散填土静态液化造成的。

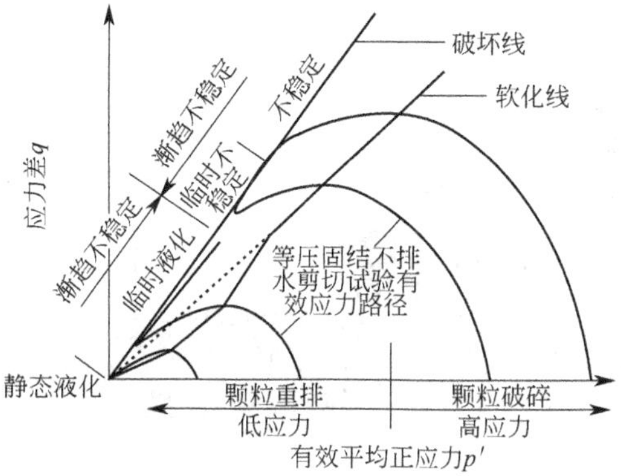

图 2.55　松砂的几种典型不排水剪有效应力路径[103]

2.5　滑坡水文响应过程模拟

2.5.1　概述

降雨是羊宝地松散填土边坡发生流滑的诱发因素。边坡失稳发生当天仅有3.8mm的降雨量，而滑坡前3天连续降雨，9月15～17日平均日降雨量达82.6mm，最大小时降雨量为23.2mm，最大24h降雨量为128.8mm。从降雨过程和滑坡失稳时间的相互关系看，该滑坡发生在雨停后13h，为滞后型滑坡。羊宝地滑坡为降雨诱发滑坡，通过对降雨条件下填土边坡饱和-非饱和渗流模拟，探索该边坡的水文响应，研究该滑坡滞后的原因。

2.5.2　计算模型

2.5.2.1　计算范围

前面在监测资料分析的基础上，结合钻孔资料得到了水文地质概化模型。现基于此水文地质概化模型来进行羊宝地填土边坡失稳前的饱和-非饱和渗流计算。

边坡饱和-非饱和降雨入渗模拟采用SEEP软件完成，图2.56为剖分后的计算模型。模型左侧边界选取分水岭，从钻孔资料和现场踏勘可看出，渗透系数较高的中风化花岗岩出露到分水岭。模型左侧边坡边界选取分水岭，一是可以考虑到计算中降雨入渗的全部来源，二是分水岭易于确定计算中的水文边界条件。

模型右侧边界选取距离滑动区较远，水位相对稳定区。这样选取边界，在计

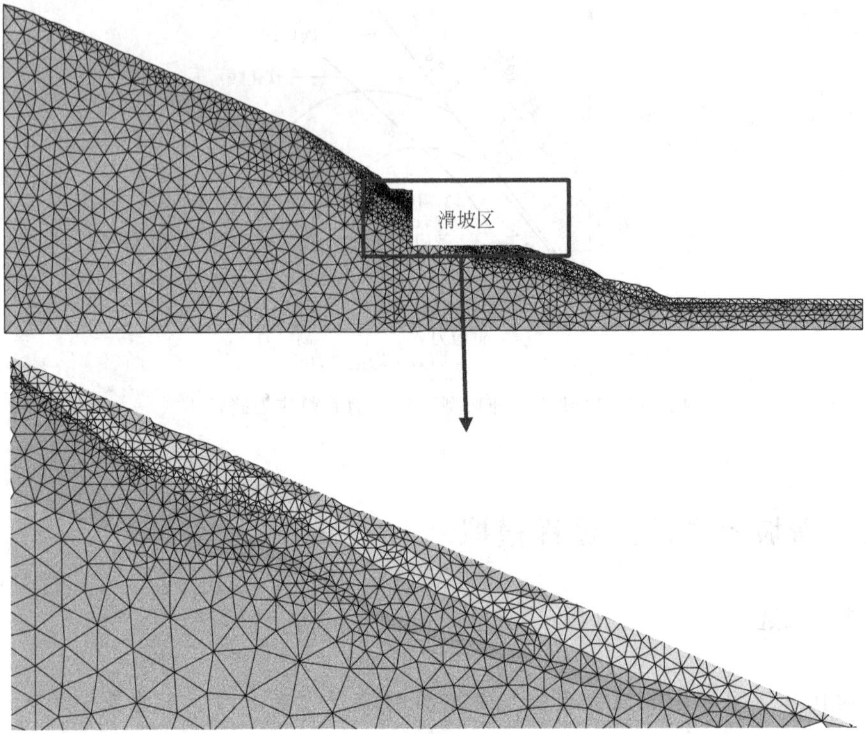

图 2.56　边坡饱和-非饱和降雨入渗有限元计算模型

算过程中滑动区的水位受边界条件影响较小，有利于计算结果的准确性。

模型由上到下分为五层，依次为松散填土层、填土层、强风化花岗岩、中风化花岗岩和微风化花岗岩。单独把松散填土层从填土层中分离出来，是考虑到不同深度的填土固结程度不同、孔隙比不同，因而饱和时的体积含水率也不相同。这样划分地层有利于提高计算精度。

计算模型选用三角形剖分网格。模型由五层组成，各层的厚度分布不均匀，并且强风化层仅在坡体局部存在，采用四边形结构网格剖分难度大、欠美观，且易造成长宽比较大，影响到计算结果。采用三角形剖分网格，不仅难度小，易在所需区域进行细分，且三角形各角的内角大小容易控制，不会影响计算结果。

图 2.56 为剖分后的计算网格。滑坡区地层分布不均匀，且各层厚度较小，考虑到计算精度的需求，对滑坡区的网格进行了加密。

2.5.2.2　控制方程

从水流的连续性条件和达西定律可以得到二维饱和-非饱和渗流控制

方程[104,105]：

$$\frac{\partial}{\partial x}\left[K_x(h)\frac{\partial H}{\partial x}\right]+\frac{\partial}{\partial z}\left[K_z(h)\frac{\partial H}{\partial z}\right]+Q=S(h)\frac{\partial H}{\partial t} \tag{2.6}$$

式中，x、z 分别为相对水平距离和高程；t 为时间；H 为水头；Q 为流量边界条件；$K_x(h)$、$K_z(h)$分别为与基质吸力有关的水平和垂向渗透系数，在渗流计算中假设渗透系数各向相等，即 $K_x(h)=K_z(h)=K(h)$；h 为用水头表示的基质吸力，当 $H<z$ 时，坡体处于非饱和阶段，如果 h 不超过设定的最大基质吸力 $h_{\max}$，$h=z-H$，否则 $h=h_{\max}$，当 $H\geqslant z$ 时，坡体处于饱和阶段，$h=0$；$S(h)$ 为比水容量，非饱和条件下为土水特征曲线（SWCC）中单位基质吸力的变化引起的含水率变化

$$S(h)=C(h)=-\frac{\partial\theta}{\partial h} \tag{2.7}$$

式中，$C(h)$ 为非饱和土的贮水能力；θ 为体积含水率。

2.5.2.3 边界条件

模型边界条件的确定直接影响到计算结果，因而在建模时就已从水文地质概化模型及边界条件的角度进行了考虑。模型的左侧边界为分水岭，从对称的角度出发，雨水在岭顶渗流过程中会以分水岭为界，分水岭两侧之间没有流量交换，因而在模型左侧边界设置 0 流量边界条件。模型底部边界同左侧边界，也设为 0 流量边界。

模型的右侧边界远离滑坡区多达 175m。因距离远，该位置边界条件的设定对降雨条件下滑坡区的水文响应影响甚微。在边坡勘察中该区地下水以基岩裂隙水为主，因而模型右侧边界设置为一固定水头值，水头值的大小为微风化层在该位置的高程。

降雨模拟时在边坡坡面以降雨强度为标准施加流量边界条件且同时施加潜在渗透面边界。在计算过程中，当降雨强度小于边坡的入渗能力时，以降雨强度为流量边界条件；当降雨强度大于边坡的入渗能力时，如果继续使用降雨强度为流量条件，会在坡体顶部产生较高的孔隙水压力与现实不符，这时潜在渗透面边界条件发挥作用，将边坡坡面边界条件设计为 0 水头边界条件，即认为超出入渗能力之外的雨水不在地表贮留，而是瞬时流走。

由于羊宝地滑坡滑前日降雨量差异较大，在瞬态渗流模拟中，降雨模拟参照 9 月 10 日开始降雨到 9 月 18 日滑坡滑动的日降雨量，施加变化的流量边界条

件，流量大小为当天的降雨强度（图 2.57）。如此设定的流量边界条件，日降雨量与实际情况相符，但暗含每天降雨强度恒定假设，与实际情况有出入，是为了便于程序迭代快捷和计算收敛，对计算结果影响不大。

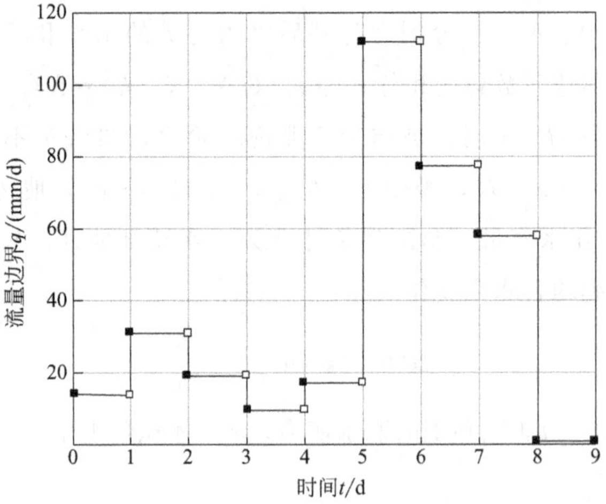

图 2.57　瞬态渗流降雨边界条件

2.5.2.4　计算参数

（1）饱和渗透系数与饱和体积含水率

从 2.4 节的监测分析和水文地质概化模型可以看出，中风化层是降雨补给边坡地下水的主要渗透路径之一，它的渗透性对坡体地下水的响应起着重要的作用，决定着侧向渗流补给的流量及速度，对坡体饱和-非饱和渗流条件下瞬态渗流场的分布有着重要的影响。羊宝地填土边坡中风化层在坡体内的空间分布对降雨条件下坡体饱和-非饱和瞬态渗流场的分布有重要的影响。但在 $B—B'$ 剖面和 $C—C'$ 剖面渗压计的埋设当中（图 2.10、图 2.11），中风化层未能打穿，钻孔数据不能详实地揭露中风化层在这两个剖面的分布及厚度情况。$A—A'$ 监测剖面（图 2.7）虽有详尽的钻孔资料，但从监测分析看，地下水明显承压，反分析过程中初始条件难以确定。

渗压计埋设过后，须经过一定时间才能达到准确表达地下水位水头的稳定值。羊宝地中风化层渗透系数较高，一般用时 1d 渗压计读数即可达到稳定值。针对羊宝地的实际情况，借助原位渗透试验的计算方法对 Dixon 和 Bromhead[106] 的做法加以简化，计算公式为：

$$K_{sat}=\frac{\Delta H}{\Delta t} \tag{2.8}$$

表 2.8 为渗流计算中用到的饱和参数，其中填土的饱和渗透系数是通过双环原位试验测得；松散填土和填土的饱和体积含水率为试验所得；中、强风化花岗岩渗透系数是基于渗压计埋设后的初始值，利用简化计算式（2.8）算得；微风化层的渗透系数及中、强风化花岗岩和微风化花岗岩的饱和体积含水率均是结合羊宝地勘察情况，采用工程地质类比法，根据经验确定。

表 2.8　渗流计算饱和参数

层位	松散填土	填土	强风化花岗岩	中风化花岗岩	微风化花岗岩
饱和渗透系数 K_{sat}/(m/d)	8.64×10^{-2}	8.64×10^{-2}	2.59×10^{-1}	2.59	8.64×10^{-4}
饱和体积含水率 θ_{sat}/%	77	36	36	20	8

（2）土水特征曲线与渗透系数方程

图 2.58 和图 2.59 分别为滑体松散填土和滑后下伏填土的土水特征曲线和渗透系数方程。两者的土水特征曲线是基于 Fredlund 和 Xing 法[108]，利用各自的粒径级配曲线（图 2.39）及饱和体积含水率得出[107]。渗透系数方程是基于饱和渗透系数和土水特征曲线采用 Fredlund 等法[107] 得出。

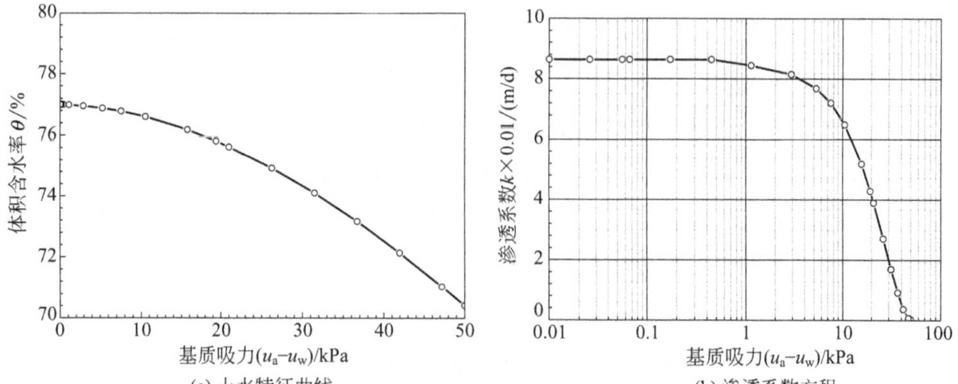

(a) 土水特征曲线　　(b) 渗透系数方程

图 2.58　滑体松散填土非饱和特性

依据张力计监测到的原位基质吸力（图 2.29 和图 2.30），考虑到滑坡发生于雨季末期的 9 月份，在计算土水特征曲线和渗透系数方程时，将松散填土及滑后残余填土的最大基质吸力都定为 50kPa。

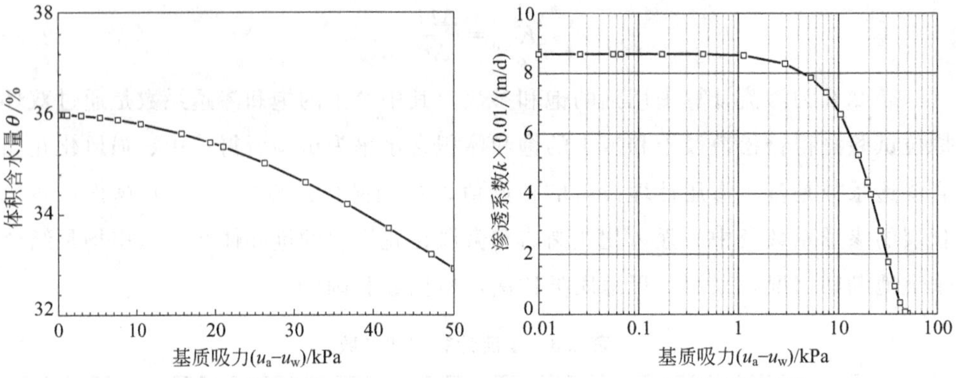

图 2.59 滑后下伏填土非饱和特性

2.5.2.5 初始条件

瞬态渗流场的计算中，初始水位条件是必要条件。羊宝地滑坡滞后性研究始于滑坡发生后，滑坡发生前的水位无从得知，不能直接设定渗流计算的初始条件。

通过深圳市各季平均下雨天数和雨量的统计可以看出，深圳市日平均降雨量为 5.3mm。经试算选用 2.4mm 为日降雨量，以此日降雨量作为流量边界条件，进行稳态渗流计算，并将稳态渗流计算结果作为瞬态计算的初始条件。

图 2.60 为稳态渗流计算后确定的初始地下水位。边坡左侧，分水岭附近，地下水位基本水平；边坡中部，地下水位受中、微风化层分布及渗透系数差异影响，水位变化梯度较大，水位线基本与两层的界面平行；边坡右侧，中、微风化层的界面放缓，呈近水平状，地下水变化梯度也随之放缓，并在水平地表处略有出露迹象，与雨季现场观察到的情况相近。需要指出的是，边坡右侧受固定水位边界条件的影响，水位梯度略有下降，和实际情况略有不符。且经试算发现，此侧远离坡体，填土边坡坡脚水位随地形呈水平，其水位高低主要受所施加的降雨强度影响，而与模型右侧固定水位值的大小关系不大。图 2.60 计算出的初始地下水位分布与山坡稳定地下水位的分布相似，都是受地层分布及地形影响，表明计算所施加的边界条件正确，并且以此方法确定的初始地下水位是可行的，可以用来进行下一步的瞬态渗流计算。

为了更好地了解填土边坡在降雨条件下的饱和-非饱和水文响应，从初始水位的计算开始，在填土边坡顶、中、低三个位置设置了 A、B、C 三个监测断面。图 2.61～图 2.63 分别为计算出的 A、B、C 三个断面初始条件下的饱和-非饱和孔隙水压力分布图，其中负孔隙水压力为基质吸力。从三图中正孔隙水压力

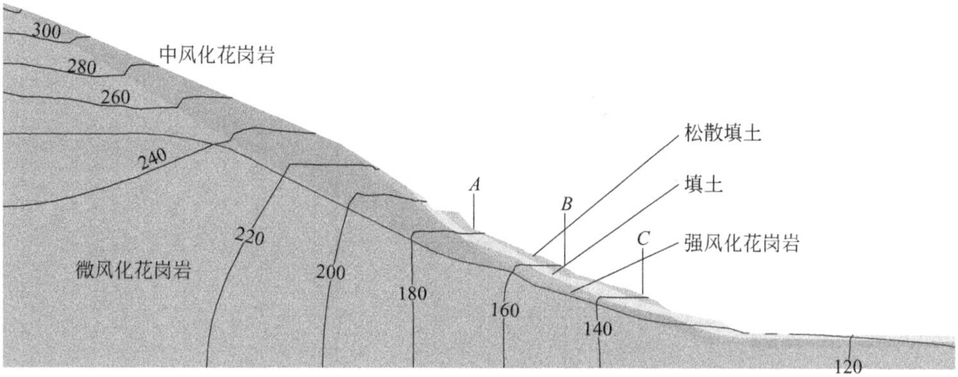

图 2.60 稳态渗流计算初始地下水位

随高程的变化来看，地下水位线以下正孔隙水压力呈线性变化，与稳态时的静水压力分布规律相一致；从基质吸力（负孔隙水压力）随高程的变化来看，地下水位线以上基质吸力呈线性变化，当基质吸力达到一定值后，随着高程的增加，基质吸力变化幅度甚微，基本为一定值，约－45kPa，这与基质吸力的分布规律相一致，也吻合现场监测结果。

计算出的初始条件下边坡地下水位分布、各断面孔隙水压力分布及基质吸力分布与实际基本相符，表明本次研究所采用的计算程序、所设定的边界条件、所选用的计算参数比较合理，正确反映了羊宝地填土边坡的饱和-非饱和初始条件，可以用来计算饱和-非饱和瞬态渗流条件下的水文响应。

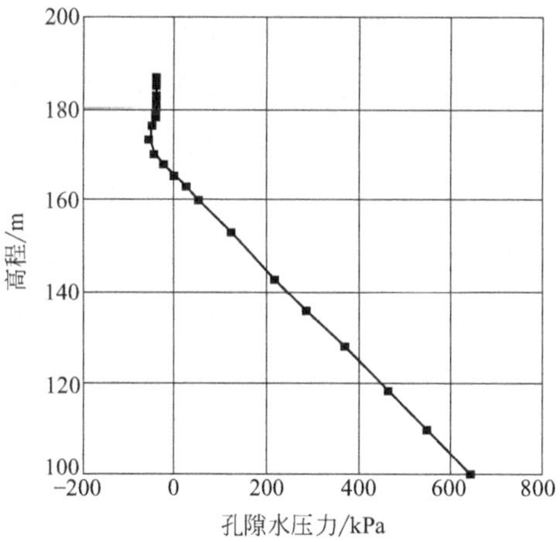

图 2.61 断面 *A* 初始饱和-非饱和孔隙水压力分布图

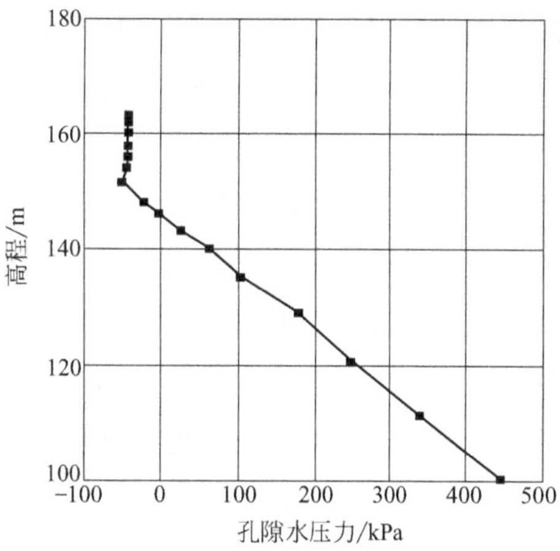

图 2.62 断面 *B* 初始饱和-非饱和孔隙水压力分布图

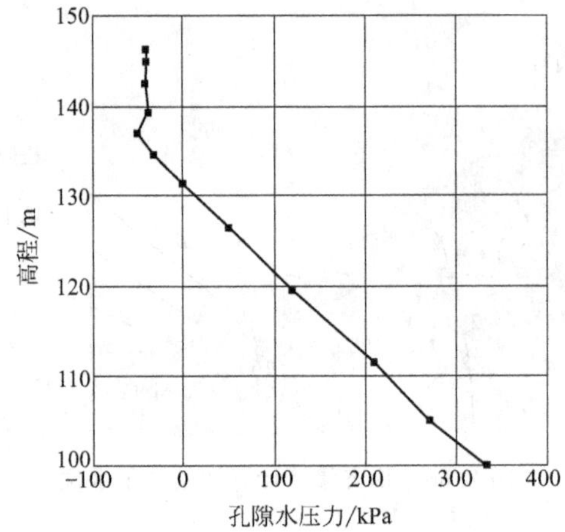

图 2.63　断面 C 初始饱和-非饱和孔隙水压力分布图

2.5.3　降雨条件下瞬态渗流模拟结果分析

2.5.3.1　水位线变化

在本节，水位线并不是单指常规意义上的地下水位线，而是通指孔隙水压力为零的节点边线。

图 2.64 为降雨 5d 后即对应 9 月 15 日强降雨刚来临时的水位线图。对比图 2.64 和图 2.60 可以看出，坡脚地下水位上升，斜坡填土部位顶部饱和，分水岭附近微风化层顶部出现一大一小两个局部饱和带。坡脚地下水位上升是由于长达 5d 的小雨入渗，雨水顺坡体向坡脚汇集造成；斜坡填土部位顶部饱和，是由于 5d 后降雨强度增大（图 2.57），在填土部位，降雨强度大于填土层的入渗能力，填土表层饱和，孔隙水压力为 0；微风化层顶部饱和是由于雨水顺中风化花岗岩渗入后，受中、微风化花岗岩渗透性差异及中风化层空间形态的影响，局部某些位置的雨水补给量超过侧向及垂向的排泄量，从而形成局部饱和带。长达 5d，累计 90.8mm 的降雨量，还使分水岭附近原近水平的水位线在与具有较强渗透性的中风化层底部相交处发生隆起。

图 2.65 为降雨 8d 后，即 9 月 18 日降雨刚停止后的水位线图。对比图 2.64 和图 2.65 可以看出，经过 3d 的大雨，斜坡的地下水位增幅较大。大雨前填土层下部地下水主要位于微风化层内（图 2.60），大雨后填土层下部的地下水位抬升至中、强风化花岗岩内，在中风化花岗岩地层较薄处，地下水位向上突起。

大雨后，原分水岭附近水平的地下水位线隆起程度大幅度增加（图 2.65）。

这是因为微风化花岗岩渗透系数与中风化花岗岩相差甚远，高达4个数量级，降雨入渗后会沿具有最大渗透系数的路径渗流，也会对下部微风化层产生部分渗流。在地下水位线与中风化层交汇处，向下部微风化层入渗的雨水会与地下水位线接触，并抬升地下水位线，初步显示出隆起（图2.64），降着雨水的不断入渗，沿中、微风化层界面处下渗的流量增多，但受微风化层渗透系数影响，下渗的深度较浅，造成此隆起沿两岩层交界面向后溯源发展，没有对分水岭附近的地下水位进行整体抬升（图2.65）。渗流遵从总水头由高向低运动，因而此隆起附近的地下水会产生自右向左的渗流，与斜坡整体自左向右的渗流方向相反。

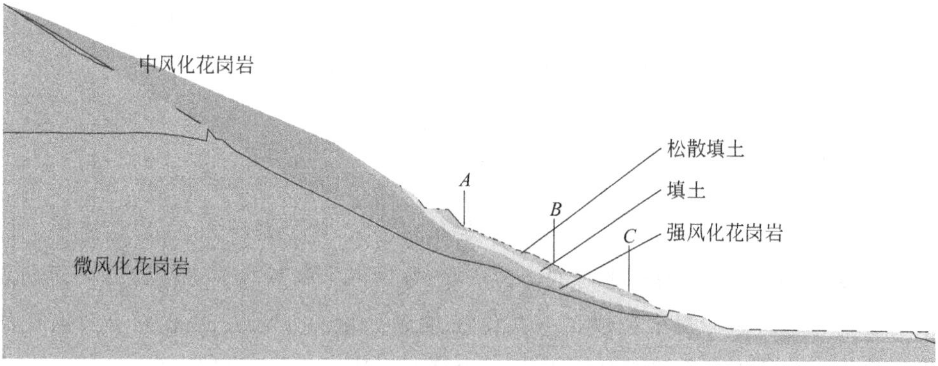

图2.64　降雨5d后的水位线

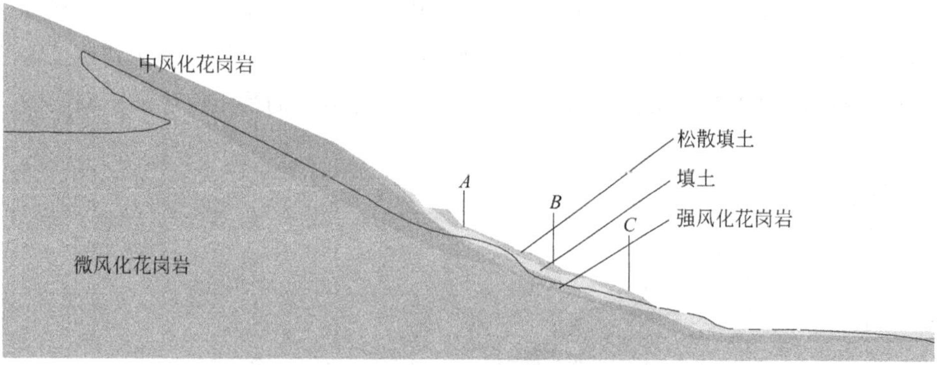

图2.65　降雨8d后刚停止时的水位线

图2.66为降雨停止13h后，即对应滑坡发生时的水位线。对比图2.66和图2.65可以看出，填土边坡坡脚水位变化不大，但填土边坡中部和顶部的地下水位有了进一步抬升，在填土边坡中上部与地表相接，表明此处有泉水出露。这与滑后现场观察到的情况相一致，更加表明了本次模拟的可靠性。降雨停止13h后，水位线左侧的隆起比降雨刚停止时略有下降（图2.65、图2.66）。这是因为降雨停止后，外在流量的补给停止，但坡体内部的侧向渗流依然存在。随着时间

的推移，侧向渗流导致水位线左侧隆起下降，填土层内水位抬升。

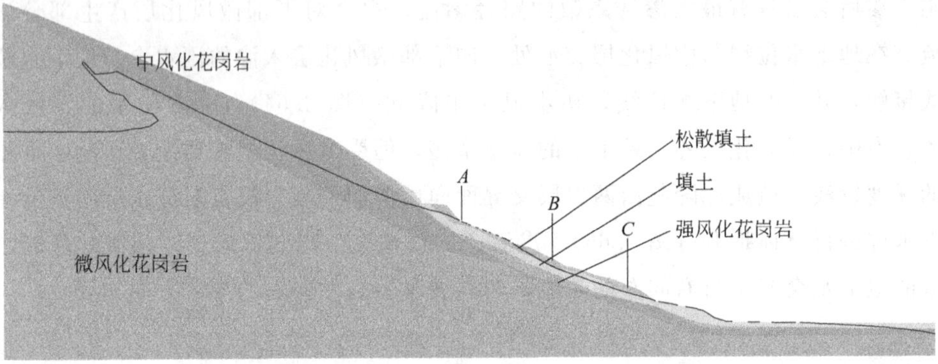

图 2.66　降雨停止 13h 后的水位线

2.5.3.2　矢量线变化

渗流矢量线的方向代表该点的渗流方向，大小代表该点的渗流速率。图 2.67 为小雨 5d 后，大雨初来时的渗流矢量线。可以看出，小雨过后、大雨初来时，渗流主要集中于两个位置：一是位于坡面的垂直下渗；二是位于中风化层内，沿中、微风化层交界面处自左向右的侧向渗流。中、微风化层交界面顶部渗流速率较大。该位置入渗量大于排泄量，造成局部孔隙水压力较高，水力梯度增大，水流速率增大。中微风化层交界面处较高的渗流速率会导致渗入到该位置的地下水以较高的速率侧向补给到下部坡体，给下部坡体的稳定性带来不利影响。

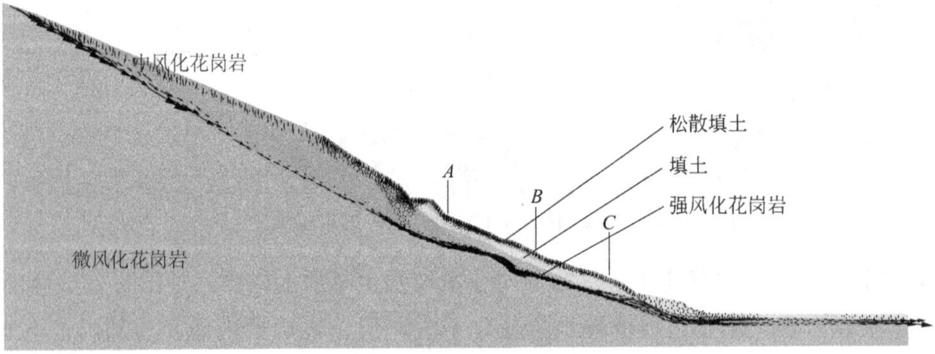

图 2.67　降雨 5d 后的渗流矢量线

图 2.68 为降雨 8d 后，降雨刚停止时的渗流矢量线。可以看出，降雨停止后，坡面入渗虽然存在，但已居次要地位。地下水渗流主要发生于中风化花岗岩中，且沿该层的底面向下渗流。中、微风化层交界处顶部的渗流速率相对于图

2.67 强降雨来临时已减弱许多，而该位置下部渗流速率增大。这是由于降雨补给停止后，位于中风化层的瞬态水流受重力影响，沿中风化层底部快速向下渗流。

通过对填土边坡中上部的放大显示可以看出：填土边坡中部下伏中风化花岗岩层相对于其他位置厚度小，而渗透系数大于下伏基岩和上部强风化层，在渗流中呈现出瓶颈效应，造成地下水囤积。在中风化层表现为相对较大的渗流速率，在强风化层表现为渗流方向由斜向下转为水平。

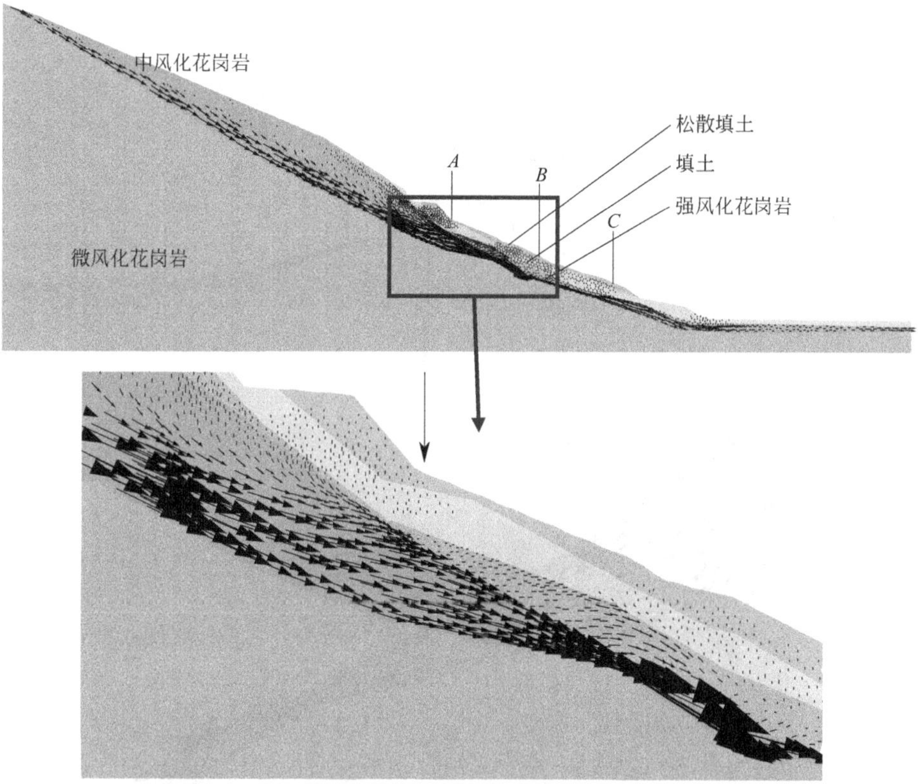

图 2.68　降雨 8d 后刚停止时的渗流矢量线

图 2.69 为降雨停止 13h 后的渗流矢量图。对比降雨刚停止时的渗流矢量线图 2.68 可以看出，降雨停止后，随着时间的消失，分水岭附近渗流矢量进一步减小，这是因为在无外界降雨入渗补给的情况下，中风化层内部的侧向下补给削弱了该位置的水头，造成该位置地下水位线略有所下降。

通过图 2.69 的局部放大可以看出，中风化层厚度较小处，渗透矢量依然最大，表明虽距离降雨已过去 13h，来自中风化层顶部的补给依然存在，且受排泄能力所限，囤积的水流也依然存在。位于中风化层“瓶颈”处左上方的强风化层内的渗流方向发生了大的变化，由降雨刚停止时的水平渗流转变为现在的斜向上渗流，并通达地表。这表明降雨停止后地下水位上升的原因主要有两个：一是中风化层顶部残余水流的持续补充；二是“瓶颈”作用，排泄能力不足，“颈”口前水流囤积增大。两者共同作用，使该处的渗流方向发生变化，产生斜向上的渗流，抬升了地下水位，直到通达地表，泉水出露。

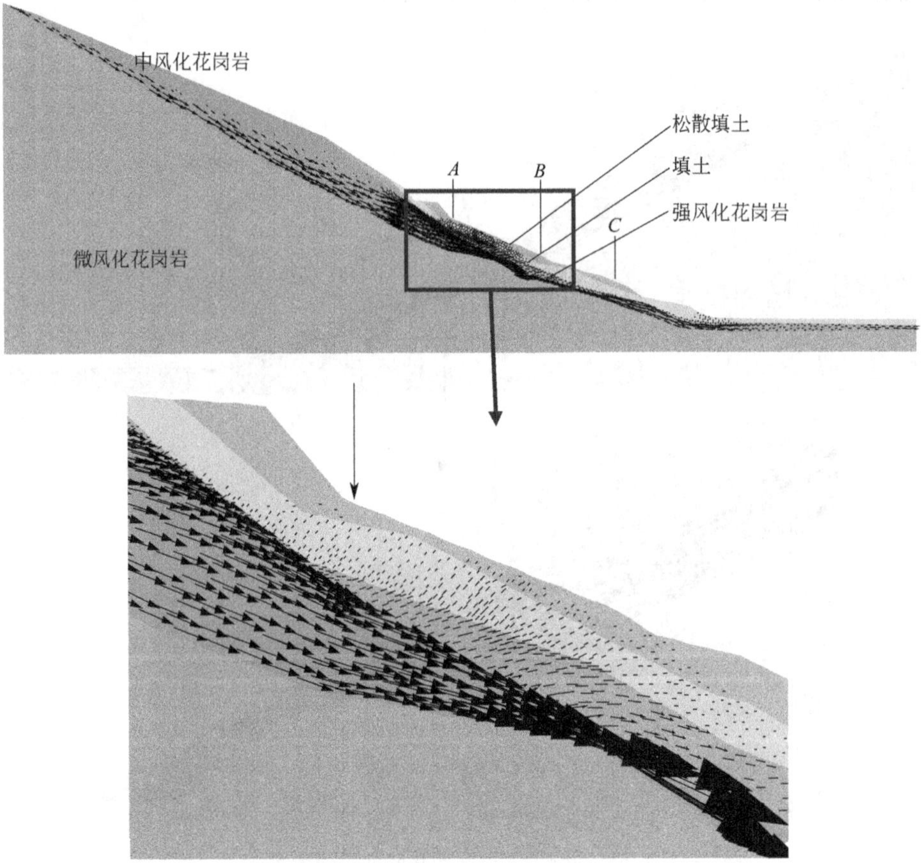

图 2.69　降雨停止 13h 后的渗流矢量线

2.5.3.3　孔隙水压力变化

前面对水位线和矢量线的响应分析，是从饱和渗流的角度研究填土边坡孔隙水压力变化的起因。孔隙水压力响应主要通过监测图 2.60 所示的对应填土边坡顶部、中部、下部 A、B、C 三个断面孔隙水压力的变化，了解孔隙水压力变化的过程。

图 2.70～图 2.72 分别为三个断面的孔隙水压力变化图，其中负的孔隙水压力为基质吸力。孔隙水压力的变化过程主要通过监测的五个时间点来展现，其中各个时间点对应不同的降雨特征点，如表 2.9 所示。

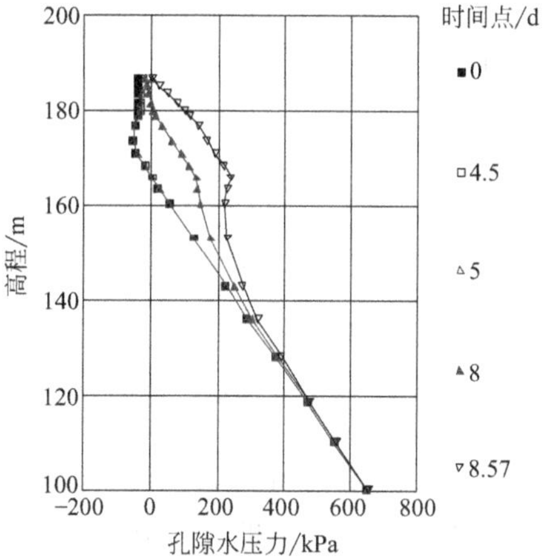

图 2.70　断面 *A* 孔隙水压力变化图

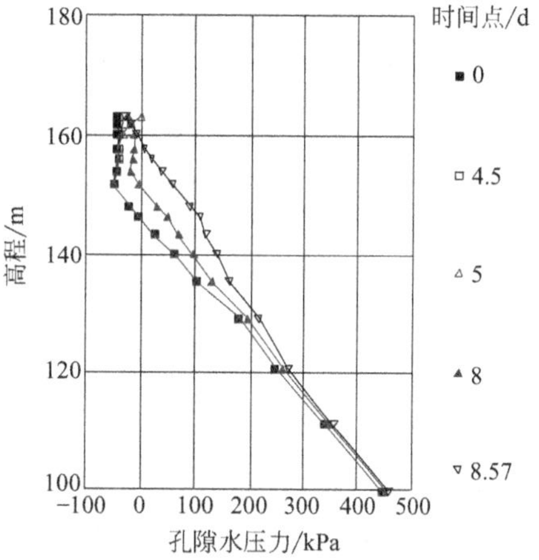

图 2.71　断面 *B* 孔隙水压力变化图

表 2.9　监测时间点及对应的降雨特征点

时间点/d	降雨特征点
0	瞬态渗流计算前，稳态渗流计算得到的初始孔隙水压力分布
4.5	小雨连降 4.5d 后的孔隙水压力分布
5	小雨过后大雨初至时的孔隙水压力分布
8	大雨刚过时的孔隙水压力分布
8.57	大雨过后，松散填土滑动时刻的孔隙水压力分布

从图 2.70～图 2.72 可以看出，*A*、*B*、*C* 三个断面的孔隙水压力在不同降雨特征点下的变化大小虽有不同，但变化趋势相一致。大雨前的小雨仅引起上部负孔隙水压力增加（4.5d）；小雨过后大雨初至时，由于降雨强度大于地表填土的饱和渗透系数，地表负孔隙水压力完全丧失，地表以下负孔隙水压力继续增加（5d）；大雨过后，地下水位抬升，孔隙水压力增长幅度较大，几乎各个断面上的孔隙水压力连线都比大雨初至时有了较大的增加（8d）。降雨停止后，地下水位继续抬升，孔隙水压力继续增长，但三个断面增长的幅度不同，断面 *A* 增幅最大，所有孔隙水压力全大于 0，表明该断面已完全饱和，断面 *B* 增幅次之，该断面虽依然有非饱和区存在，但范围已大大缩小；断面 *C* 增幅最小，表明降雨过后地下水位在该位置变化幅度小（8.57d）。

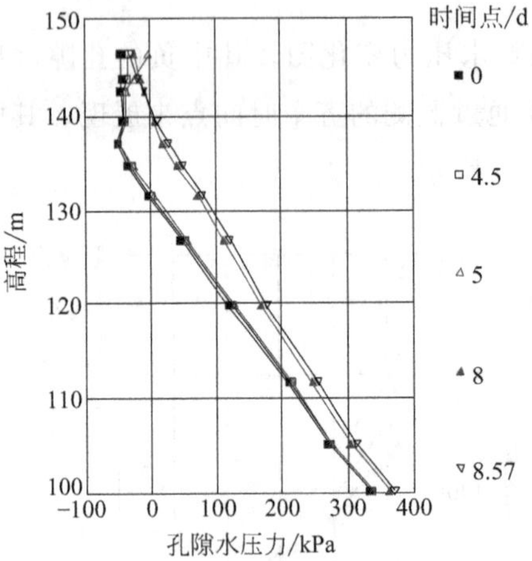

图 2.72 断面 C 孔隙水压力变化图

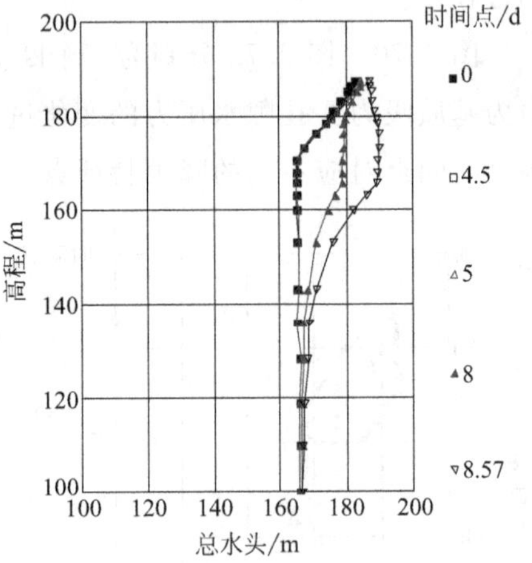

图 2.73 断面 A 水位标高变化图

图 2.73 为断面 A 水位标高的变化图，总水头为高程与孔隙水压力水头之和。可以看出，大雨初停（8d）及雨后一段时间（8.57d），断面 A 中部的总水头增幅较大，特别是 8.57d 时，总水头分布呈中间大两头小，水的流动是从总水头高的部位沿着孔隙通道向总水头低的部位流动，此时断面 A 上的水流除侧向渗流外，还会因总水头差异分别向下和向上渗流，展现出承压水的性质。断面 A 顶点即为现场巡视发现的雨后地表泉水出露点（图 2.22 和图 2.24），表明模拟与实际情况相吻合，再一次验证了此次模拟的可靠性。

2.5.3.4 安全系数变化

为了进一步表达降雨对边坡稳定性的影响，特别是降雨停止前后边坡稳定性的变化，基于瞬态渗流计算结果，采用极限平衡法中的 Bishop 法对不同降雨时间下的边坡稳定性进行了计算。

安全系数计算中，松散填土和填土采用了考虑基质吸力影响的修正 Mohr-Coulomb 破坏准则[73]，具体表达形式为：

$$\tau = c' + (\sigma_n - u_a)\tan\phi' + (u_a - u_w)\tan\phi^b \tag{2.9}$$

式中，c'为有效黏聚力；ϕ'为饱和内摩擦角；$(\sigma_n - u_a)$为破坏面上的净法向应力状态；$(u_a - u_w)$为破坏面上的基质吸力；ϕ^b 为抗剪强度随基质吸力$(u_a - u_w)$而增加的速率。

表 2.10 为极限平衡法计算中所用到的计算参数，其中松散填土采用的是 ICU75 的试验结果；填土采用的是 ICUS 的试验结果；中、强风化花岗岩和基岩

设为弹性材料，它们的性质和松散填土及填土的 ϕ^b 根据工程地质类比法得出。

表 2.10 计算参数

岩土类型	密度/(kg/m^3)	强度		
		黏聚力/kPa	内摩擦角/(°)	ϕ^b/(°)
松散填土	1330	0	25	15
填土	1650	6	27	15
强风化花岗岩	2100	—	—	—
中风化花岗岩	2400	—	—	—
微风化花岗岩	2580	—	—	—

图 2.74 为计算出的不同时间下的安全系数。可以看出，从开始降雨到大雨初至时，安全系数降低较小，这是因为该段时间降雨仅引起了填土部位基质吸力的变化，而地下水位依然位于松散填土以下（图 2.64、图 2.65）；8.57d 时，即大雨停止 13h 以后，安全系数大幅度降低，这是因为降雨虽然停止，但中风化层的“瓶颈”作用致使地下水位抬升到松散填土层内。该图也表明松散填土边坡的安全系数主要受孔隙水压力的影响，基质吸力虽然对边坡的安全系数有影响，但影响较小。

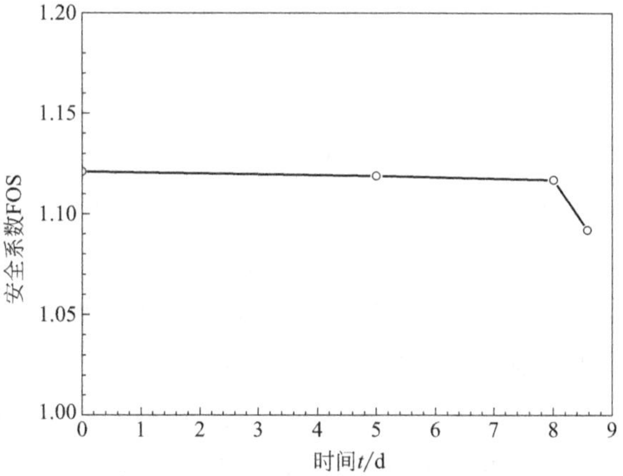

图 2.74 安全系数随时间变化曲线

需要指出的是，依照 Bishop 法计算出的降雨停止 13h 后的安全系数为 1.092（图 2.75），从数值上看安全系数 FOS>1，与实际情况不相符合。这是由以下几方面原因造成的：

① 在极限平衡法计算安全系数的过程中，计算的是松散填土层整体的安全系数（图 2.75）。实际中松散填土层的液化并不是整个松散填土层同时液化，而是局部先产生液化，使坡体的应力状态产生调整，从而引起其他部位液化，它是一个动态的过程。极限平衡法求取安全系数是一个静态的过程，把整个滑体假设为一个块

体，同时发生滑动。两者在机理上存在差异，因而会造成计算结果的偏差。

② 安全系数的计算结果与选用的计算方法也有关系，一般 Bishop 法计算出的结果相对其他方法偏大，常取其值作为安全系数的上限值，并且 1.092 的安全系数与临界状态也极为接近。

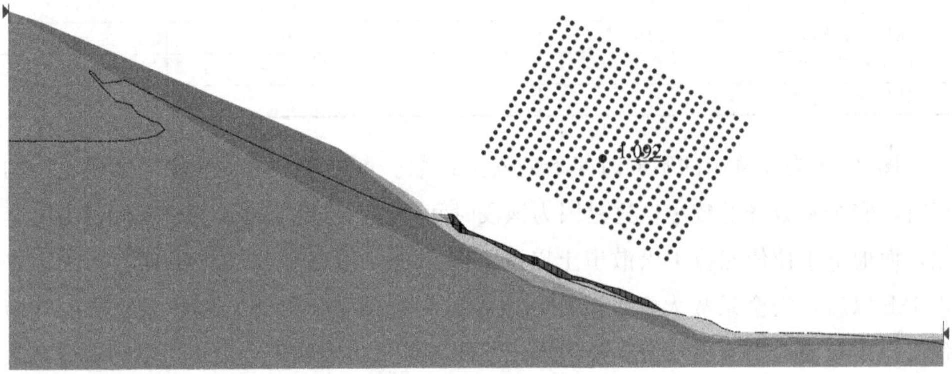

图 2.75　8.57d 时的安全系数与滑体位置

2.5.4　滑坡启动滞后性机理

通过对降雨条件下地下水饱和-非饱和瞬态渗流过程的模拟得到的水位线、矢量线、孔隙水压力和安全系数的变化可以看出，羊宝地松散填土滑坡启动滞后于降雨主要是该位置的地质条件及各地层间的渗透性差异造成的。

从该位置的工程地质剖面图[图 2.3(b)]和水文地质概化模型（图 2.38）可以看出，滑坡剖面从上到下由填土、强风化花岗岩、中风化花岗岩和微风化花岗岩四个地层组成。其中强风化花岗岩以透镜体的形式赋存于剖面中；中风化花岗岩在分水岭附近大面积出露，在剖面中为中间薄、两头厚的“瓶颈”结构。

由现场试验结果（图 2.41）、监测分析结果和工程地质类比，可知中风化花岗岩节理裂隙发育，渗透性既大于上覆的强风化花岗岩又大于下伏的微风化花岗岩。

降雨条件下，雨水从分水岭附近出露的中风化花岗岩渗入，降雨强度越大，降雨持续时间越久，渗入的流量也就越大。降雨在入渗过程中会首先选择最大入渗能力处扩展，具有高渗透性的中风化花岗岩影响了入渗路径，分水岭处渗入的流量大部分储存在中风化层内，并沿着中风化层的底部，向水头较低处扩展。当水流扩展到中风化层“瓶颈”处时，排泄能力远小于侧向和垂向入渗的补给量，造成地下水在瓶颈前方大量囤积，孔隙水压力抬升。

降雨停止后，中风化层的顶部依然存在从分水岭附近渗入的雨水。这使雨水在降雨停止后依旧在中风化层内朝着“瓶颈”处扩展，致使“瓶颈”处的补给量依然大于排泄量，造成囤积进一步增大，孔隙水压力进一步抬升并进入到填土层内。降雨虽停，但只要“瓶颈”处的排泄量小于侧向补给量，水流囤积就会持续增大，孔隙水压力就会持续抬升，当孔隙水压力抬升到一定程度时，填土层内的有效强度不足以维持稳定，边坡发生破坏。

2.6 滑坡启动过程模拟

2.6.1 计算模型

2.6.1.1 计算范围

力学计算的特点与瞬态渗流计算有异。针对研究范围，选取大于研究范围，且两侧没有位移的边界，即边界条件的设置不影响计算结果时，可满足计算需要。因而在力学计算中，选取的计算范围小于瞬态渗流计算范围，这样的选取方法，不仅不会影响计算结果，且会减少计算单元的个数，节省计算时间（图 2.76）。

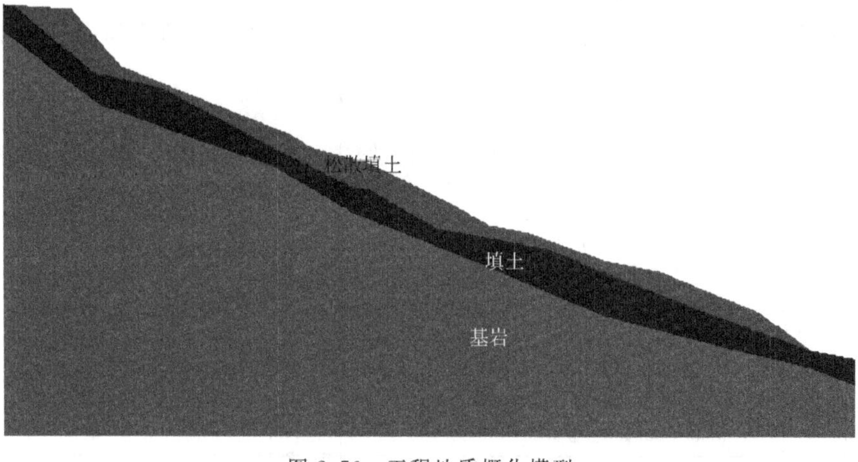

图 2.76 工程地质概化模型

由于强风化花岗岩、中风化花岗岩及微风化花岗岩的渗透性直接影响边坡初始水位的计算及瞬态渗流场的分布，故在水文地质概化模型中把此三层分别考虑（图 2.76）。而在边坡的启动过程模拟中，变形主要来自顶部松散填土。相对于顶部松散填土，水文地质概化模型中下部的中、强、微风化花岗岩基本没有变形，仍然处于弹性状态。如果在变形计算中仍把此三层分开考虑，不仅没有必要，还会增加建模的难度，故在工程地质模型中，把此三层合并为一层，命名为基岩；顶部的松散填土及下伏填土各为一层。

计算采用 FLAC 软件，模型两侧和底部均施加位移边界条件，在模型左右两侧施加 x 向位移约束；在模型底部施加 y 向位移约束。

2.6.1.2 本构模型

相对于顶部的填土，下伏基岩基本没有变形，处于弹性阶段，因而采用线弹性本构模型。松散填土下伏的填土，在三轴试验中表现出理想弹塑性（图 2.45），采用 FLAC 内置的 Mohr-Coulomb 模型。

顶部松散填土是变形的主体，其本构模型的选取直接关系到模拟的成功与否。降雨条件下，屈服前，顶部松散填土遵行的是常剪应力路径，即剪应力不变，孔隙水压力增加；屈服后，松散填土剪缩，应变软化，抗剪强度降低，产生静态液化（图 2.49）。综合考虑后，模拟过程中，上覆的松散填土采用了“SP”模型来模拟其不排水剪切条件下的静态液化特征及破坏过程。

图 2.77(a) 为 q-p'平面内的两个破坏准则，其中 q 为偏应力，p'为平均有效应力。两个破坏准则中的一个是以 Mohr-Coulomb 破坏准则的形式表达的破坏面，即图 2.77(a) 中的 M_{col}。为了在二维 q-p'平面内展现三维空间内的破坏面，

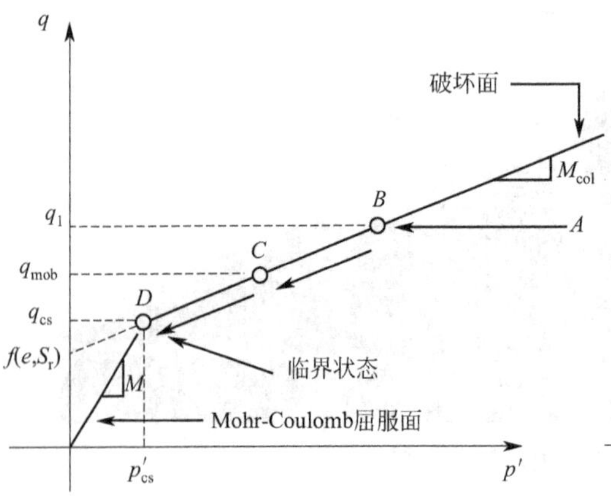

(a) q-p' 平面

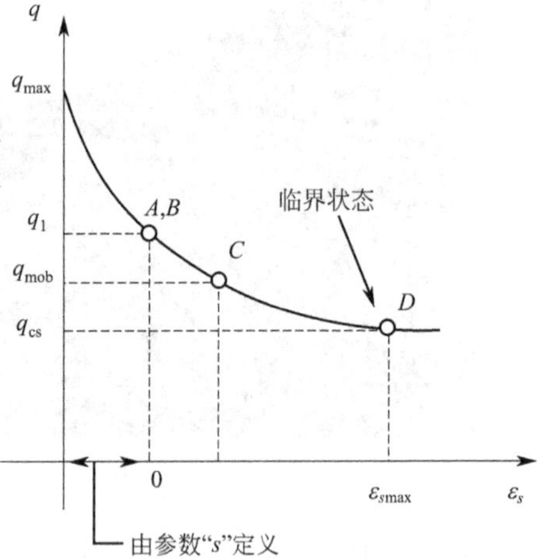

(b) q-ε_s平面[109]

图 2.77　SP 模型

并考虑基质吸力的影响，失稳线与偏应力轴的截距定义为孔隙比 e 与饱和度 S_r 的函数 $c_2'=f(e,S_r)$。两个破坏准则 M 和 M_{col} 的交点［图 2.77(a) 中的 D 点］为临界状态，当土单元具有不同孔隙比和饱和度时，破坏线 M_{col} 在偏应力轴的截距就不同，并且与破坏准则 M 的交点也不同，它模拟出土样临界状态强度随密度和饱和度而变化的特征。

模型中假设松散填土是在不排水条件下破坏的。图 2.77(a) 表达了试样在不排水条件下的应变软化现象。假设一土体单元初始状态位于图 2.77(a) 中的 A 点，随着降雨入渗，孔隙水压力的增加，有效围压 p'减小。当有效应力路径与破坏面交于 B 点后，单元的结构产生破坏，强度开始软化。随着剪应变和孔隙水压力的增加，土单元的有效应力路径顺着破坏面 M_{col} 斜向下走，直到达到临界状态点 D。当临界状态点达到后，土体单元的有效应力状态达到稳态，不再发生变化。

在土体单元达到临界状态前，其偏应力 q_{mob} 的大小由剪应变 ε_s 控制［图 2.77(b)］，SP 模型采用了双曲线方程来表达此关系：

$$q_{mob}=q_{max}-(q_{max}-q_{cs})\sqrt{1-\left(\frac{\varepsilon_{s\max}-\varepsilon_s-s}{\varepsilon_{s\max}}\right)^2} \tag{2.10}$$

$$s=\varepsilon_{s\max}\left[1-\sqrt{1-\left(\frac{q_{max}-q_1}{q_{max}-q_{cs}}\right)^2}\right] \tag{2.11}$$

式中，q_{max} 和 $\varepsilon_{s\max}$ 为两个输入参数，用来定义应变软化曲线的形状，这两个参数可用三轴不排水剪试验得到，并且土样一定时，这两个参数为常数；q_1 为有效应力路径在常剪应力条件下与破坏面相交时的偏应力［图 2.77(a)］；s 为定义应变软化曲线起始点的参数，由式(2.11) 可以看出，它主要由 q_1 确定；ε_s 为总剪应变，依据 Mohr 圆的半径，通过土单元的位移矢量计算而得。

两个破坏准则中的另一个用于表述应力状态位于临界状态线下方的土体的剪胀行为，具有正膨胀角的 Mohr-Coulomb 破坏准则［图 2.77(a)］。

2.6.1.3 计算参数

计算过程中所需的参数因本构模型的不同而不同。表 2.11 为填土层和基岩的计算参数，其中填土层的密度和强度来自原位试验和室内试验；基岩的计算参数及填土层的弹性模量和泊松比均依据工程地类比法得出。

表 2.11 计算参数

岩土类型	密度/(kg/m³)	弹性模量/GPa	泊松比	强度	
				黏聚力/kPa	内摩擦角/(°)
填土	1650	0.04	0.35	6	27
基岩	2400	14	0.2	—	—

表 2.11 为松散填土层 SP 模型计算参数，主要依据击实试验中 ICU75 和 ICU85 的试验结果确定。SP 模型中，每一个破坏准则由三个参数组成，有效黏聚力 c'、有效摩擦角 ϕ'及膨胀角 ψ。参数 c'_1、ϕ'_1 和 ψ_1 表述的是两个破坏准则中的 Mohr-Coulomb 屈服面 [图 2.77(a)]，利用松散填土试验中的稳定线方程确定。参数 c'_2、ϕ'_2 和 ψ_2 表达的是另一个破坏准则的破坏面。SP 模型计算参数见表 2.12。

表 2.12 SP 模型计算参数

参数	取值
干密度, ρ_d	1330kg/m³
孔隙比, e	$e=-0.090\ln p'+1.067$
体积模量, K	44000kPa
剪切模量, G	14800kPa
有效黏聚力, c'_1	0
有效摩擦角, ϕ'_1	40°($M=1.63$)
膨胀角, ψ_1	15°(当土体处于临界状态线下方时)
有效黏聚力, c'_2	$f(e,S_r)=0.44\exp(17.5-13.5e-5.4S_r)$
有效摩擦角, ϕ'_2	18°($M_{col}=0.69$)
膨胀角, ψ_2	0
抗拉强度, T	0
应变软化参数, q_{max}	$2.5q_{ss}$
应变软化参数, ε_{smax}	0.15

c'_2 为孔隙比 e 与饱和度 S_r 的函数，它控制了临界状态的抗剪强度，通过临界状态线来决定。临界状态线由两个方程组成[110]：

$$\nu=\Gamma-\lambda\ln p'_{ss} \tag{2.12}$$

$$q_{ss}=Mp'_{ss} \tag{2.13}$$

其中：

$$\nu=e+1 \tag{2.14}$$

由式(2.12)～式(2.14) 可以推出：

$$q_{ss}=M\exp\left(\frac{\Gamma-e-1}{\lambda}\right) \tag{2.15}$$

考虑非饱和土的临界状态，利用饱和度 S_r 将式(2.15) 加以修正：

$$q_{ss}=M\exp\left[\frac{\Gamma-e-1+k(1-S_r)}{\lambda}\right] \tag{2.16}$$

其中：

$$S_r=1-0.25\lg u \tag{2.17}$$

式中，u 为孔隙水压力。

破坏面与偏应力轴的截距［图 2.77(a)］为：

$$q_0=Mp_{ss}-M_{col}p_{ss}=\frac{M-M_{col}}{M}q_{ss} \tag{2.18}$$

k 值定为 0.4，利用松散填土试验的稳态线，即可求得 q_0，将 q_0 从 q-p' 平面转化到 τ-σ 平面后，可得：

$$c_2'=f(e,S_r)=0.44\exp(17.5-13.5e-5.4S_r) \tag{2.19}$$

2.6.1.4 模拟过程

本次模拟主要由三步组成：①初始应力状态模拟；②初始条件设置；③流滑启动模拟。第一步，首先设置各层为弹性，计算边坡在自重条件下初始应力分布，以此作为流滑启动过程模拟的初始应力；第二步，将位移清零，并依据第一步计算出的初始应力及松散填土层的等压固结方程，设置松散填土层不同位置的孔隙比，并施加 2.5 计算出的 8.57d 时的饱和-非饱和孔隙水压力；第三步，设置各层对应的本构模型及参数，计算边坡的塑性发展趋势和剪应变分布。

图 2.78 和图 2.79 为第一步计算出的平均有效应力和偏应力云图。从图 2.78 可以看出，边坡的平均有效应力基本上随深度增加，松散填土层的平均有效应力 p'减小。

图 2.80 为第二步施加的孔隙水压力和基质吸力。松散填土层部分位于地下水位以下，处于饱和状态；部分位于地下水位以上，处于非饱和状态。

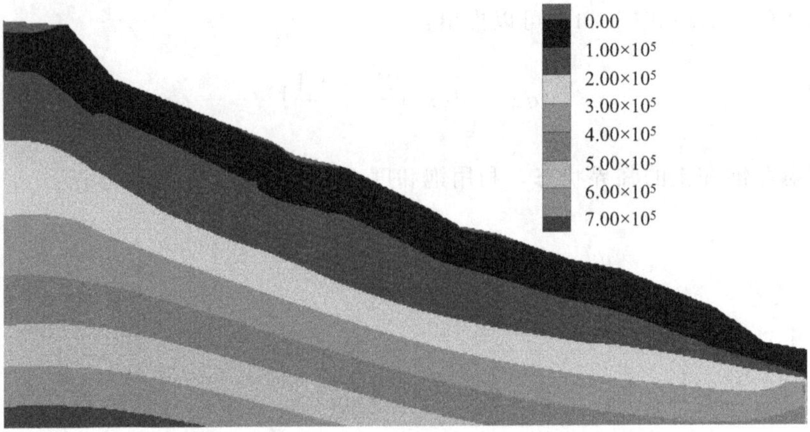

图 2.78　初始平均有效应力 p' 分布云图（单位：Pa）

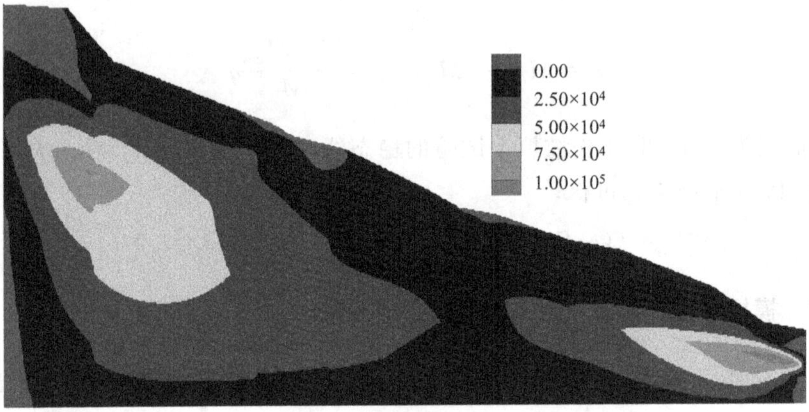

图 2.79　初始偏应力 q 分布云图（单位：Pa）

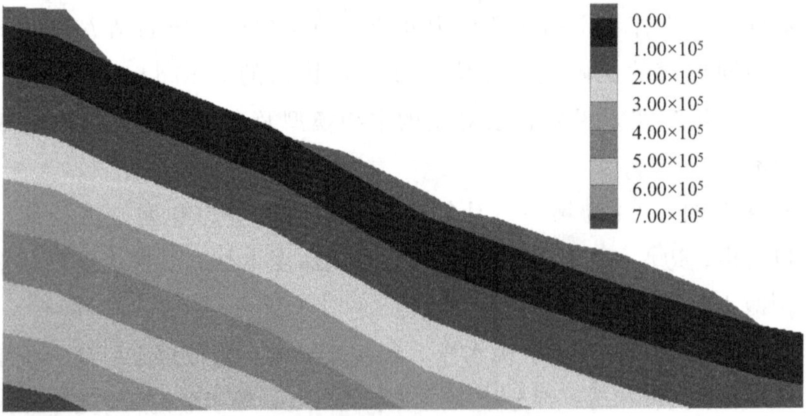

图 2.80　计算施加的孔隙水压力和基质吸力（单位：Pa）

2.6.2 模拟结果分析

为了动态表达塑性区发展规律，模拟液化范围的扩展过程，计算以第三步模型和参数赋值结束后为基准点，分不同的计算步来监测塑性区及对应剪应变的发展。选取的具有特征值的时间步分别为：1、51、451、1051、1551、2051。

2.6.2.1 塑性区变化

塑性区是指应力状态满足所选本构的屈服条件、处于塑性状态的单元。因不同的屈服条件，处于塑性区的单元有的是抗拉破坏，有的是抗剪破坏。

图 2.81～图 2.85 为不同时间步对应的塑性区。图 2.81 为计算 1 步后的塑性区，代表施加孔隙水压力和基质吸力后边坡的初始状态，塑性区主要位于坡面线上陡处的顶部，为受拉破坏；计算到 51 步后，松散填土层中上部，地下水位较高且在地表出露处，出现大范围的塑性区（图 2.82）。这是由于施加孔隙水压力和基质吸力后，该位置孔隙水压力升高，有效围压降低，首先达到塑性，松散填土层中部剪应力较大处也剪切破坏出现了塑性区；计算到 451 步后，松散填土下部坡面线位置全部达到屈服（图 2.83），该位置地下水位虽低，但埋深浅，有效围压小，在应力状态调整时易屈服破坏；计算到 1551 步后，松散填土层形成了塑性区连通带（图 2.84），表明松散填土层已整体破坏，这是中上部破坏后，应力调整，下部剪切力增大，受剪屈服；随着计算的进行，塑性区不再有变化（图 2.85），表明第 2051 步时，松散填土层已整体破坏，应力状态基本保持恒定，没有大的应力调整发生，后续计算仅使松散填土层整体位移增加。

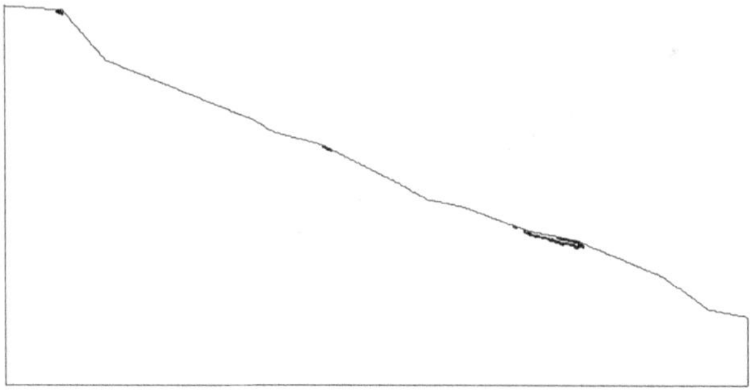

图 2.81 计算 1 步后的塑性区

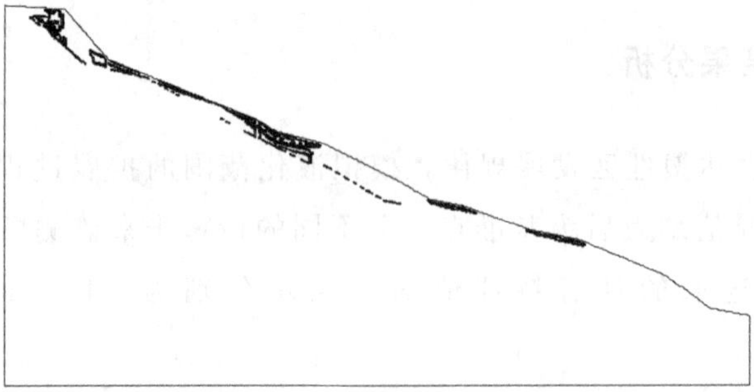

图 2.82　计算 51 步后的塑性区

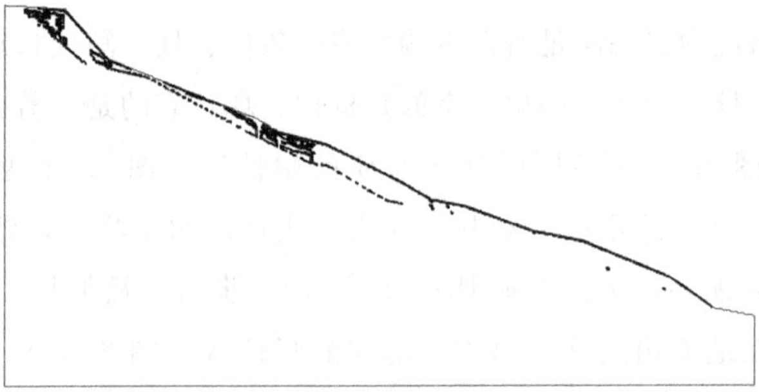

图 2.83　计算 451 步后的塑性区

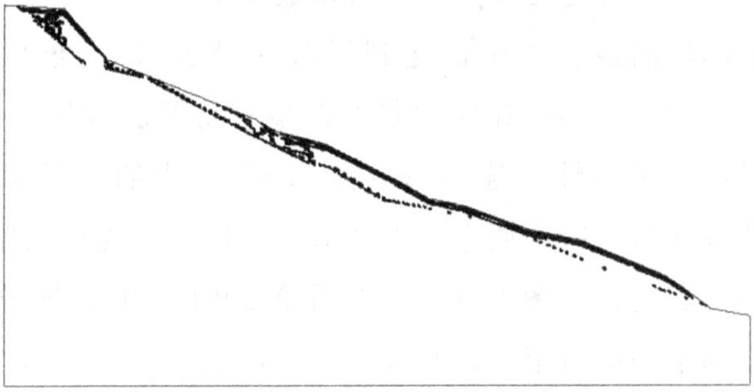

图 2.84　计算 1551 步后的塑性区

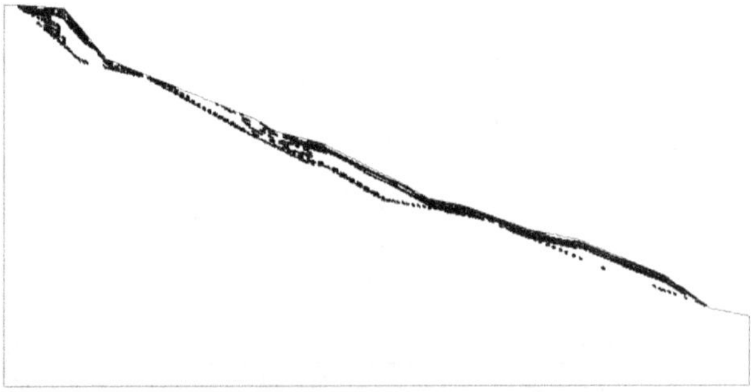

图 2.85　计算 2051 步后的塑性区

2.6.2.2 剪应变变化

降雨后，在应力状态调整的作用下，坡体内各点的位置要发生位移。如果坡体各点发生位移后仍保持各点间初始状态的相对位置，则坡体实际上只产生了刚体移动和转动；如果坡体各点发生位移后改变了各点间初始状态的相对位置，则坡体也同时产生了形状变化，即坡体产生了应变[111]。通过对坡体剪应变分布及变化的分析，可以知道坡体各点位移的形式，分析边坡的状态。

在云图中，画图的方式会对分析产生视觉上的影响，如剪应变云图相邻颜色间剪应变间隔大小的改变，会使云图中同一颜色分布的范围产生变化。为了清楚地对比分析不同计算步下剪应变的变化，在作图中将剪应变云图间隔相统一，使不同时间步作出的剪应变云图在视觉上有直观的对比性。通过前面的试验，及SP本构模型参数的选取中可以得知，当某单元剪应变超过0.15时，该单元基本上处于稳态，强度已全部软化完毕。因而在剪应变响应分析中，统一设置剪应变云图中的剪应变间隔为0.15。

图2.86～图2.88为同一作图标准下作出的不同时间步的剪应变云图。从图2.86可以看出，初始阶段，剪应变主要位于坡面线上，这是由于坡面有效围压低，先屈服；计算到1051步后，坡面线及松散填土底部剪应变几乎贯通（图2.87），表明坡体即将整体失稳，但松散填土层内部剪应变变化不多，表明应变仅局限于坡面线和松散填土层底部；计算到2051步后，应力状态已调整完毕，塑性区完全贯通（图2.85），底部剪应变也已完全贯通（图2.88），整体流动已开始。松散填土层中下部存在大量剪应变（图2.88），表明滑动过程中，坡体并不是以整个块体的形势向下滑动，而是在滑动过程中产生解体等变形。

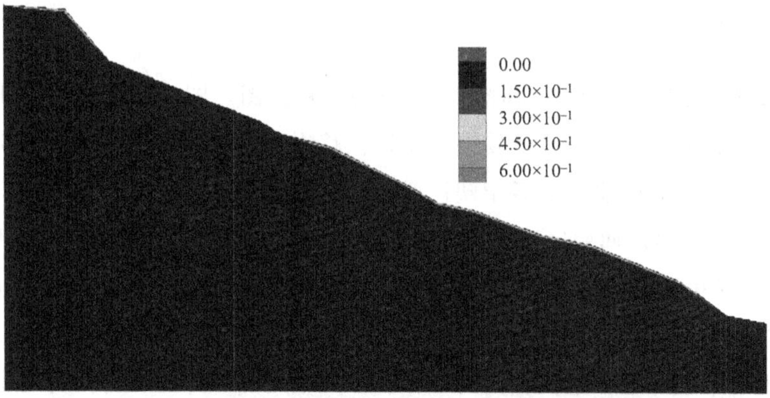

图2.86 计算451步后的剪应变云图

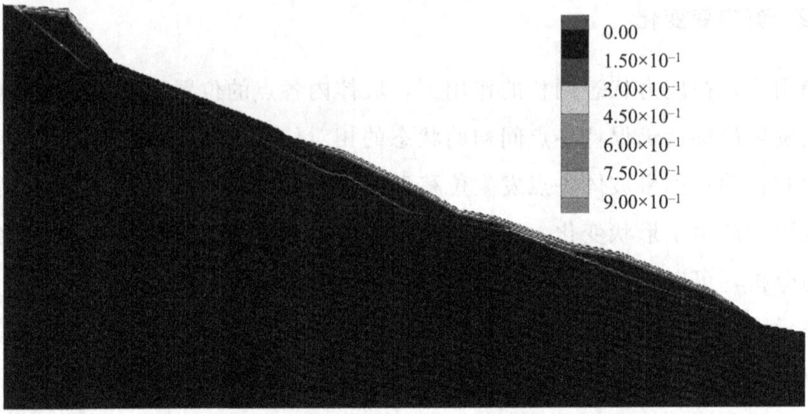

图 2.87　计算 1051 步后的剪应变云图

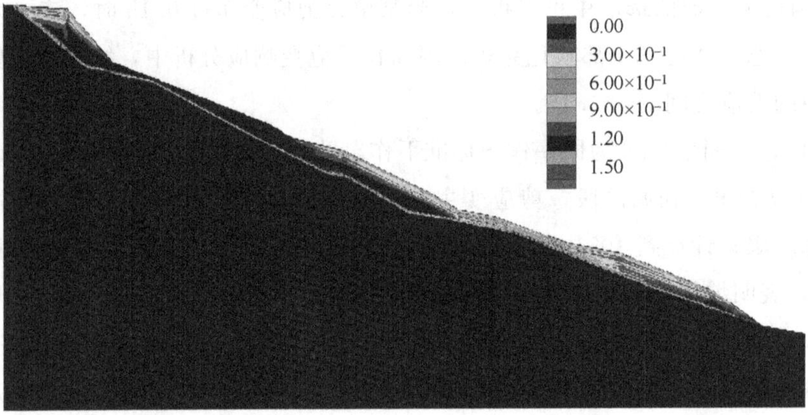

图 2.88　计算 2051 步后的剪应变云图

2.6.2.3 位移变化

图 2.89～图 2.91 为不同时间步对应的位移云图。图 2.89 为计算 51 步后的位移云图，代表了初期位移的发展。初期位移出现的位置与初期塑性区出现的位置相对应，但在时间步上滞后于塑性区。在变形初期，坡面线上陡处顶部受拉屈曲破坏（图 2.81），屈服区下方产生了拉剪变形，并产生了初期位移（图 2.89）。

图 2.90 和图 2.91 为位移随着屈服区的扩展和剪应变的增加而产生的变化。填土边坡顶部较陡，拉剪处位移最大。受屈服区的扩展，位移区也进一步扩展，松散填土层中上部地下水位较高的位移有了大幅增加，并且坡脚因剪切也产生了位移（图 2.90）。随着计算的进行，最大位移处主要位于松散填土层与填土层界

面处，表明沿界面位置两者产生了相对位移，且位移贯通（图 2.91），这时松散填土层已整体破坏，与塑性区发展相对应（图 2.84）。

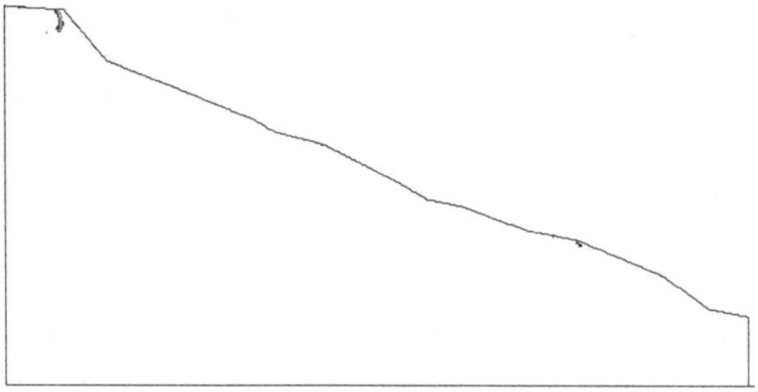

图 2.89　计算 51 步后的位移云图（单位：m）

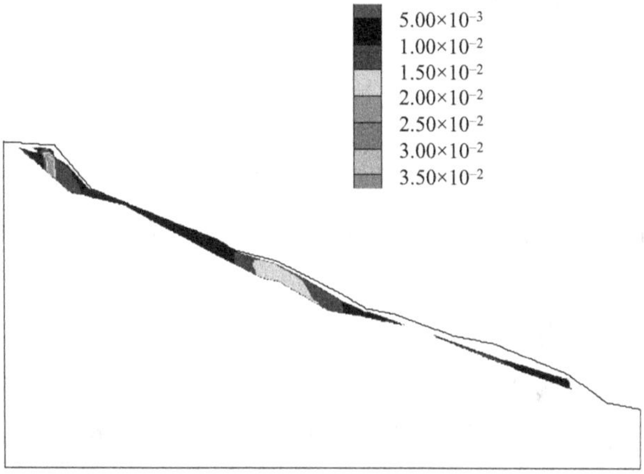

图 2.90　计算 451 步后的位移云图（单位：m）

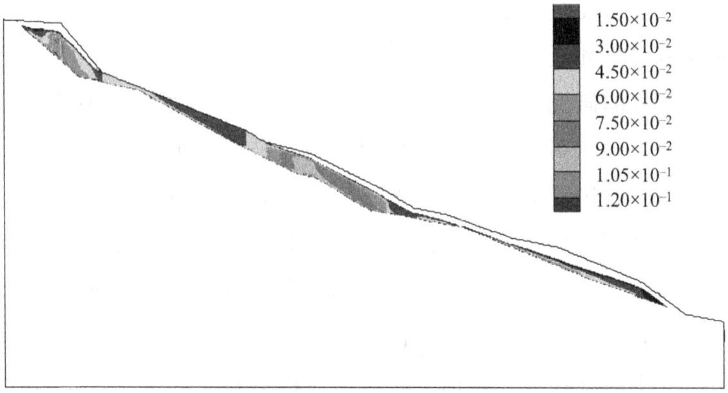

图 2.91　计算 1551 步后的位移云图（单位：m）

2.6.3 滑坡启动过程分析

通过对降雨后边坡的响应分析可以看出羊宝地松散填土产生流滑的启动过程。降雨条件下，陡坡面线的顶部因基质吸力降低，抗拉强度减小，出现拉张屈服带；随着地下水位的抬升，孔隙水压力增加，有效围压降低，松散填土层中上部达到屈服。在屈服变形过程中，坡体内的水来不及排出，松散填土剪缩，孔隙水压力升高，强度软化，并产生液化。因松散填土层中上部强度软化，边坡应力状态发生调整，剪应力集中于松散填土层中下部，造成屈服液化范围不断扩展，最后塑性区相互贯通，坡体失稳，流滑产生。

2.7 滑坡运动过程模拟

2.7.1 概述

滑坡运动过程的研究是启动过程研究的延续，它不仅有助于认识滑坡发生的机理、运动过程和堆积过程，还有助于评估滑坡的风险，给后续相关工作提供借鉴意义。

通过前面的现场勘察与试验结果可知羊宝地滑坡属于流滑破坏。流滑(flowslide) 是在动力或静态条件下剪切面土体剪缩，导致孔隙水压力瞬时骤增、剪切面强度因软化或液化而骤然降低，从而导致滑体呈流态运动的一类滑坡灾害[112-115]。流滑多发生于尾矿坝、黄土、填土边坡、城市固体废弃物堆填体等松散体中，启动前缺乏表征现象，运动中具有速率快、距离远、体积大、扇形沉积等特点。这些特点使得流滑突发性强、破坏性强、危险性大，一旦发生往往造成灾难性的人员伤亡和经济损失[96,116-118]。

流滑运动过程的研究手段主要有原位分析、物理模型试验和数值分析三种。流滑突发性强、运动速率高，原位分析很难通过监测来研究流滑的运动过程，主要利用流滑运动后的运动痕迹与沉积形态来推算分析运动过程。流滑运动过程的原位分析，仅能得到平均或某一点的速率，不能得到整个运动过程中速率和影响范围的演化过程，对于运动过程中的土水相互作用机理主要是通过沉积形态来推测分析得出，缺乏实际监测或试验验证。

鉴于原位分析困难较大，当前流滑运动过程主要通过模型试验和数值模拟来进行研究。模型试验主要是通过长槽、试验箱、离心机等模型仪器，利用相似材料建立模型，在人工条件下触发流滑，借以观察不同初始条件对滑坡的影响及边坡破坏过程中的变形、孔隙水压力变化、运动形态、堆积模式等[119,120]。通过玻璃槽对流滑的模型试验研究可以看出，物理模型试验主要用于研究流滑的触发机理和启动过程，其优点是可以人为控制初始条件和触发条件，可以详细观察内外破坏过程，但受限于模型试验仪器的尺度，难以模拟流滑的运动过程，特别是沉积过程及地形对流滑运动过程的影响。

相比原位观测和模型试验而言，数值模拟避免了尺度的限制，可以详细观察破坏过程，从而在流滑运动过程的研究中得到了广泛应用。数值模拟方法一般分为连续和非连续两类。当前常用的连续数值方法有有限单元法（FEM）及有限差分法(FLAC)[121]。有限单元法主要是依据流体运动方程和摩尔-库仑破坏准则来建立单相的流滑运动过程模拟方法。依据流体运动的拉格朗日公式模拟的研究成果可以看出，通过大变形或设置界面单元的连续法可以模拟流滑运动中的快速、长滑距等特点，但一般都是假设流滑为单相流体运动，且受连续法中的规则矩形网格的限制，该方法很难考虑细微的地形及地质条件对流滑运动的影响，运动过程模拟中滑体的堆积过程与实际相差较大，计算过程中网格易于扭曲，从而引发收敛等计算问题。

非连续法避免了连续法中网格的限制，对于高速、远距滑坡运动过程的模拟显示出更强的适应性。当前常用的非连续方法主要有非连续变形法（DDA）、光滑粒子流法（SPH）和离散单元法（DEM）[122,123]，其中尤以离散单元法的应用最广。离散单元法假设土体为离散的颗粒，通过在颗粒之间设置弹簧和黏壶等接触关系，来追踪颗粒的运动过程。

滑坡的运动过程是一个相当复杂的过程，如滑动过程中的滑体解体、孔隙比变化、孔隙水压力变化等。基于离散元的数值模拟虽然不能模拟滑坡过程中的所有特征，但可以模拟滑坡的滑动过程及该过程中所展现出的部分性质，为风险评估提供一定的基础。

当前国际上常用的离散元程序是离散元创始人 Cundall 开发的 PFC（partical flow code）。已有学者利用 PFC 模拟大型岩崩过程，并以此为基础进行了风险分析[84,90,124]，并取得良好的模拟结果。大型岩崩与流滑都具有滑速快、滑距远、滑体脱离母体等特征。从两者的相似性出发，本书利用 PFC 进行流滑模拟，并在模拟过程中借鉴前人的大型岩崩模拟。

2.7.2 颗粒流基本理论

颗粒流（particle flow code，PFC）是 Itasca 公司开发的颗粒流程序，是通

过离散元的方法来模拟圆形颗粒介质的运动及其相互作用。它可以模拟物体的大变形，适合模拟像流滑（flow slide）、大型岩崩（rock avalanche）等具有大变形特征的灾害过程，给灾害风险的评估提供一些定量的指标，如滑速、滑距、影响范围等。

2.7.2.1 循环过程

PFC 模型由两种最基本的实体构建：颗粒（ball）与墙（wall），一般用 ball 来模拟岩土体，用 wall 来模拟边界。颗粒流在整个计算循环过程中，交替应用力-位移定律（force-displacement law）和运动定律（law of motion）。通过力-位移定律更新接触部位的接触力。通过运动定律，更新颗粒（ball）与墙（wall）（边界）的位置，构成颗粒之间的新接触（图 2.92）。

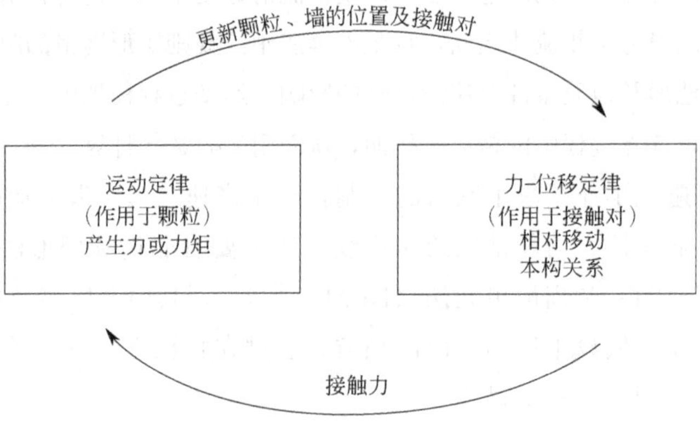

图 2.92　PFC 计算循环过程

2.7.2.2 力-位移定律

颗粒流理论通过力-位移定律把相互接触的两部分（既可以是 ball-ball 也可以是 ball-wall）的力与位移联系起来，即相互接触的两部分实体之间的接触力通过力-位移定律来实现相互作用。力-位移定律的具体表达公式如下：

$$F_i = F_i^{\mathrm{n}} + F_i^{\mathrm{s}} \tag{2.20}$$

式中，F_i 为接触力的矢量和；F_i^{n} 和 F_i^{s} 分别为法向接触力和切向接触力。

其中，法向接触力的表达公式为：

$$F^{\mathrm{n}} = K^{\mathrm{n}} U^{\mathrm{n}} \tag{2.21}$$

式中，K^{n} 为接触点法向接触刚度（力/位移），是割线模量，应用于总位移和力；U^{n} 为相对接触位移，指两接触实体的重合长度。

其中，切向接触力为在时步开始时的切向接触力与弹性剪切力增量之和，其表达公式为：

$$F^{s} \leftarrow F^{s} + \Delta F^{s} \leqslant uF^{n} \tag{2.22}$$

$$\Delta F^{s} = -k^{s} \Delta U^{s} \tag{2.23}$$

$$\Delta U^{s} = V^{s} \Delta t \tag{2.24}$$

式中，u 为摩擦系数；k^{s} 为切向接触刚度（力/位移），是切向模量，应用于位移增量与力的增量；V^{s} 为相对剪切位移速率。

2.7.2.3 运动定律

单个颗粒的运动是由作用于其上的合力和合力矩决定，可以用颗粒内一点的线速度与颗粒的角速度来描述。运动方程由两组向量方程表示，一组是合力与线性运动的关系，另一组是表示合力矩与旋转运动的关系。

$$F_{i} = m(\ddot{x} - g_{i}) \quad \text{线性运动} \tag{2.25}$$

$$M_{i} = \dot{H}_{i} \quad \text{旋转运动} \tag{2.26}$$

式中，F_{i} 为合力；m 为颗粒总质量；$\ddot{x}$ 为颗粒的线速度；g_{i} 为重力加速度；M_{i} 为合力矩；$\dot{H}_{i}$ 为角动量。

2.7.2.4 接触本构模型

PFC 中，接触本构模型分为两大类：滑动模型（slip model）和连接模型（bonding model）。

（1）滑动模型

滑动模型是两实体间（ball-ball 或 ball-wall）的内在属性，在相互接触的实体间没有法向抗拉强度，允许颗粒在其抗剪强度范围内发生滑动，该模型适用于模拟颗粒间不存在黏聚力的散体材料，如砂土、松散填土等。

滑动模型是通过两接触实体间的最小摩擦系数 u 定义，若两实体间重叠量 U^{m} 小于或等于零，则令法向和切向接触力等于 0。颗粒间发生滑动的判别条件为：

$$F^{s}_{\max} = u\left|F^{s}_{i}\right| \tag{2.27}$$

若 $\left|F^{s}_{i}\right| > F^{s}_{\max}$，则可发生滑动，并在下一循环中 F^{s}_{i} 为：

$$F_i^s \leftarrow F_i^s (F_{max}^s / |F_i^s|) \tag{2.28}$$

通过这样的循环迭代，直到 $|F_i^s|$ 与 F_{max}^s 非常逼近，确定发生滑动时 F_i^s 的临界值。

(2) 连接模型

颗粒流模型允许相互接触颗粒连接在一起，连接有两种模型：接触连接模型（contact-bond model）和平行连接模型（parallel-bond model）。接触连接假设连接只发生在接触点很小的范围内，而平行连接发生在接触颗粒间有限范围内；接触连接只能传递力，而平行连接能同时传递力矩；接触连接适用于模拟颗粒之间有黏聚力的材料，如黏性土等，而平行连接可以模拟如抗滑桩、梁等结构材料。

如图 2.93 所示，接触连接模型可以想象为一对有恒定法向刚度与切向刚度的弹簧作用于颗粒接触点处，并假设这些弹簧有一定的抗拉强度与抗剪强度。当接触连接存在时，颗粒间没有滑动，即切向接触力不满足式(2.25)。当颗粒间重叠量 $U^n < 0$ 时，允许出现张力，但是法向接触张力不能超过接触连接强度。在颗粒流模型中，接触连接由法向连接强度 F_c^n 和切向连接强度 F_c^s 定义。当法向接触力大于或等于法向接触强度时，颗粒间的连接破坏。当切向接触力大于或等于切向连接强度时，连接也破坏，但是接触力不发生变化，并假设切向力不超过摩擦极限。

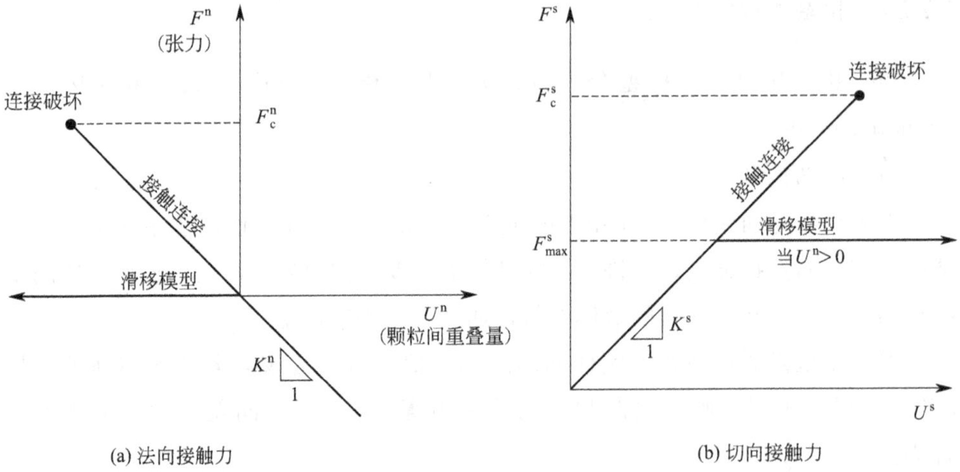

图 2.93　接触连接模型

2.7.3 计算模型与计算参数

2.7.3.1 计算模型

三维流滑运动的数值模拟可以更好地观察流滑的三维运动过程，但它需要更高精度、更详细的数据，如滑坡前后的三维地形图、滑体形状、运动路径、沉积类型及运动特征等，并且必须能反映出滑体与滑床接触面的特征及侧向扩展等。羊宝地流滑的运动路径及沉积形态表明，该流滑主要在凹形地形中运动，其侧向扩展受两侧地形限制，主要以顺坡向运动为主。因此本次模拟选取二维的颗粒流（PFC^{2D}）进行模拟。

基于 PFC 建立滑坡模型一般有两种方法，一种是 ball-ball 法，另一种是 ball-wall 法。ball-ball 法是用颗粒构建模型的岩土体材料，用 wall 构建模型的前、后边界及底部边界，然后依据岩性不同，给不同位置的颗粒赋不同的属性。ball-wall 法是仅用颗粒组建滑体，滑坡的滑床及边界用 wall 来构建，主要应用于模拟滑床已知的滑坡。ball-ball 法的优点是可以模拟滑坡的启动过程及滑动过程，有助于更好地理解失稳及滑动机理；缺点是所需颗粒较多，运行速率较慢，耗费时间较长。ball-wall 法主要用于模拟滑面已知的滑动过程，优点是针对研究问题，所需颗粒相对较小，节省运算时间；缺点是对于滑面未知的边坡，需用其他程序计算确定滑面，利用确定的滑面来模拟滑动过程。建模过程中具体选用哪种方法应当视研究对象及研究目的而定。

羊宝地填土滑坡为流滑，滑体完全脱离母体，滑动速率高达 7m/s。这决定所选的建模方法应能模拟出羊宝地填土滑坡的特点。Pirulli 等[85] 曾分别基于 ball-ball 法和 ball-wall 法对澳大利亚的 Oselitzenbach 大型岩崩过程进行了模拟，并将模拟结果与专门计算大型岩崩过程的连续力学程序 Rotomap 的计算结果进行了对比（如表 2.13 所示）。对比发现 ball-wall 法计算出的滑体体积、滑距、影响范围及最大滑速与 Rotomap 的计算结果相近，而 ball-ball 法的计算结果则与之相差甚远，其中滑距和最大滑速分别为 Rotomap 计算结果的 65% 和 19%。相同的计算参数和计算程序，ball-ball 法与 ball-wall 法模拟出的结果相差甚远，究其原因，是因为由颗粒组成的滑床受颗粒直径大小的影响表面粗糙度高[85]。滑床虽然在滑动过程中处于静止状态，但会与滑动中的滑体颗粒相互嵌套、碰撞，产生额外的应力，直接给滑体的滑动带来阻力，过多地消耗滑动能量。这虽然对滑体体积影响不大，但极大地影响了滑距和滑速，给风险分析带来误差。

表 2.13　不同方法计算结果对比[85]

计算方法	PFC(ball-wall)	PFC(ball-ball)	Rotomap
滑体体积/m^3	450	377～495	450
滑距/m	573	389	597
影响范围/m^2	127	97.537	134.494
最大滑速/(m/s)	29	4	21

借鉴 Pirulli 等的对比分析结果，本章羊宝地填土滑坡的过程模拟采用 ball-wall 法来建立模型。滑坡勘察结果及滑坡启动数值模拟结果均已确定了滑面位置、滑体的位置及范围，给 ball-wall 法建立模型奠定了基础。采用 wall 代表滑床，通过改变 wall 的摩擦系数来改变模拟过程中滑体与滑床间的摩擦力，为准确模拟滑距及滑速提供条件。

由羊宝地填土的粒径级配曲线（图 2.39）可以看出，羊宝地填土滑坡的颗粒组成较细。PFC 虽然能建立不同直径的颗粒，并使其满足一定的级配，达到与实际情况相近的物质组成，但填土颗粒的细小直径会导致建立模型所需的颗粒数量达到几百万甚至上千万，目前的计算机速度和容量还无法满足需求[125]，因此依据模拟对象真实粒径的大小来建立模型不具备操作性，只要模拟中所选取的颗粒可以体现流滑的运动特征即可。

在羊宝地实例流滑模拟中，计算模型中颗粒的大小以可以模拟垂向和纵向颗粒间的相对运动为基本要求，综合考虑计算速率与计算的合理性，最终选取半径为 0.2m 的颗粒构建滑体，如图 2.94 所示。

为了更好地观察模拟结果，清晰分析不同时刻下滑体各部位在运动过程中的相对变化［如图 2.94(a)所示］。为了研究流滑过程中滑体的速率演化过程，在模拟中监测了前缘（C）、中部（B）、后缘（A）三个位置，其中每个位置分别监测了滑床、中间、顶面三个点的速率，具体位置如图 2.94(b)所示。

2.7.3.2 阻尼系数

阻尼系数是 PFC 程序中为控制颗粒间的碰撞而设定的一个参数。该参数没有任何实际物理意义，仅是在平衡计算中用于帮助程序快速收敛，其值不影响模拟对象达到平衡状态时的应力分布。但当模拟对象失去平衡状态时，阻尼系数会

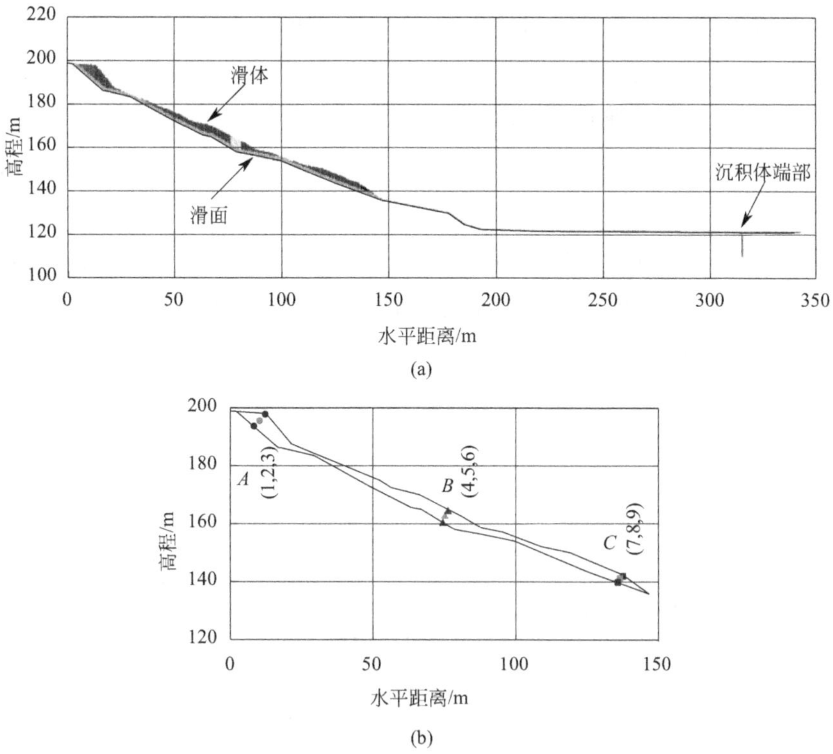

图 2.94　羊宝地填土滑坡运动过程模拟模型

影响颗粒运动的速度和加速度[126]。在本计算中，将阻尼系数设定为 0.7，用于计算流滑启动前的初始状态。当初始状态达到平衡后，在流滑运动过程模拟中将阻尼系数设定为 0[127]。将阻尼参数设定为 0，表明该模拟中仅考虑了重力对流滑运动过程的影响，而没有考虑空气阻力的影响。

2.7.3.3　微观参数

颗粒流的计算参数为颗粒间微观系数，不同于其他数值模拟中的宏观参数，难以通过现有的三轴试验结果直接确定，因此本研究以羊宝地流滑滑距、沉积形态等运动特征为依据，采用校正的方法来确定其微观参数。在校正计算过程中，仅考虑颗粒流主体沉积状态，将个别脱离主体的颗粒排除在外。

(1) 刚度参数

本模拟中采用的是线性接触模型，模型参数中的法向和切向刚度分别为颗粒间力-位移曲线的法向和切向模量。在颗粒流模拟中，一般假设颗粒本身刚度大、无压缩，颗粒间的重叠量小，因此往往将法向刚度和切向刚度设定为较大的数值。在岩崩的数值模拟中，Teufelsbauer 等[127] 通过参数敏感性分析发现，颗粒刚度对滑体运动的力学行为影响较小。Mindlin[128] 通过解析研究发现，对于弹性颗粒而言，刚度比 k_s/k_n 一般位于 2/3～1 之间。本模拟中设定法向刚度系数为 1.5×10^8 N/m，对 2/3 和 1 两种刚度比进行了校正。

图 2.95(a) 和 (b) 分别为两种刚度比的计算结果。通过对比可以看出，两种刚度比计算出的沉积形态和滑距几乎相同，刚度比对模拟结果的影响较小。因此本研究中选定刚度比为 1 进行后续的计算。

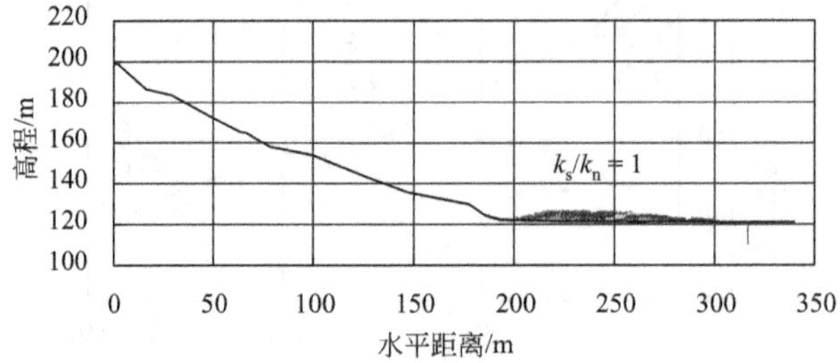

(a) 刚度比为1

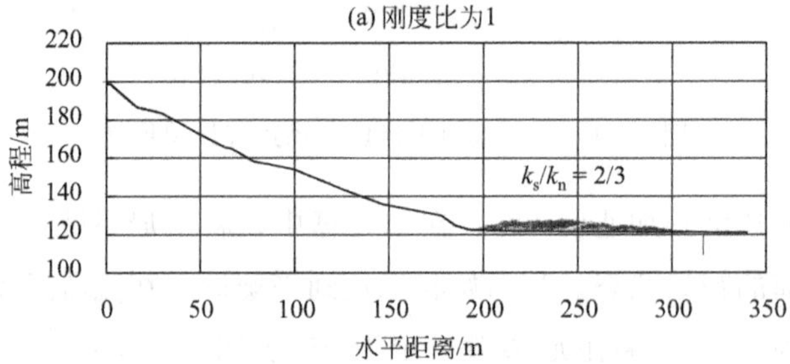

(b) 刚度比为2/3

图 2.95 不同刚度比条件下的计算结果

(2) 流变参数

高速滑坡的流变模型大致有三种，分别为 Frictional 模型、Voellmy 模型和 Pouliquen 模型。其中 Frictional 模型仅需一个参数，即摩擦系数；Voellmy 模型需要两个参数，分别为摩擦角和紊流系数；Pouliquen 模型需要三个参数，为两个角度和平均粒度。本研究中采用 Frictional 模型进行模拟。对于砂土等无黏性土，其摩擦系数可以通过剪切试验的摩擦角来近似估计。在羊宝地流滑数值模拟中，利用三轴试验结果得出的峰值摩擦角（28°，相应摩擦系数为 0.53）来确定计算初始状态，分别设定残余摩擦系数为 0.25（$\phi'=14°$）、0.20（$\phi'=11°$）和

0.15（$\phi'=8.5°$）进行校正计算。图 2.96 为不同残余摩擦系数下的计算结果。计算结果表明：

① 残余摩擦系数与滑距成反比关系，残余摩擦系数越小，滑距越长；

② 在三种残余摩擦系数中，残余摩擦系数为 0.20 时的计算结果与实际滑距相符；

③ 随着残余摩擦系数的降低，沉积体表层起伏现象越来越明显，这表明残余摩擦系数不仅会影响滑距，还会影响沉积形态。

通过对残余摩擦系数的敏感性分析，最终选取残余摩擦系数 0.20 进行计算。

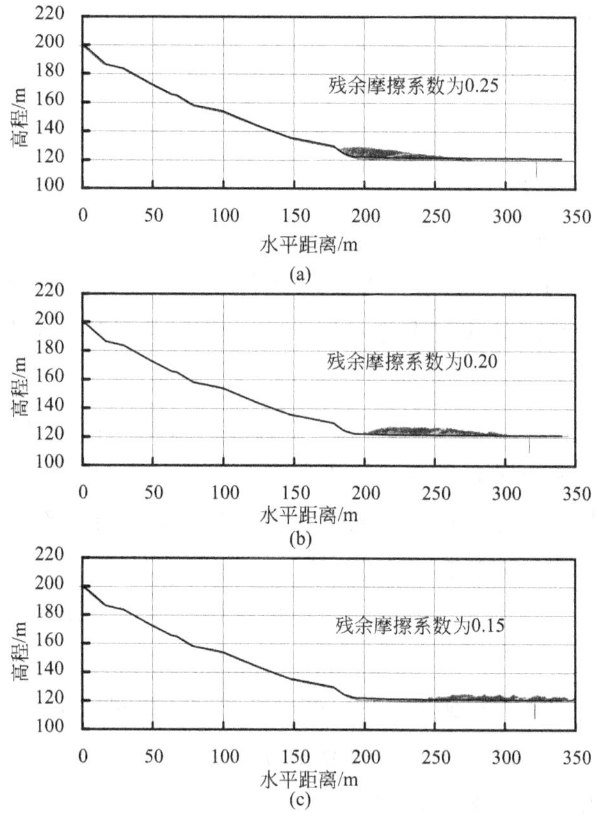

图 2.96　不同残余摩擦系数下的计算结果

（3）计算参数

经过上述敏感性分析及相应的校正计算结果，最终选取表 2.14 所示计算参数。因计算方法及软件不同，基于 PFC 的滑动过程模拟中所用的参数与基于 FLAC 的启动过程模拟所用参数有所不同。PFC 中，同一直径的颗粒组成的模型，其堆积方式不同，会造成孔隙比不同，导致所建立的岩土体的密度不同，程序中所需指定的密度为颗粒的密度。从土力学的定义出发，颗粒的密度可从试验中的相对密度得出。

表 2.14　计算参数

相对密度	阻尼系数		摩擦系数		刚度系数/(N/m)	
	初始	运动	初始	残余	法向	切向
2.67	0.7	0	0.53	0.20	1.5×10^{8}	1.5×10^{8}

2.7.4　模拟过程

2.7.4.1　初始状态模拟

模型的初始状态主要指模型的初始应力状态，其大小及分布正确与否直接关系到后续运动过程模拟结果的合理性。FLAC 模拟的是连续介质，模拟中直接依据所需模型范围，按照岩层划分属性，重力条件下求平衡，即可得到坡体的初始应力状态分布。而 PFC 模拟的是非连续介质，具有大变形、大位移的特点，因而 PFC 模型初始状态的获取不能照搬 FLAC 模型的做法，应随实际情况进行调整。

本次选择的 PFC 模型中的颗粒采用规则排列生成，受地形的影响，生成后的颗粒间既有重叠又有较大的孔隙，在施加重力加速度后，颗粒之间的位置会重新发生调整，达到稳定，同时获取初始应力分布。建模过程中如果直接在滑体的范围内生成颗粒，在施加重力后，颗粒位置的重新调整会导致颗粒所占范围小于实际滑体的范围。考虑此影响，建模并求取初始应力分以下四步完成：

① 规则生成颗粒，并赋刚度及密度属性，其中建模区的底部边界与滑体的底部边界重合，但顶部边界略高于滑体的顶部边界；

② 施加重力加速度及摩擦系数 0.53，颗粒位置调整；

③ 删除位移调整后滑体顶部边界以外的颗粒；

④ 因为删除滑体顶部边界以后的颗粒，造成底部滑体范围内的颗粒有轻微的应力释放，再进行一次平衡计算。

第④步计算出的初始应力为滑坡滑动前的初始应力，如图 2.97 所示。滑坡滑动前的初始应力主要是颗粒与颗粒间及颗粒与墙之间的接触力。

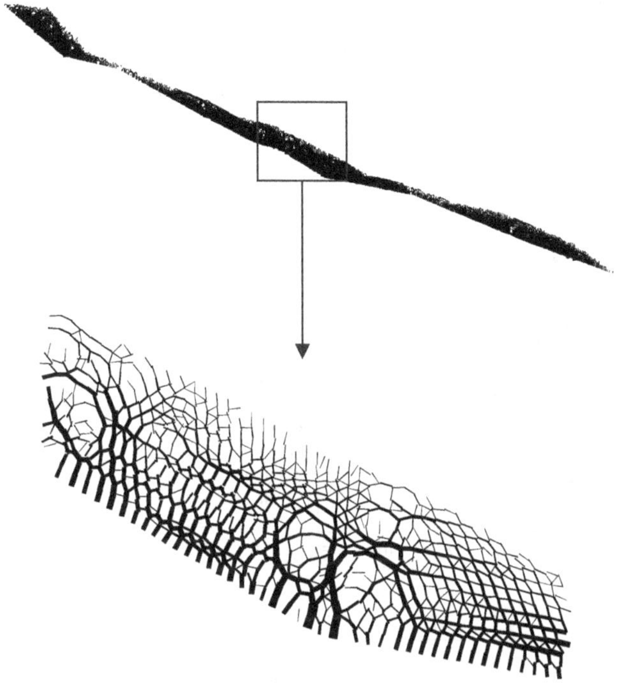

图 2.97　羊宝地填土滑坡 PFC 模型初始应力分布

2.7.4.2　运动过程模拟

通过 2.3 节对松散填土的固结不排水剪试验结果及常剪应力排水剪试验结果知道，松散填土因剪缩产生超孔隙水压力，强度超越峰值后开始降低，直至达到稳态。从启动过程模拟可以看出，随着剪切变形的发展，液化屈服区不断扩展，最后贯通。运动过程模拟的是滑体完全液化后，从开始运动到速率为 0，静止堆积的整个过程。

当液化区贯通、滑体完全液化后，强度相对于初始稳定状态已有了大幅的降低，因而将代表滑体的颗粒与代表滑床的墙的摩擦系数全由 0.53 改为 0.20，然后进行计算。因为摩擦系数的降低，抗滑力不足，滑体开始下滑，势能转化为动能。受滑床形态的变化及摩擦消能的影响，运动最终停止，滑体堆积。

2.7.5　模拟结果分析

2.7.5.1　滑体形态分析

羊宝地松散填土层完全液化后产生了流滑。滑体形态变化指在流滑过程中，不同时刻下滑体的位置、形状、几何变形特征等。模拟过程中，羊宝地松散填土层从开始运动到运动停止，滑体完全堆积于坡脚，用时约 30s。为了能够清晰地展现流滑运动过程，以 5s 为时间间隔截取了不同时刻下的滑体形态（图 2.98）。

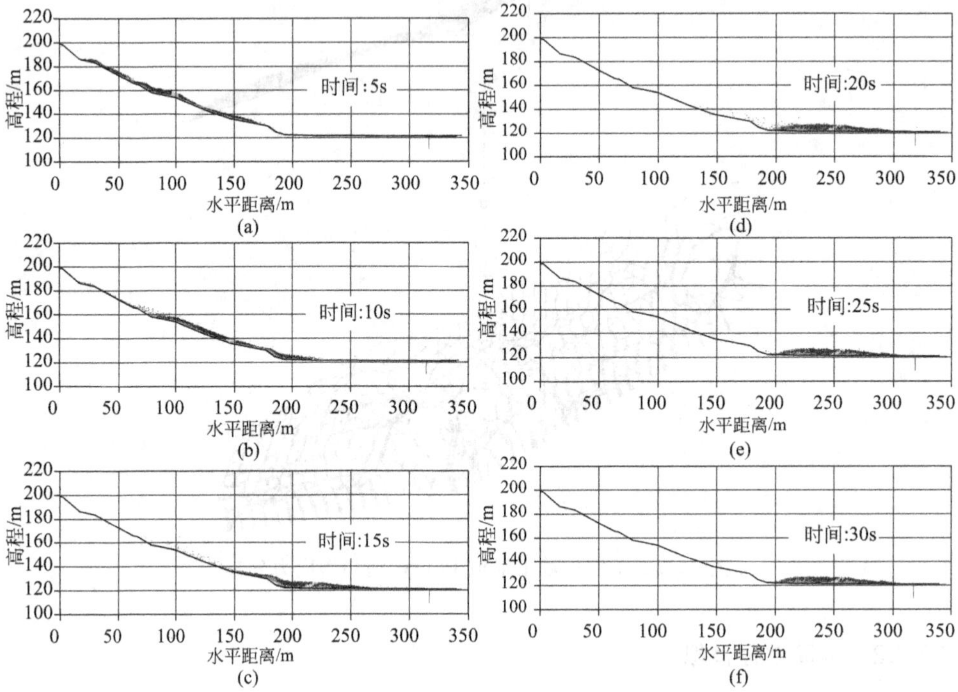

图 2.98　不同时刻下的滑体形态

图 2.98(a) 为 5s 时的滑体形态，属于初始运动阶段。对比 0s 时的静止状态可以看出，滑体前缘底部紧贴滑床的颗粒超出其顶部的颗粒，这是受地形影响，滑体前缘底部的初始应力大于顶部。依据牛顿第二定律，当液化后坡体抗剪强度降低，前缘底部加速度大于顶部；滑体中部基本是整体向前运动，保持原有层位，中部颗粒除位置变化外，形状没有大的变化；滑体后缘顶部的颗粒超出底部的颗粒，这是由于后缘较陡，在滑体移动拉裂的情况下，后缘塌落，塌落过程中顶部颗粒间的阻力小于底部颗粒的滑动阻力，则加速度大于底部颗粒。

图 2.98(b) 为 10s 时的滑体形态，此时滑体前半部已抵达坡脚平缓地带，主体依然倚覆在滑床上。相对于 5s 时的滑体形态，10s 时的滑体整体上还保持着层状下滑的状态，受不同部位滑动速率的差异影响，局部产生了较大的变化。原滑体前缘的颗粒受地形影响速率放缓，部分被后面的颗粒覆盖；滑体中间的颗

粒形态也发生了较大的变化，既覆盖在了原位于其前的颗粒上，又被原位于其后的颗粒覆盖；原滑体后缘的颗粒部分覆盖在了原位于其前的颗粒上；现滑体后缘主要为原与滑床相连的颗粒。通过对滑体各部位相对位置的分析可以看出，10s时滑体呈层状滑动，顶部滑速普遍略大于底部，类似于黏滞流流动形态，造成了后部颗粒覆盖前部颗粒。

图 2.98(c) 为 15s 时的滑体形态，滑体的 2/3 已滑至坡脚前平缓地带，其余 1/3 呈细条状倚覆于斜坡面上。相对于 10s 时的滑体形态，15s 时的滑体形态又发生了大的变化。原滑体前半部的颗粒在达到坡脚近水平的平缓地带后，速率大幅放缓，上部的颗粒滑跃过在坡脚速率放缓的颗粒并堆积于其前，并且覆盖了部分原位于前缘的颗粒；中部的颗粒被分解拉细后覆盖于其前方的颗粒上，后面的颗粒又覆盖于中部的颗粒上；原位于后缘的颗粒被拉细后，约 1/4 覆盖于前方的颗粒上，其余与后面的颗粒混杂。

图 2.98(d) 为 20s 时的滑体形态，此时约 4/5 的滑体位于坡脚前近水平地面上，其余倚覆于斜坡面上，相对于 15s 时的滑体形态又发生了大的变化。现滑体前部断面呈“三明治”形状，底面各位置的颗粒混杂。这表明到达近水平地面后，滑体中前部的颗粒滑速高于原位于前缘的颗粒，速率的相互差异造成形态呈“三明治”状。现滑体尾部不同颗粒混杂，表明滑体后部运动过程中解体现象严重，颗粒完全松散。

图 2.98(e) 为 25s 时的滑体形态，此时滑体大部分已滑至坡脚前近水平的地面上，仅有少量后面的颗粒遗留在斜坡面上。当前的滑体形态是 20s 时滑体形态的进一步发展，大量前方的颗粒冲击到滑体前缘，甚至原位于滑体中部的颗粒也有部分冲到了滑体前缘；原位于滑体底部的颗粒现主要位于滑体的中后部；在滑体尾部各位置的颗粒相互夹杂。

图 2.98(f) 为 30s 时的滑体形态，此时运动已完全停止，滑体堆积于坡脚前近水平的地面上，并且堆积的范围及形态与图 2.4 的勘察结果相一致，这也表明了本次模拟的可靠性。对比滑体运动前［图 2.94(a)］，运动停止后堆积体各颗粒的相对位置发生了巨大的变化：

① 同位置颗粒分解、异位置颗粒相互夹杂。现堆积体前缘以原后面的颗粒为主，并夹有原前方和中部的颗粒；堆积体中部各位置的颗粒混杂；堆积体后部，原中部和前方的颗粒混杂，间或夹有后面的颗粒。

② 前赴后继。原位于滑体前缘的颗粒被其后面的颗粒覆盖；原前缘底部的颗粒更是被后面的颗粒滑跃、压覆；原位于滑体后缘的颗粒存积于其前部的颗

粒上。

③ 翻身上位。原滑体中后部紧贴滑床的颗粒，夹杂原后缘的颗粒，堆积在堆积体的尾部或覆盖原位于其上的颗粒。

2.7.5.2 运动速率分析

流滑作为高速滑坡的一种类型，研究其运动过程中的速率变化，不仅有助于理解滑体在运动过程中的形态演化、运动停止后的堆积特征，还有助于理解流滑的运动机制，对减灾防灾、风险分析等都具有重要的意义。

图 2.99 和图 2.100 分别为监测颗粒水平和垂向位移速率随时间的变化，变化梯度为颗粒相应运动方向的加速度。依据牛顿第二定律，图 2.99 和图 2.100 反映了颗粒与相邻颗粒或滑床间的撞击程度，速率变化梯度越大，则撞击越激烈。

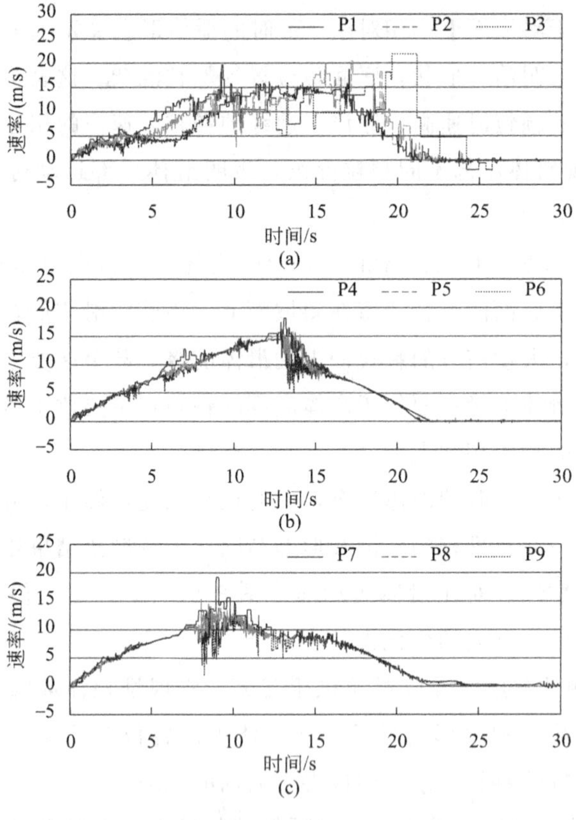

图 2.99 不同位置水平位移速率随时间的变化

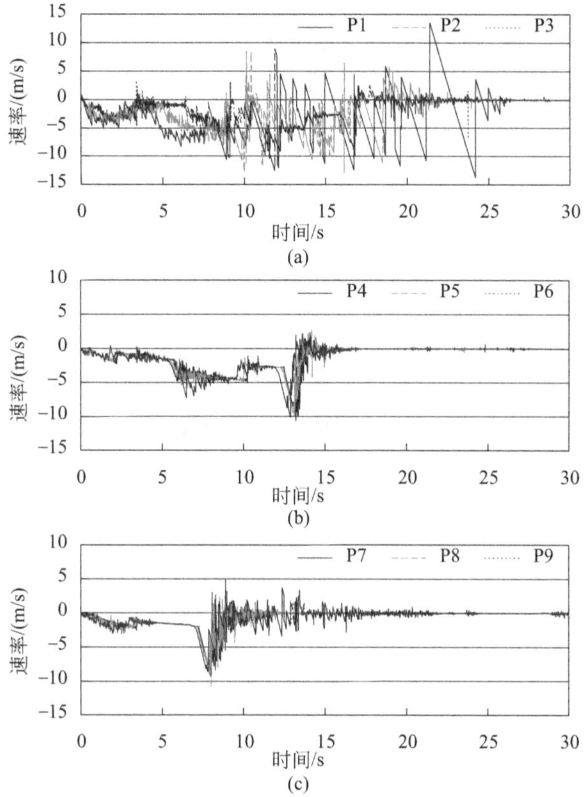

图 2.100　不同位置垂向位移速率随时间的变化

在水平方向，前缘、中部、后缘的最大速率分别为 18.7m/s（9s）、17.6m/s（13s）和 21.7m/s（20s）。运动初始阶段，前缘和中部颗粒的速率在微小振荡中不断增加，这表明该阶段颗粒主要受重力作用，颗粒间保持初始的相对位置［图 2.98(a)］，相互撞击作用力较小。当运动速率达到峰值后，该两部分的颗粒速率在激烈振荡中逐渐降低，并且振幅也不断衰减，这表明减速阶段开始，该阶段颗粒间的相互作用力成为主要作用力，且该相互作用力随颗粒速率的降低而降低。在激烈振荡后，前缘和中部颗粒的速率在微弱振荡下渐趋降低，直至停止运动。后缘颗粒的运动模式与前缘和中部颗粒有较大的差异，激烈振荡几乎贯穿了其运动的整个阶段。前缘、中部和后缘颗粒水平向运动的持续时间分别为 24s、22s 和 26s。

在垂直方向，负速率表明颗粒向下运动，正速率表明颗粒向上运动（回弹）[129]。前缘、中部、后缘的最大垂向速率分别为 10.8m/s（8s）、10.7m/s（13s）和 12.5m/s（24s）。除了颗粒 P1，所有监测的颗粒均呈负速率。在垂直方向，颗粒的运动规律与水平方向相近。

调查表明，羊宝地流滑的侧向超高堆积位于高程 145m 处。在该高程，计算出的前缘、中部和后缘颗粒的水平速率分别为 0m/s、11m/s 和 14m/s，其中中部和后缘颗粒的速率与利用侧向超高堆积推测出的速率（7m/s）在同一数量级。通过计算速率与推测速率的对比，可以推测侧向超高堆积并不是前缘流滑体所致，而是中后部的流滑体所致。

2.7.5.3 地形影响

图 2.101 和图 2.102 表明了水平和垂向速率随滑动距离的变化，该变化表明了滑床地形对滑动速率的影响。从图中可以看出，当地形坡度产生较大变化时，前缘和中部颗粒的水平和垂向速率均会产生较大变化，特别是在坡脚，滑床从一较陡坡度转为水平，颗粒的速率急剧变化，其中尤以垂向速率变化为甚。这主要是因为流滑受重力驱动，滑床坡度的变化会导致重力分量的变化，影响到颗粒运动的加速度，并导致相邻颗粒间的激烈碰撞。

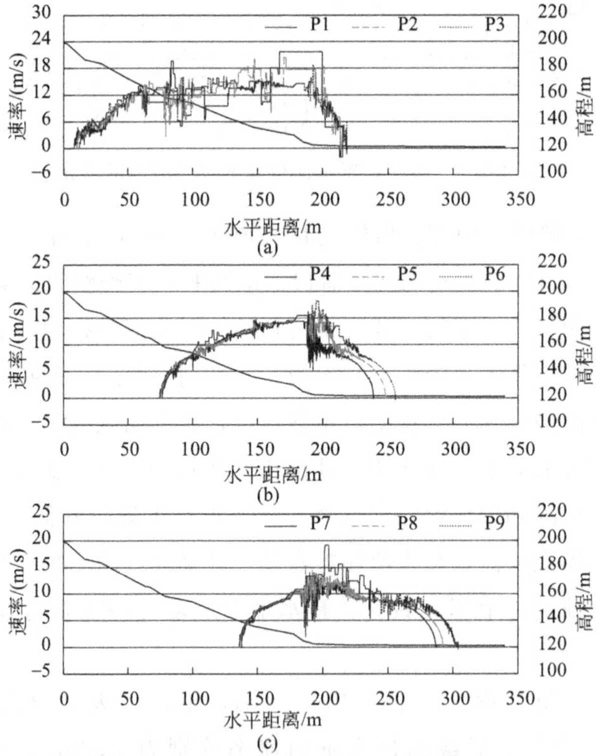

图 2.101 地形对水平速率的影响图

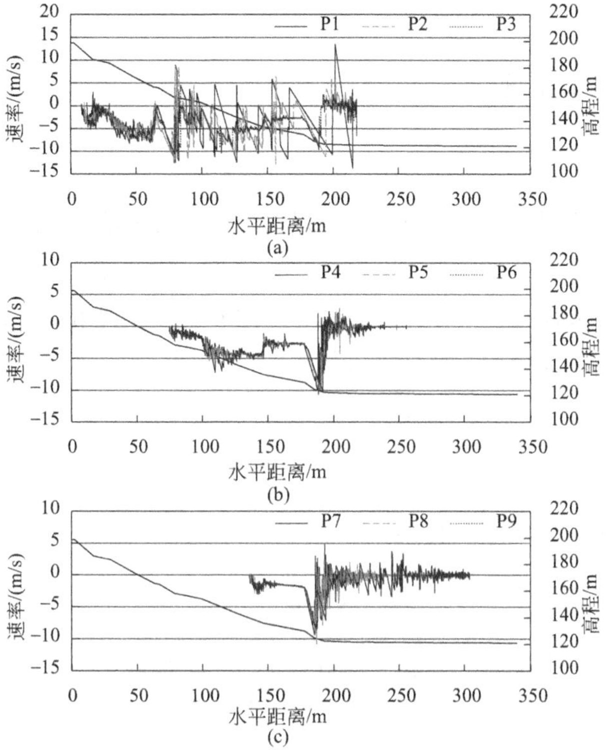

图 2.102　地形对垂向速率的影响

基于 PFC，对流滑运动过程进行了模拟研究，得出以下结论：

① 反演出整个运动堆积过程用时约 30s，最高运动速率为 21.7m/s。需要指出的是，本次模拟是在二维的基础上进行的，考虑到三维的坡体状态，本章计算出的运动速率会略微偏大。

② 在流滑运动过程模拟的基础上，通过对不同时刻下滑体形态及运动速率的分析，对流滑运动、堆积过程进行了详细阐述。在初始阶段，运动加速具有渐近发展特征；运动阶段，同一断面上，顶部速率高于低部，呈现出黏滞流的特征。堆积阶段，原滑体前后缘颗粒相互混杂，堆积于堆积体后缘且堆积体具有前赴后继、翻身上位的特征。

2.8 羊宝地滑坡滑后坡体稳定性计算分析

本节在滑坡勘察、室内试验和机理分析的基础上，选取两个典型剖面进行滑坡发生后坡体的稳定性定量计算分析。两个剖面分别为：①滑坡主滑剖面；②滑坡右侧剖面。

2.8.1 滑坡主滑剖面

2.8.1.1 降雨响应模拟

羊宝地滑坡主滑剖面的计算模型是以滑前模型为基础，去除滑坡体后建立的模型。该计算模型（图 2.103）从上到下一共分 4 层，依次为填土层、强风化层、中风化层和微风化层。模型左右及底部边界条件、初始水位、计算参数等确定方法均与滑前断面相同，此处不再赘述。

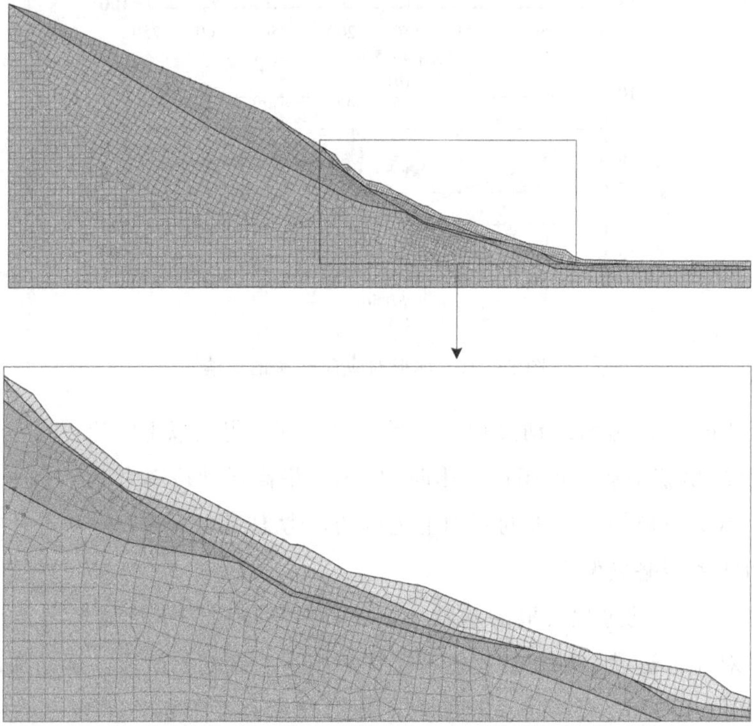

图 2.103 羊宝地滑后断面计算模型

根据表 2.1 所示的监测区段内的降雨特征，选取最大日降雨量和日平均降雨量均为最大的 2008/6/11～2008/6/20 时间段，以日降雨量为顶部边界进行降雨响应模拟（图 2.104）。

图 2.105～图 2.108 为计算出的不同时间的水位，从中可以看出：

① 在模型左侧，入渗雨水沿渗透性较强的中风化层渗入，然后在中风化层与微风化层的交界面处囤积，形成局部饱和带，随着降雨持续时间的增加，入渗

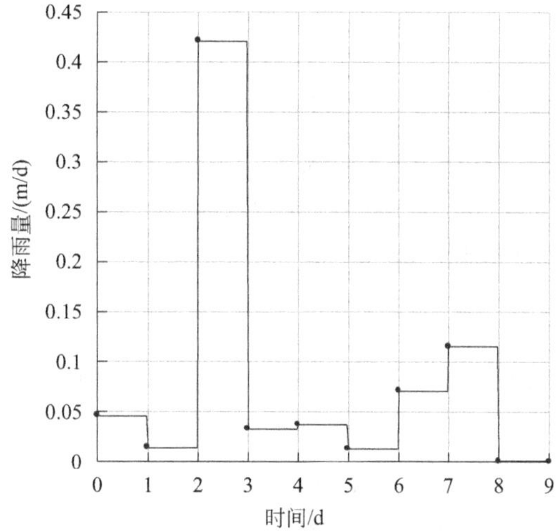

图 2.104　顶部边界条件

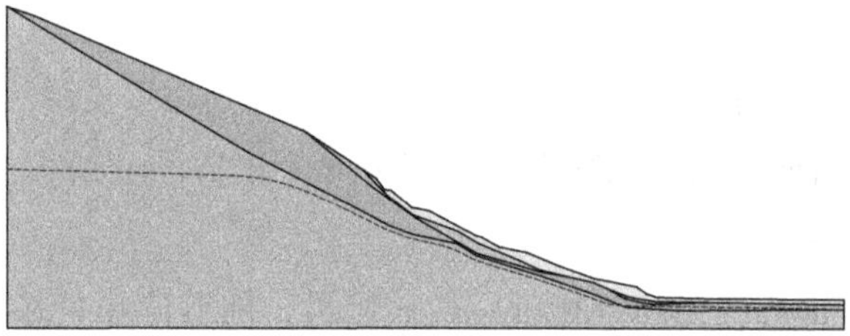

图 2.105　初始水位

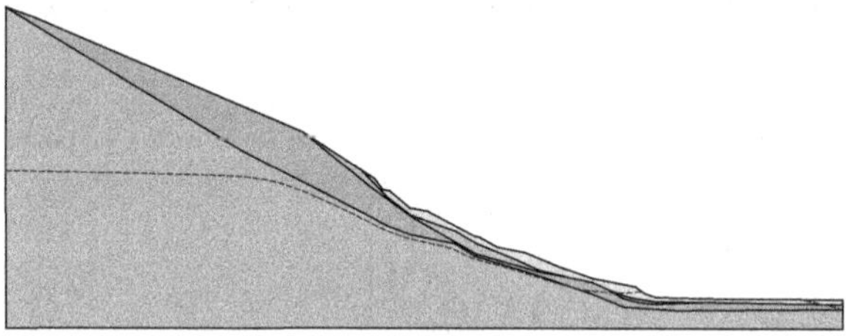

图 2.106　第 4 天水位

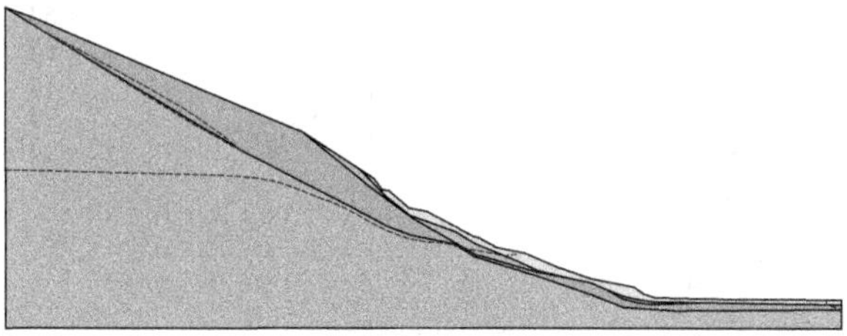

图 2.107　第 7 天水位

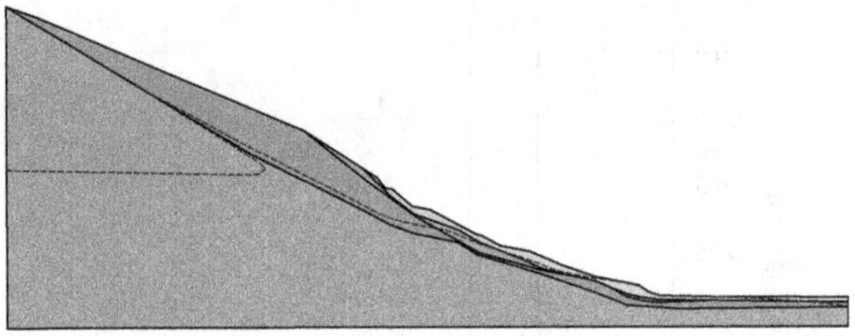

图 2.108　第 9 天水位

雨水围积的体积也不断增大，并沿着中、微风化层的界面向下移动，并与初始地下水位接触，导致地下水位沿中、微风化层的界面向上突起。

② 对于备受关注的填土层，在初期强降雨条件下，入渗雨水汇至坡角，导致地下水位随着降雨持续时间的增加而由坡底抬升，在第 7 天时，已抬升至填土层的中部；降雨后期，降雨强度降低，降雨入渗量小于排泄量，地下水位开始不断下降。

为了更好地分析各部位孔隙水压力的变化，分别在填土层的顶、中、底三个部位设置了监测断面，用于观察孔隙水压力的变化情况（图 2.109～图 2.111），从而分析降雨入渗过程，可以看出：

① 顶部和中部的变化趋势相近。初始阶段，随着降雨持续时间的增加，表层孔隙水压力不断增大，在第 2 天的强降雨后，顶部达到饱和；后续降雨强度降低，地表孔隙水压力随之降低，但浸润锋依然向下扩展，导致填土层底部孔隙水压力增大。

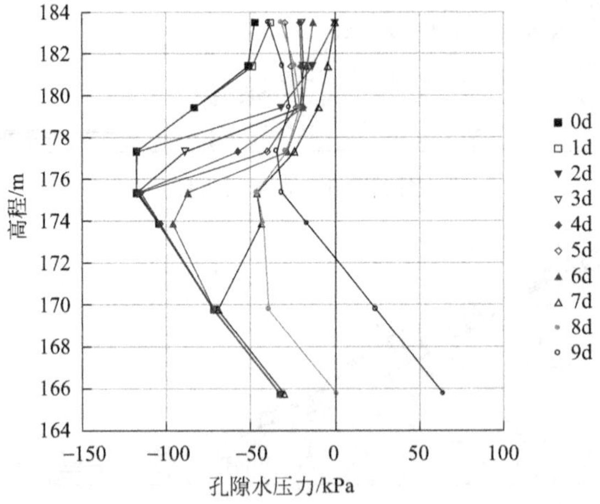

图 2.109　顶部断面孔隙水压力变化

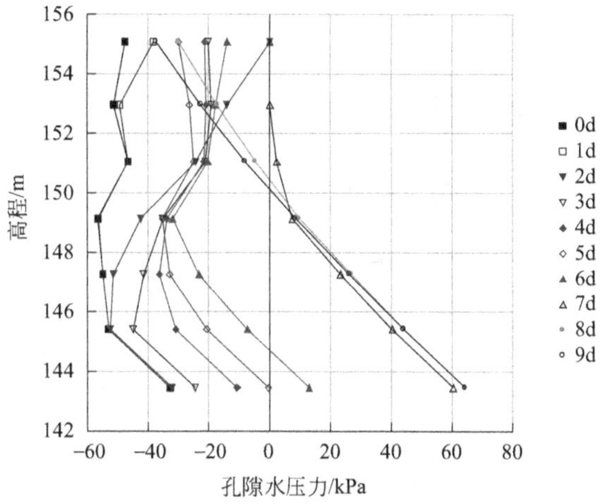

图 2.110　中部断面孔隙水压力变化

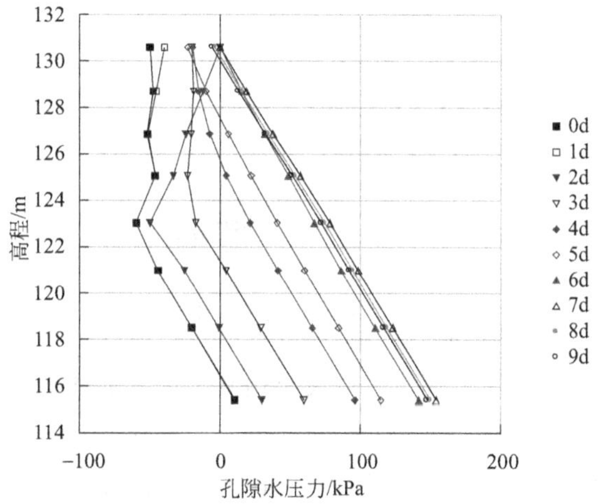

图 2.111　底部断面孔隙水压力变化

② 底部随着降雨持续时间的增长，地下水位抬升，于第 7 天达到完全饱和；在后续降雨强度降低的情况下，第 8 天和第 9 天地下水位开始下降，表层孔隙水压力降低，又处于非饱和状态。

2.8.1.2　稳定性模拟

为了观察羊宝地滑坡滑后剖面在降雨条件下的稳定性，分别进行了不同降雨时间下的极限平衡计算，并计算了极端条件下（坡体全部饱和）的稳定性。

图 2.112 为 2008/6/11～2008/6/20 期间的降雨入渗过程中边坡安全系数的

变化，结合降雨量及降雨入渗过程中边坡基质吸力的变化，从中可以看出：

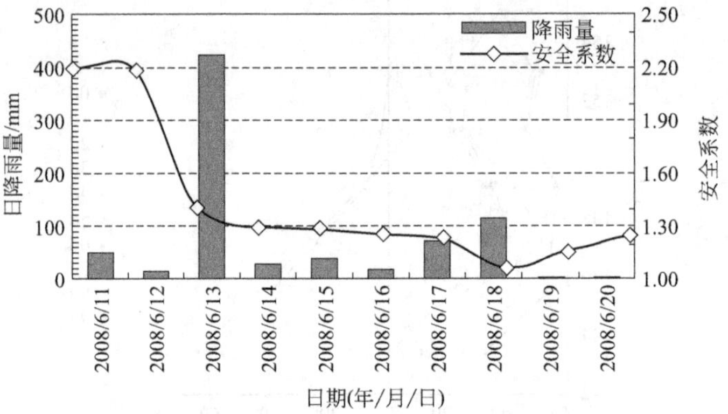

图 2.112 降雨入渗过程中滑后安全系数的变化

① 在降雨初期，边坡的基质吸力降低，导致安全系数略微下降，最危滑面居于填土体中部（图 2.113）。

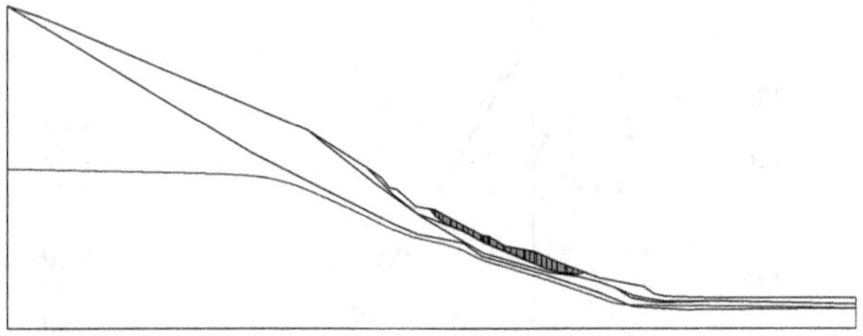

图 2.113 降雨初期最危滑面位置

② 当 2008/6/13 强降雨后，边坡表层达到饱和，坡体内基质吸力大幅降低，边坡的安全系数急剧降低。

③ 在 2008/6/14～2008/6/17 期间，降雨强度减弱，浸润锋持续向下扩展，边坡安全系数缓慢降低。

④ 2008/6/18 的强降雨导致安全系数再次大幅降低，且最危滑面移至坡脚，这是坡脚位置地下水位抬升所致（图 2.114）。

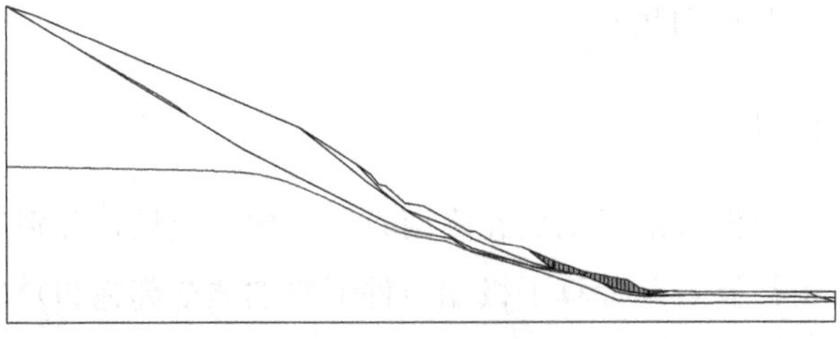

图 2.114 降雨后期最危滑面位置

⑤ 2008/6/18 后，降雨强度减弱，坡脚位置地下水位回落，安全系数随之增加。

⑥ 当坡体完全饱和时，安全系数为 0.463，最危滑面位于坡体中上部（图 2.115）。

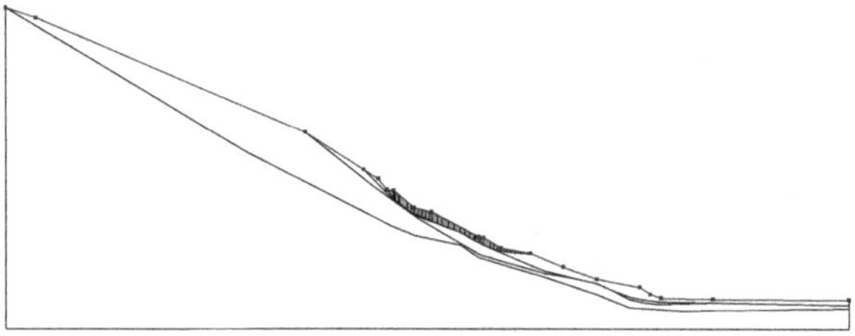

图 2.115 坡体完全饱和时的最危滑面位置

2.8.2 滑坡右侧剖面

2.8.2.1 降雨响应模拟

图 2.116 为依据羊宝地滑坡右侧断面的勘察结果建立的计算模型。该模型由上至下分别为填土、强风化和中风化花岗岩三层。计算模型的侧向和底部边界条件设置类型与羊宝地滑坡滑后断面相同，顶部边界条件也是选取 2008/6/11～2008/6/20 时间段的降雨量，初始条件依据该时间段前监测到的地下水位确定，如图 2.116 中粗的点线所示。

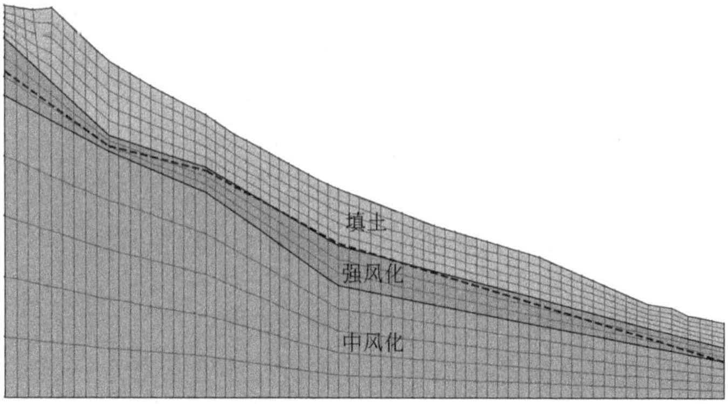

图 2.116 羊宝地滑坡右侧断面计算模型

本断面中，填土层块石含量大，渗透系数为 0.8m/d，大于滑坡断面的填土层，强风化和中风化的参数与羊宝土滑坡断面相同。

图 2.117～图 2.119 为羊宝地滑坡右侧断面在降雨入渗过程中顶部、中部和底部三个位置的水文响应过程。对比分析可知，三个位置的水文响应规律相同：

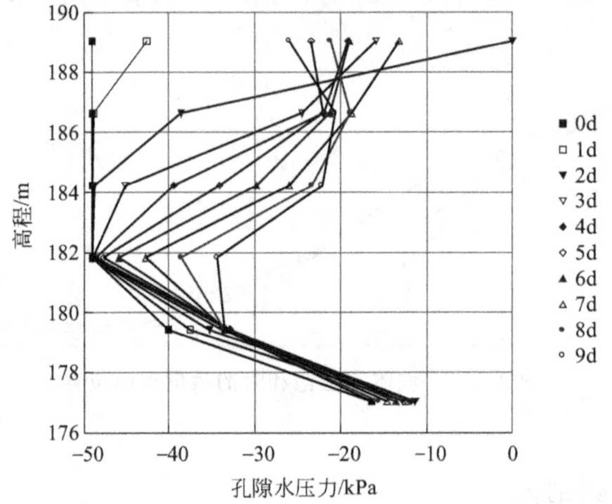

图 2.117　顶部断面孔隙水压力变化

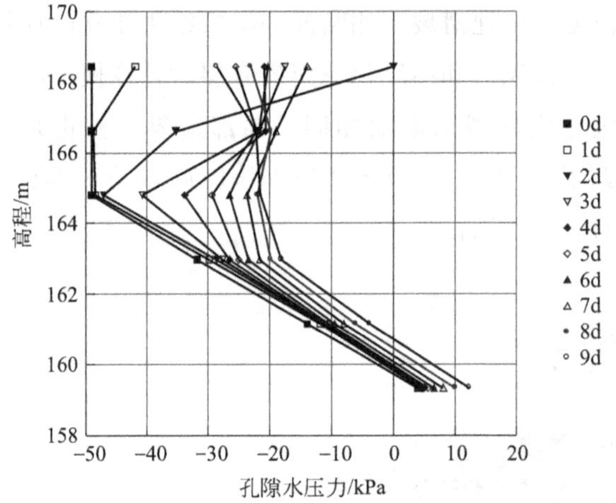

图 2.118　中部断面孔隙水压力变化

① 初始小强度降雨条件下，坡面基质吸力降低；

② 2008/6/13 的强降雨致使表层达到饱和，基质吸力为 0kPa，深部因浸润锋下行基质吸力降低；

③ 2008/6/13 之后，降雨强度减弱，表层饱和度降低、基质吸力增加，浸润锋持续下行，深部基质吸力降低；

④ 在本降雨过程中，降雨强度的变化会导致表层的基质吸力产生变化，但

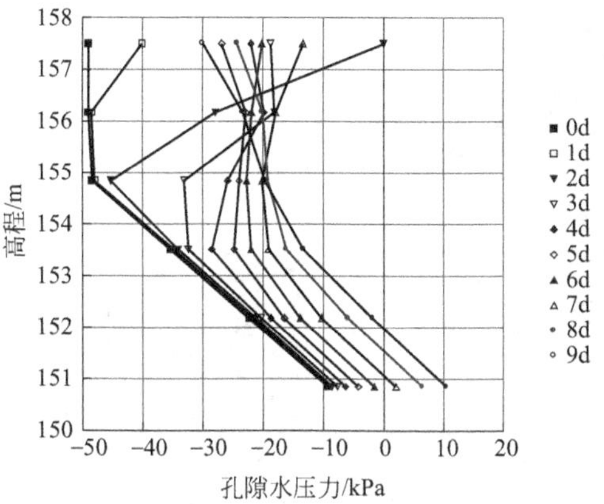

图 2.119 底部断面孔隙水压力变化

浸润锋保持下行，致使深部基质吸力不断降低；

⑤ 当浸润锋下行至渗透系数相对较低的层或地下水位时，产生正孔隙水压力，且水位随降雨时间的持续缓慢抬升。

2.8.2.2 稳定性计算

图 2.120 和图 2.121 分别为羊宝地滑坡右侧断面在降雨入渗过程中安全系数的变化及最危滑面位置，两图结合分析可知，在监测时段内，地下水位虽因降雨而产生了波动，但始终位于最危滑面以下，且在降雨入渗过程中，该断面的安全

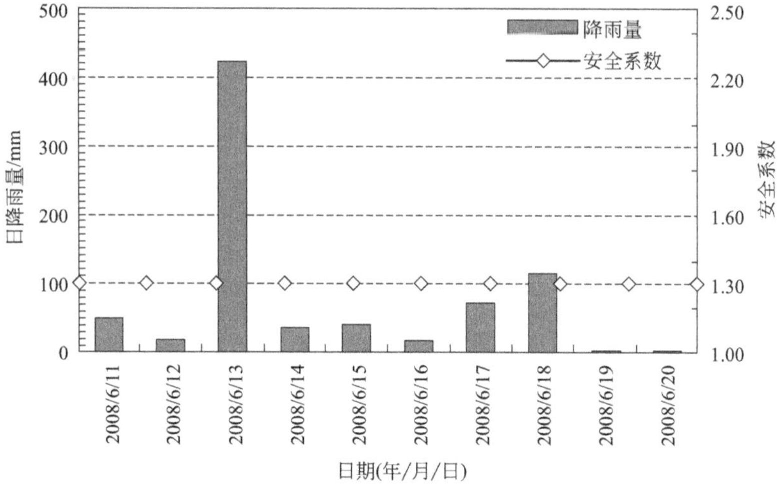

图 2.120 降雨入渗过程中安全系数的变化

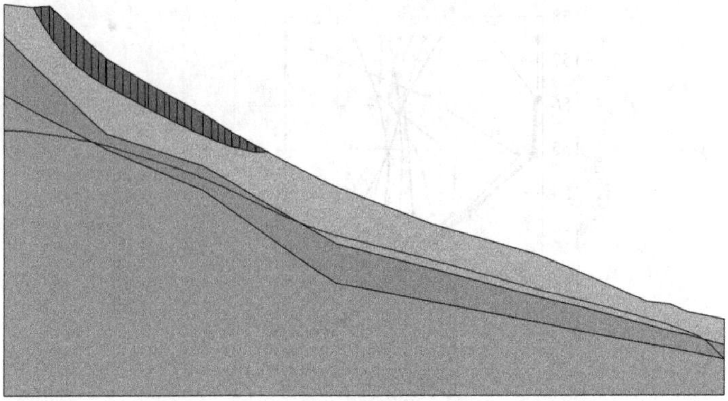

图 2.121　降雨入渗过程中最危滑面位置

系数没有变化，保持恒定。这是因为该断面的填土层块石含量大，基质吸力的变化对其有效抗剪强度的影响可以忽略不计。在降雨入渗过程中，填土层的基质吸力随降雨入渗过程产生变化，但最危滑面始终位于地下水位以上，在基质吸力对抗剪强度的贡献忽略不计的条件下，滑面上抗剪强度保持恒定，所以该断面的安全系数亦保持不变。

第 3 章
大龙山土岩混合边坡

3.1 引言

本章以深圳市大龙山边坡为例，对土岩混合边坡的水文过程与边坡变形机制开展研究工作，主要研究内容包括以下几个方面：

（1）边坡水文过程与变形破坏的综合监测与分析

针对大龙山边坡的具体特点和研究目标，布置边坡水文过程与变形破坏监测系统，主要包括降雨量、孔隙水压力、体积含水率及边坡变形；对监测数据开展综合分析，探讨各监测变量之间的相互关系，为下一步开展水文过程和变形破坏机制研究奠定基础。

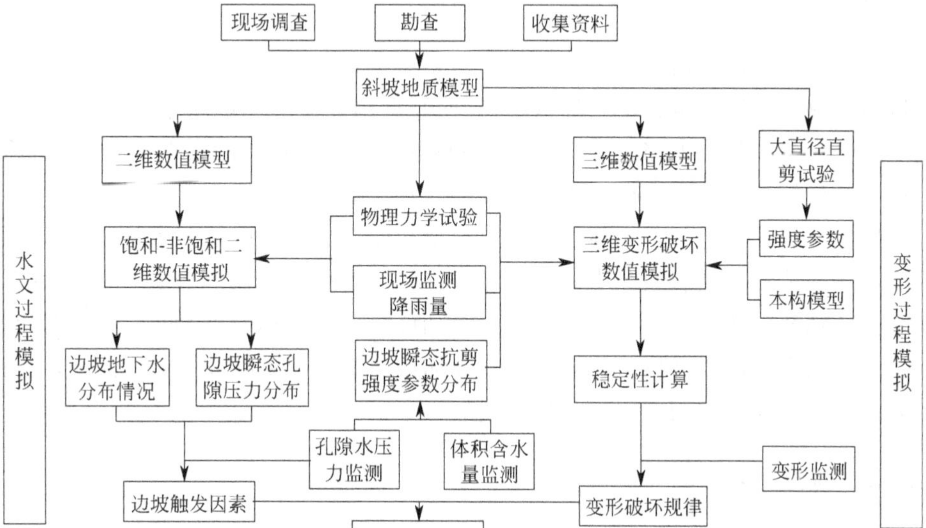

图 3.1　研究技术路线

（2）边坡岩土体工程性质试验研究

对边坡岩土体开展了物理力学性质试验研究工作，主要包括原位密度试验、现场渗透试验、室内物理性质试验和室内大直径直剪试验，为边坡水文过程和变形机制研究提供必要的参数。

（3）降雨作用下边坡的水文过程分析

根据钻探资料和监测数据的分析结果建立了二维饱和-非饱和数值分析模型，以监测数据为基础，以室内外试验为依据，以数值分析方法为手段，研究降雨条件下边坡饱和-非饱和水文过程。

（4）降雨作用下边坡稳定性分析

依据降雨条件下边坡的体积含水率和孔隙水压力监测分析结果，计算降雨过程中不同时刻土体力学强度参数；采用 FLAC3D 软件对降雨情况下边坡变形发展过程和变形破坏机制进行了模拟，得出不同工况下的安全系数值和破坏范围分布情况。具体技术路线见图 3.1。

3.2 大龙山边坡工程地质特征

3.2.1 工程概况

3.2.1.1 自然地理

大龙山边坡位于南岭大龙山石材交易市场南侧 240m，布澜路与东西干道交叉口西北侧，隶属于深圳市龙岗区南湾街道辖区内（参见文献［95］）。边坡北侧下方是一条混凝土道路、一待建工地和石材交易市场。按照深圳独立坐标系，边坡中心坐标为：X＝122880.3120，Y＝28165.5825。

研究区属低丘地带，山体较薄，坡顶植被发育，坡体内地下水位较深，主要为第四系孔隙水和基岩裂隙水，大气降水补给。边坡体内地下水较丰富，钻探期间揭露的钻孔内地下水深度 25～30m。场地位于两个分水岭之间，汇水面积较大。每逢雨季，由于坡体上方排水设施破坏或堵塞，雨水顺坡面汇流而下，直接冲刷临空面，导致坡面多次出现局部崩塌。

3.2.1.2 地形地貌

大龙山边坡为一人工切方土岩混合边坡（图 3.2）。边坡上部为自然坡，坡面树木茂盛，剖面形态呈凹形，坡度 35°～55°，上陡下缓，坡顶海拔高程为 171m。下部为人工切方形成的混合边坡，坡度 45°～65°；东侧坡呈凹形，西侧坡呈线形，西南高，东北低。坡面部分基岩裸露，岩层产状 130°∠33°，为二级坡。坡下是混凝土道路、待建场地和石材交易市场，路面高程为 82.41～83.85m，整个山体相对高差约 87m。坡体上有 3 条纵向排水沟和一条截水沟，排水沟大部分已被破坏或堵塞。距坡脚 1～3m 是排水沟，排水沟宽 1.0m、深 1.0m，部分堵塞。坡脚部分坡段采用浆砌石挡土墙支挡，墙高约 1.8m，被滑坡堆积体覆盖。西侧坡面发生过多次局部崩塌，东南侧有一变形体。

图 3.2　大龙山边坡概貌

3.2.1.3　地层岩性

根据现场调查、钻探及区域地质资料，区内地层主要有第四系坡残积土层和侏罗系沉积岩层（参见文献［95］）。坡残积土层（Q^{dl+el}）为黏土、粉质黏土，褐红、褐黄色，稍湿，稍密，硬塑，厚度为 1.8～5.6m，系泥质岩坡积、残积而成，含有大量的碎石和少量的块石。侏罗系沉积岩层（J_2tn^b）按风化程度可分为：①强风化泥质岩，褐红、褐黄色，厚度 7.5～15.5m，原岩结构已基本破坏，尚可辨认，岩心呈半土半石状，岩块部分可以折断，土质水理性差，浸水易崩解；②中风化泥质岩，青灰色、灰褐色，厚度为 0.5～3.5m，原岩结构部分破坏，岩心成短柱状，风化裂隙和节理裂隙较发育，裂隙间有次生矿物，部分岩心风化较强烈，锤击声较清脆，有回弹；③微风化泥质岩，青灰色，岩石完整性一般较好，岩心呈柱状，最长约 30cm，RQD 值为 75%～85%，原岩结构基本未变，仅节理面略有变色，有少量的风化裂隙，钻孔未揭穿。

3.2.1.4　地质构造

研究场地附近有两条北西向断裂穿过，其间有两条小型分支断裂。北西向主断裂分别为大芬断裂和丹竹头断裂。断裂面倾向北东，倾角 20°～80°，断面擦痕及阶步、滑动镜面发育。两条断裂呈相互平行等距展布。断裂间夹持的地质体均有不同程度的破碎。断裂通过之处地貌上大部分显示地形沿山脊分布。该断裂束主要形成于下白垩统末期，构造应力作用经历了压性-张扭-压扭性演化过程（参见文献［95］）。

在进行前期勘查时，钻孔 ZK17 底部出现灰黑色黏土夹碎石和砂砾，未揭穿过该层，岩心底部是否是中风化岩，未能确定。但仅 3.2m 之隔的 ZK16（图 3.3）却没有遇到这样的岩心。结合场地区域地质图中断裂分布情况，北西向有一条断裂出现该位置的左前方，但在区域地质图上没有延伸到此处，结合钻探岩心分析，该断裂应从 ZK17 位置通过，钻孔底部碎石和砂砾应该为断层构造岩。

(a) ZK16　　(b) ZK17

图 3.3　钻孔岩心照片

3.2.2　边坡变形特征

大龙山边坡曾发生多次局部变形破坏。由于边坡东南侧的两次变形具体时间未知，用早期和近期两个时间点作为名称来描述其变形特征。对于西侧的两次变形，一次发生于 2008 年 6 月，另一次在 2009 年 8 月。边坡变形主要表现为崩塌、滑坡和变形裂缝。

（1）早期变形裂缝分析

变形裂缝形成于坡残积土和强风化泥质岩层中，位于坡体东南侧上方，总体倾向为 0°（图 3.4），裂缝长约 50m、深 6～7m、宽 0.2～0.4m，裂缝两侧高差约为 0.5～3m（图 3.5）。裂缝延伸弧度方向与上面的自然边坡两侧山脊线几乎一致。变形体上“马刀树”形状（图 3.6），说明其形成时间较早。

图 3.4　早期边坡上部变形范围

图 3.5 变形后形成的陡坎

图 3.6 变形体上裂缝和“马刀树”

结合断裂展布和 ZK16、ZK17 的岩心来看，场地发育断裂，致使岩体破碎，渗透性高，且易风化。此外变形体上方有一纵向排水沟，纵向排水沟在变形处顶部破坏，早期发生的变形应与此排水沟延伸到此有关。在降雨作用下，土体强度弱化形成变形裂缝，地表拉张裂缝又为降雨提供了入渗通道，增加了坡体内的水压力，加剧了变形发展。

(2) 近期滑坡特征

滑坡发生于大龙山边坡东南侧，早期变形体下部，人工开挖边坡顶部。滑坡后缘呈现弧形，滑面较陡（图 3.7)。滑坡体堆积于坡脚和坡下平台处，覆盖了混凝土路边挡土墙，滑动距离 25～30m。堆积体成分主要为黏土、松散的碎石土和少量强风化岩块。

(a) 滑坡范围　　(b) 滑动面

图 3.7　近期滑坡

滑坡与位于其上方的变形体关系密切，推测该滑坡发生前其顶部亦可能存在拉张裂缝。裂缝的存在为雨水的灌入提供了条件，且临空面的坡度较大。浅部土体主要是坡残积土和强风化岩，含有大量的碎石，黏聚力较低。

（3）2008 年西侧滑坡

位于边坡西侧，为坡残积黏性土和强风化泥质岩浅层滑坡［图 3.8（a）］，主滑方向 40°，错距 2～4m，滑体顺坡长 6～8m，宽 5m，厚约 3m，面积 30～40m^2，体积约 90～120m^3，滑坡后壁擦痕清晰［图 3.8（b）］。该滑坡推测由 2008 年 6 月份强且持久的降雨导致，加之该处坡度陡，稳定性差。

(a) 滑坡概貌　　(b) 擦痕

图 3.8　2008 年西侧滑坡

（4）2009 年西侧崩塌

该崩塌土方量小，面积小（图 3.9），表层坡残积土堆积在崩塌面下方，只有少量的块石滚落在坡面上和坡下。推测其主要原因还是降雨和土体中的裂缝。

图 3.9　2009 年西侧崩塌概貌

3.2.3　边坡岩土体物理力学性质

3.2.3.1　坡残积土物理性质

为了查明该边坡岩土体的物理力学性质，在坡体上布置了 6 个探井取原状块样并开展了原位密度和现场渗透试验，试验结果见表 3.1 和表 3.2。从表 3.1 可以看出，探井 T3 土体的干密度变化范围为 1.49～1.57g/cm^3，T6 为 1.47～1.97g/cm^3，表层 1m 范围值与 T3 该深度内基本一致，说明坡体表层土质相对均匀。表 3.2 为采用原位双环试验在 6 个探井不同深度下的渗透系数。可看出，表层坡残积土的渗透系数基本一致。

表 3.1　大龙山边坡原位密度试验结果

探井	深度/m	天然密度/(g/cm^3)
T3	0.0	1.49
	0.0	1.57
	1.0	1.57
T6	0.0	1.67
	0.8	1.47
	1.0	1.57
	2.0	1.86
	3.0	1.97
	3.5	1.97

表 3.2 大龙山边坡现场渗透试验结果

T1 探井		T2 探井		其他探井		
深度/m	渗透系数/(m/s)	深度/m	渗透系数/(m/s)	探井	深度/m	渗透系数/(m/s)
0.0	4.04295×10^{-6}	0.0	3.09802×10^{-6}	T3	2.00	1.46157×10^{-6}
1.0	1.22952×10^{-5}	1.0	5.45815×10^{-6}	T4	3.50	4.52106×10^{-6}
2.0	1.19228×10^{-6}	2.0	2.26813×10^{-6}	T5	3.60	8.48158×10^{-6}
3.1	4.65676×10^{-6}	3.1	1.75259×10^{-6}	T6	3.75	2.66093×10^{-7}
3.9	2.34703×10^{-6}	3.6	1.09984×10^{-6}			

3.2.3.2 坡残积土力学性质

利用在探井中所取尺寸为 30cm×30cm×30cm 的坡残积土块状样，开展了自然状态和饱和状态下的直剪试验，试样尺寸为 15cm×15cm×7cm。

图 3.10 为天然条件下 25kPa、50kPa、100kPa、200kPa 法向应力条件下的剪应力随位移的变化关系曲线，可以看出，不同法向应力条件下应力-应变特性基本呈理想弹塑性，为后面的力学计算选取摩尔库仑强度准则提供了依据。图 3.11 为天然条件下土体峰值剪应力与法向应力的关系，可以看出线性拟合好，其抗剪强度参数 c 和 φ 分别为 34.5kPa 和 32°。

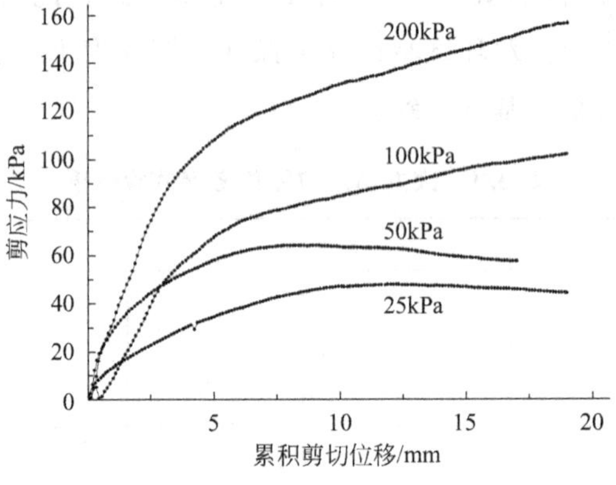

图 3.10 天然条件下土体不同法向应力下剪应力与剪切位移关系

图 3.12 为饱和试样在 25kPa、50kPa、100kPa、200kPa 和 400kPa 法向应力条件下的剪应力随位移的变化关系曲线，其应力-应变特性与天然状态相似，基本呈理想弹塑性。图 3.13 为峰值剪应力与法向应力的关系，从中可以看出线性关系良好，饱和条件下的抗剪强度参数 c' 和 φ' 分别为 8.6kPa 和 33°。

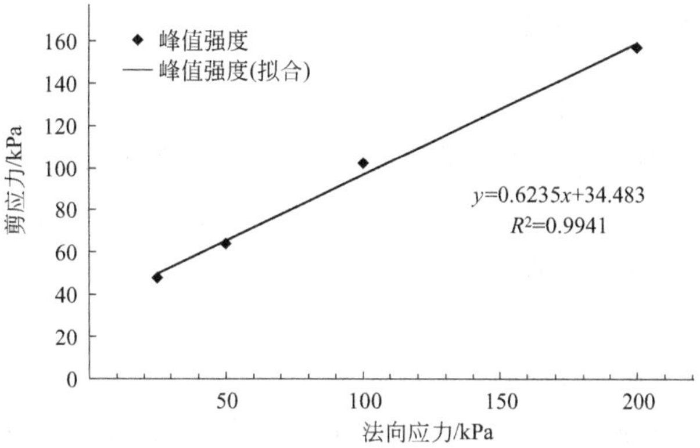

图 3.11　天然条件下土体峰值剪应力与法向应力的关系

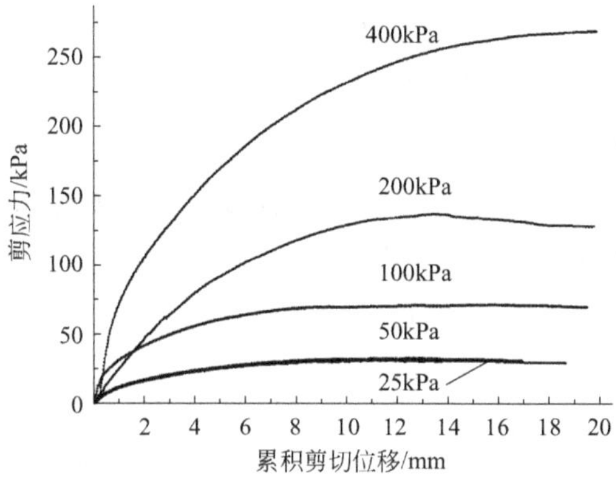

图 3.12　饱和试样土体在不同法向应力下剪应力与剪切位移关系

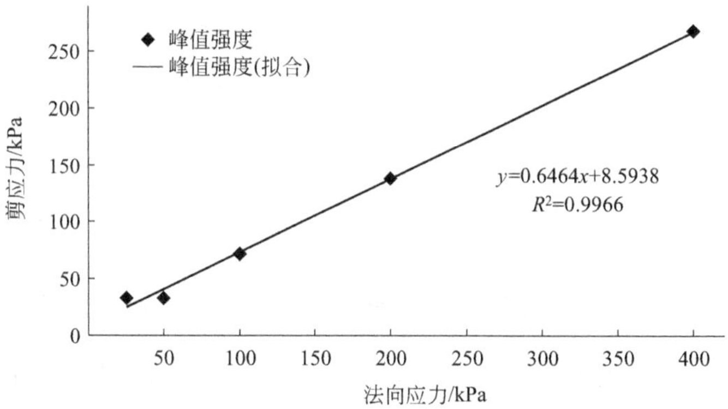

图 3.13　饱和试样土体峰值剪应力与法向应力的关系

3.2.3.3 坡残积土力学参数反演分析

由于大龙山边坡东南部已存在一定的变形迹象，在边坡变形特征分析的基础上，依据地质勘测资料、现场错台位置及形状，可推测变形主要位于坡残积土层中，且潜在滑移面从错台裂缝处滑入，沿坡残积土与强风化层的交界底面滑出，据此特征进行坡残积土体的力学参数反演。

参照大龙山边坡东南部变形部位的特征，结合极限平衡法计算边坡安全系数的原理，坡残积土强度参数的反演过程如下：

① 在坡残积土强度参数的反演过程中，以推测的潜在滑移面为最危滑面；

② 依据变形特征，推测该处之前处于临界稳定状态，安全系数按 1.05 考虑；

③ 计算中影响计算结果的主要强度参数为黏聚力和摩擦角，因此分别针对黏聚力和摩擦角进行敏感性分析，分析黏聚力和摩擦角各自的变化对安全系数的影响；

④ 依据安全系数与黏聚力和摩擦角的敏感性，结合室内大直径试验，确定坡残积土的强度参数。

图 3.14 和图 3.15 分别为安全系数对坡残积土的摩擦角和黏聚力的敏感性，可以看出，黏聚力和摩擦角对安全系数的影响基本呈线性，随着黏聚力和摩擦角的增大，安全系数基本呈线性增大。

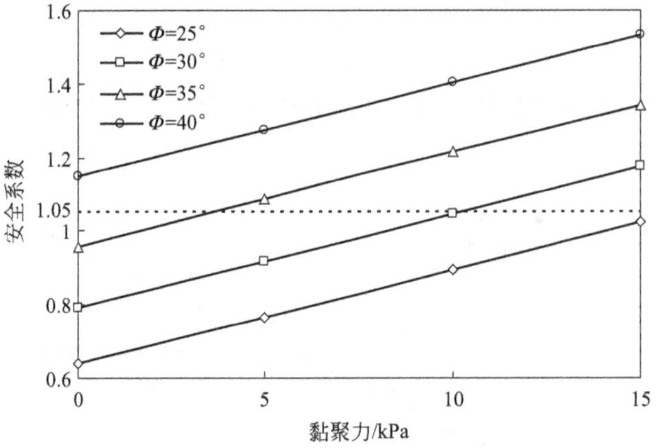

图 3.14 不同摩擦角（Φ）条件下土黏聚力与安全系数关系

参照室内大直径直剪试验的结果，考虑到该变形体已产生一定的变形，黏聚力有所下降，故确定坡残积土的黏聚力为 5kPa。依据变形体当前条件下的安全系数为 1.05，利用安全系数对坡残积土的黏聚力和摩擦角的敏感性分析，确定摩擦角为 34°。需指出的是，因为滑面上的基质吸力难以确定，所以在强度反演中没有考虑滑动面上的基质吸力，即反演出的强度为饱和强度。

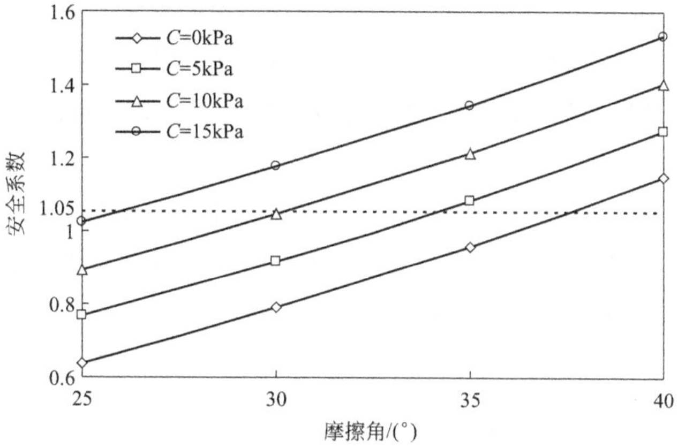

图 3.15　不同黏聚力（C）条件下土摩擦角与安全系数关系

3.2.3.4　强风化岩强度参数反演分析

由于大龙山边坡前缘临空面曾发生过局部滑坡，因此依据当前地表形态以及周围开挖坡形的坡度等，推测滑动前地形，如图 3.16 中所示的轮廓虚线。结合坡体岩土层分布特征，分析原有滑体应该包括坡残积土和强风化层两部分，滑面从坡残积土层中滑入，从强风化层中滑出。

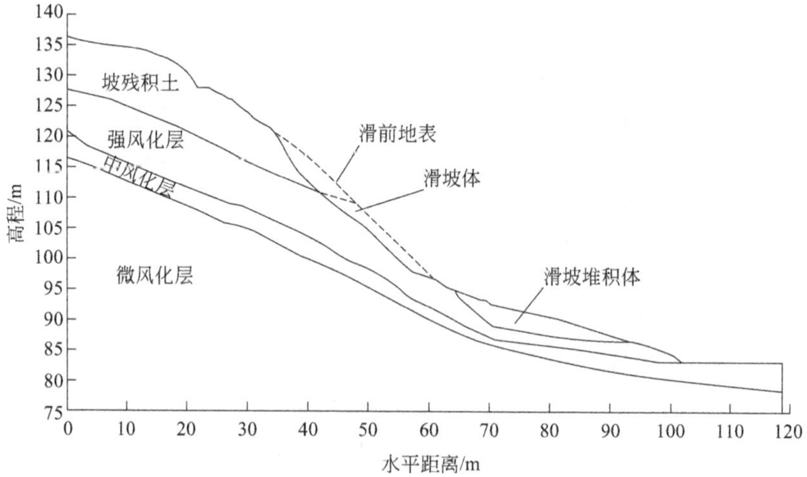

图 3.16　强风化土强度参数反演模型

参照大龙山边坡东南部滑坡体的反演模型，结合极限平衡法计算边坡安全系数的原理，强风化岩强度参数的反演过程如下：

① 由于坡体已经发生滑坡，安全系数以 1.00 作为模型反演的基准；

② 原有滑体包括坡残积土和强风化岩层两部分，滑面切过坡残积土和强风化层，坡残积土的强度已经确定，针对强风化土层的黏聚力和摩擦角进行敏感性计算，分析黏聚力和摩擦角各自的变化对安全系数的影响；

③ 依据滑坡体的临界状态及安全系数对黏聚力和摩擦角的敏感性，综合确定强风化土层的强度参数。

图 3.17 和图 3.18 分别为安全系数对强风化土的黏聚力和摩擦角的敏感性，从中可以看出，黏聚力和摩擦角对安全系数的影响基本呈线性，随着黏聚力和摩擦角的增大，安全系数基本呈线性增大。

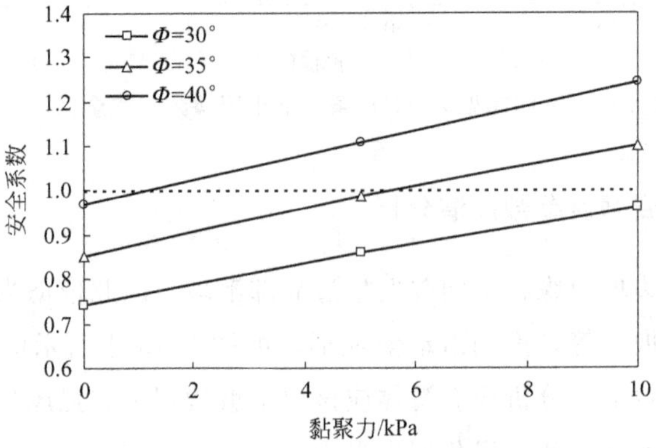

图 3.17　不同摩擦角强风化土黏聚力与安全系数关系

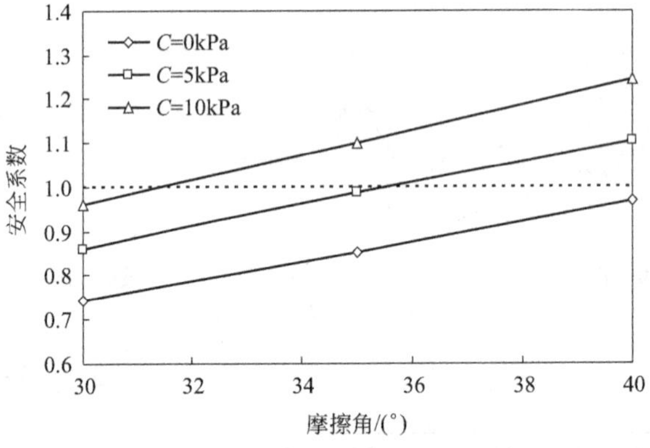

图 3.18　不同黏聚力强风化土摩擦角与安全系数关系

依据滑坡体临界状态时的安全系数为 1.00，利用安全系数对强风化土的黏聚力和摩擦角的敏感性分析，考虑滑后地质剖面揭露的强风化土层的结构组成，确定强风化土的黏聚力为 4.6kPa、摩擦角为 36°。需指出的是，因为滑面上的基质吸力难以确定，所以在强度反演中没有考虑滑动面上的基质吸力，即反演出的强度为饱和强度。

3.3 边坡水文过程与变形监测

降雨是深圳市边坡变形破坏的主要诱发因素，为了深入研究降雨作用下边坡水文响应与变形发展过程，本节以大龙山边坡为例，开展了现场监测工作，并以此对该边坡的降雨水文响应和变形过程进行分析。

3.3.1 监测方案

3.3.1.1 监测目的和方案设计

项目监测目的：①分析边坡的稳定状态和可能的变形趋势，为认识深圳市斜坡灾害的形成机理提供可靠的基础数据；②为研究斜坡灾害的发生与降雨的关系、确定斜坡发生的临界数值提供基础数据；③分析边坡在降雨作用下的坡体内部的水文响应过程及坡体可能的变形破坏特征。

大龙山边坡属于土岩混合边坡，自然坡体部分两侧高，形成分水岭，中间低，形成汇水区，形成一个相对独立的水文地貌单元；在地层结构上，表现为上部土体、下部基岩的双层结构特点。针对该边坡的地形条件和结构特点，监测方案如下：

① 降雨入渗过程监测侧重于坡残积土层，采用雨量计、张力计和水分计进行监测，测点布设考虑坡体不同部位；

② 坡残积土层厚度较小，在降雨入渗条件下，如果不同土体界面处由于上下土层渗透系数差异而可能产生瞬态饱和地下水位，该水位可以通过张力计反映，因此，没有必要在浅表部土层内安装渗压计；

③ 为了揭示边坡内饱和地下水位变化，渗压计应安装于下伏基岩内；

④ 根据边坡地形特点和现有变形迹象有针对性地布设变形监测。

基于上述考虑，共布设了 3 个监测断面，各监测仪器具体位置如图 3.19 所示。共布设了 10 个渗压孔（P1～P10）、6 个探井、5 个固定式测斜孔（IN1～IN5）、3 个张力计和水分计测点（T1M1～T3M3）。在固定式测斜孔（IN1～IN5）中，各埋设 4～8 个固定式测斜传感器。每个渗压孔内埋设一支渗压计；在水分计和张力计监测点处，分别在深度 0.5m、1.0m、2.0m、3.0m 处成对埋设一支水分计和张力计，共 12 支张力计、12 支水分计。所有传感器与自动数采仪相连，利用无线传输系统进行数据自动传输，自动数采仪和传感器供电采用太阳能供电系统，并备有蓄电池。

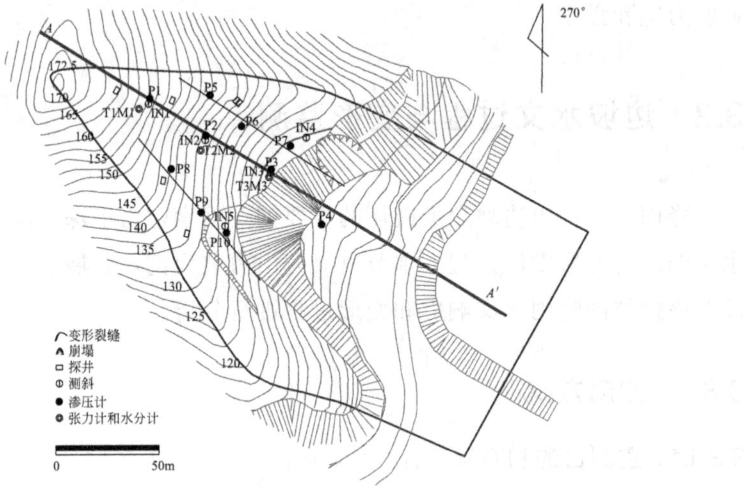

(a) 监测仪器布设平面示意图

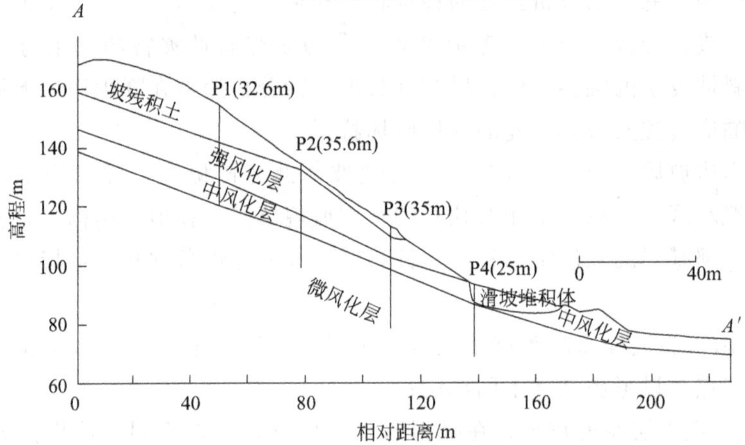

(b) A—A' 监测主剖面图

图 3.19　大龙山边坡监测布置图

3.3.1.2　监测仪器安装

（1）渗压计

渗压计监测孔隙水压力和地下水位的变化，仪器采用 Geokon 振弦式渗压计。根据渗压计的测量范围，选取渗压计时，应根据地下水位的高程选取不同量程的渗压计，水位高程较低的采用量程较高的渗压计，地下水位高程较高的采用量程较低的渗压计。同时，结合旱季雨季地下水位变化幅度的特点确定渗压计的选取及充分考虑渗压计本身的参数指标等。根据场地具体情况，大龙山边坡使用的渗压计压力范围有两种：170kPa 和 70kPa，其精度为 0.1%F.S.。渗压计埋设在钻孔底部稍上位置，孔底铺干净的细砂，渗压计封装在干净、浸透的纱布袋中后安装，再用干净的细砂回填、压实渗压计四周，最后用钻孔原土进行回填、压实。

为全面掌握大龙山边坡地下水动态特征，分 3 个剖面布设渗压计，其中 P1、P2、P3、P4 位于中间的主剖面上；P8、P9、P10 和 P5、P6、P7 分别位于两侧的剖面。渗压计埋设在基岩地下水位以下 5～10m。各渗压计 P1、P2、P3、P4、P5、P6、P7、P8、P9、P10 分别埋设的最后深度为 32.6m、35.6m、35.0m、25.0m、37.8m、39.2m、37.2m、36.6m、39.8m、41.0m。

（2）固定式测斜仪

测斜仪监测边坡内部的水平变形，仪器采用 Geokon 双向和单向固定式测斜仪。从坡体内不同深度的变形差异可以确定潜在滑动面的位置。通过监测的变形时间序列，不仅可及时了解斜坡稳定性状的动态信息，还可进行滑坡的预警预报。

振弦式固定式测斜仪通过不锈钢连接管与滑轮组件连接，安装于带导槽的标准测斜管中。测斜管在安装连接时应使导槽严格对正，保证装配好的测斜管导槽的扭转角每 3m 不超过 1°，全孔范围内不超过 5°。测斜管与钻孔孔壁之间的空隙用水泥砂浆回填、加固，并浇筑孔口混凝土保护墩和安装孔口保护盖板。振弦式固定式测斜仪通过连接管与滑轮组件连接后，安装于测斜管中。

测斜观测孔 IN1、IN2、IN3 位于主剖面；IN4 用于监测边坡西侧已发生局部浅层滑坡的斜坡；由于存在早期浅层滑坡，IN5 监测该滑坡体的变形。IN1、IN2 为单向位移监测，IN3、IN4、IN5 为双向位移监测。图 3.20 为测斜仪埋设示意图。

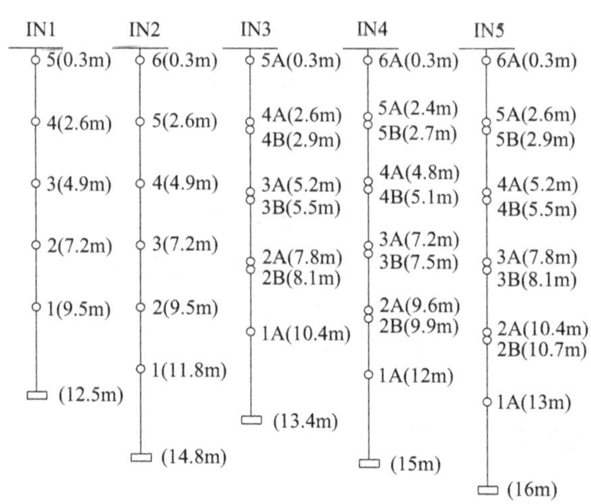

图 3.20　测斜仪埋设示意图

（3）张力计和水分计

张力计监测土体中的基质吸力，仪器采用 Jet-fill 型张力计及 Geokon 压力传感器。理论上张力计可测量的最大吸力为－100kPa，但由于张力计中的水可能出现气蚀现象，张力计能够测定的孔隙水压力极限约为－90kPa。通过压力传感器测量管内负压。由于陶瓷头处的吸力和压力传感器测量的吸力存在张力计塑料管长水头差，所以记录到的负孔隙水压力必须根据张力计中水柱高度进行修正。

水分计监测土体体积含水率的变化，仪器采用 Delta-T 型水分计。基本原理就是利用土体的介电常数的平方根与体积含水率成直线关系来测量土体内体积含水率。安装前必须对传感器重新标定。水分计和张力计位于测点 T1M1、T2M2、T3M3，测点位于主剖面的三个小平台上，分别在深度 0.5m、1.0m、2.0m、3.0m 处设计成对埋设（图 3.21）。在埋设过程中，受条件限制其埋设深度与设计深度略有不同，并且每个张力计间隔 20～40cm，张力计和水分计之间间隔 10～15cm。

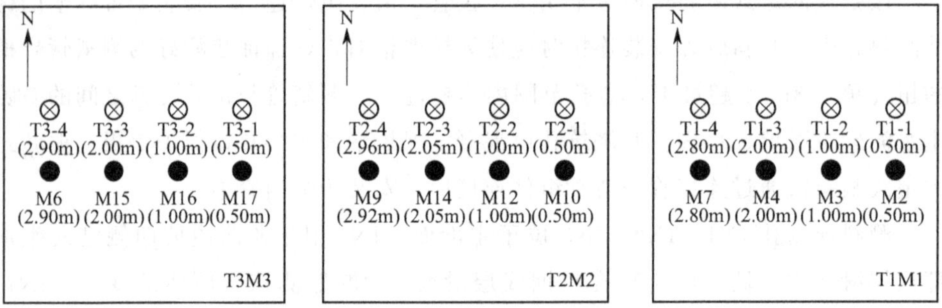

图 3.21　张力计和水分计埋深分布示意图

●水分计编号及埋深；⊗张力计编号及埋深

（4）雨量计

采用翻斗式自动雨量计记录实时降雨量。雨量计的分辨率为 0.2mm，量程为 160cm。

（5）监测站建设

大龙山边坡监测系统共有 82 个传感器，每个传感器都与监测站内的数采系统连接，由数采仪实时采集数据。因此，监测站的位置、供电系统、监测站安全是关系到监测系统能否正常运行的重要环节。监测站在斜坡坡体中间部位，以节省仪器连接之间的电缆长度、保护监测站的安全。

3.3.2 监测数据采集与传输

监测数据采集与传输和羊宝地填土边坡相同。监测过程中的所有数据采用澳大利亚 dataTaker 公司生产的 DT 6 系列产品的自动数采仪采集，采集频率为

15min。采用太阳能对数采系统供电。各测点的传感器通过外接电缆与自动数采仪的通道相连，传感器所测得的数据通过传感器的外接电缆进入自动数采仪，自动数采仪的RS232端口与GSM调制解调器相连，实现实时监测数据的无线传输。

利用安装了GPRS（通用无线分组业务）调制解调器的办公室台式机或笔记本电脑，拨通无线发射系统中安装在GSM调制解调器中的SIM卡号后，即可通过GPRS天线实时接收无线发射系统传出的监测数据。

3.3.3 监测数据分析

3.3.3.1 雨量数据分析

该边坡监测时间长，尽管期间雨量计出过故障，但主要分析时间段降雨数据相对完整，基本满足分析要求。图3.22是监测期间日降雨量和累计降雨量分布图，图3.23～图3.25是3个年度的小时降雨量分布图。由于2009年部分降雨量数据缺少，只显示了3～7月的降雨量监测数据，本节将对此做重点分析。通过降水数据的初步分析，可以得出以下几点认识：

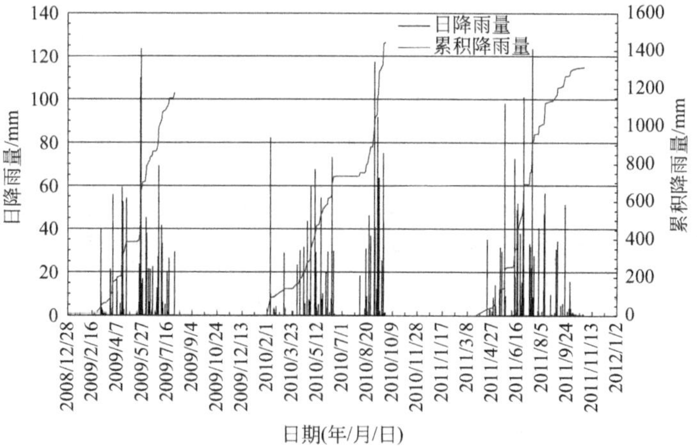

图3.22　2008/12/28～2012/1/2日降雨量和累计降雨量

① 最大的日降雨量和小时降雨量。2009年，最大日降雨量出现在2009/5/24，其值为123.6mm，其次为2009/5/23的110.0mm。最大小时降雨量在2009/6/28 00：00的42.6mm，其次为2009/6/04 00:00的30.8mm。

2010年，有9d的日降雨量超过60mm，其中最大的两次分别是2010/9/3的117.4mm和2010/9/9的91.8mm。最大小时降雨量是2010/4/22 11:00的38.4mm，其次是2010/9/9 18:00，降雨量为38.4mm。

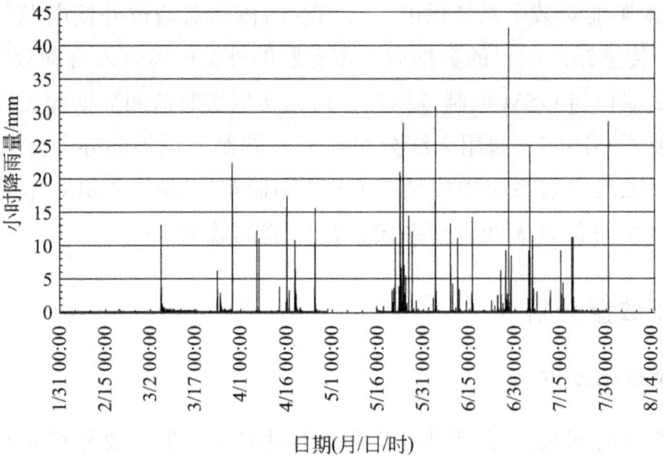

图 3.23　2009/1/31～8/14 小时降雨量

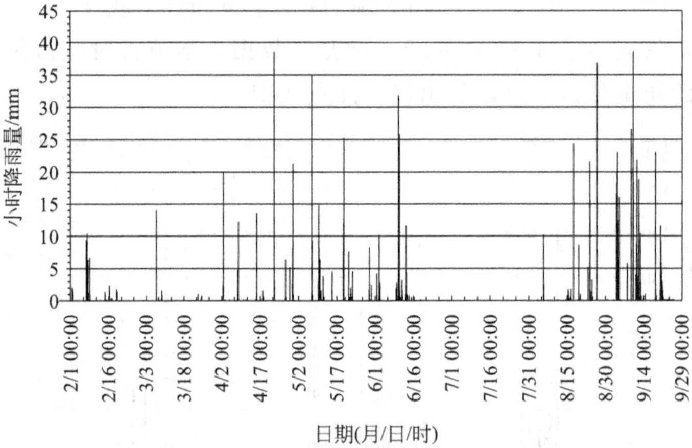

图 3.24　2010/2/1～9/29 小时降雨量

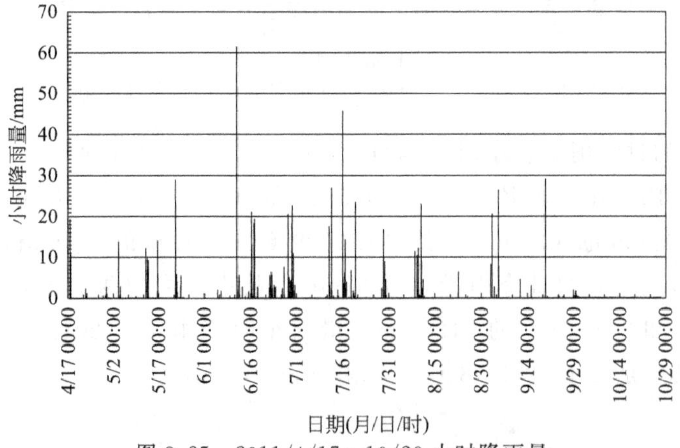

图 3.25　2011/4/17～10/29 小时降雨量

2011 年最大的两次日降雨量分别是 2011/7/16 的 123.4mm 和 2011/6/29 的 101.2mm。最大小时降雨量是 2011/6/11 15:00 的 61.6mm，其次是 2011/7/16 0:00 的 45.8 mm。该年度的日最大降雨量大，小时降雨量小，表明降雨时间持久。

② 降雨主要集中于汛期（4～9 月），非汛期（10 月～次年 3 月）降雨较少。

③ 深圳地区平均每年有 5～8 个台风经过，台风经过前后的降雨具有强度高、持续时间久的特点。

④ 大龙山的降雨特征和整个深圳地区的降雨特征基本一致。

3.3.3.2 地下水位监测分析

图 3.26 为降雨入渗条件下渗压计所监测到的孔隙水压力变化曲线。由于监测时间较长，埋深差异较大，使得各曲线的变化幅度相对小。由图 3.27 可以看出，孔隙水压力呈缓慢下降趋势。图 3.28 和图 3.29 分别为剖面 P5、P6、P7 和 P8、P9、P10 在监测开始时即 2008 年 12 月 30 日和 2009 年 8 月 14 日的地下水位线。图 3.30 为主剖面 $A—A'$中 P2、P3、P4 在 2008 年 12 月 30 日的地下水位线。

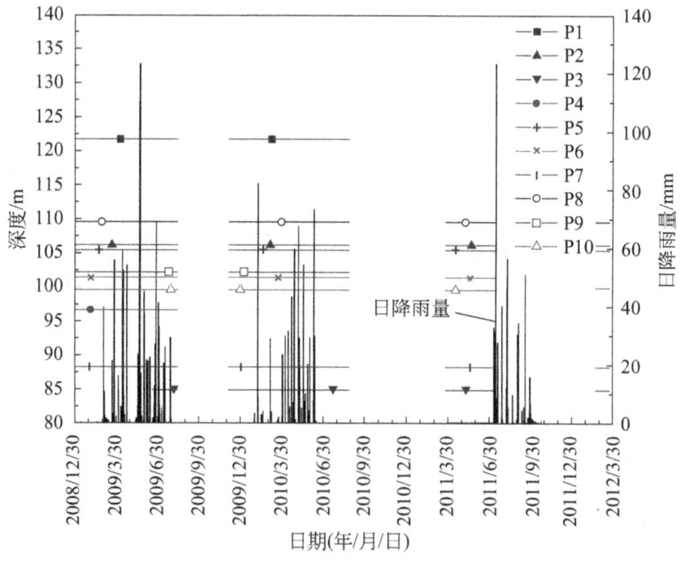

图 3.26　全监测时段内各埋深情况下孔隙水压力关系曲线

P5、P6、P7 所在剖面位于边坡主剖面西侧，P8、P9、P10 所在剖面位于边坡主剖面侧。从表 3.3 可以看出，P5、P6、P7 所在的剖面地下水降幅度比 P8、P9、P10 所在的剖面大。

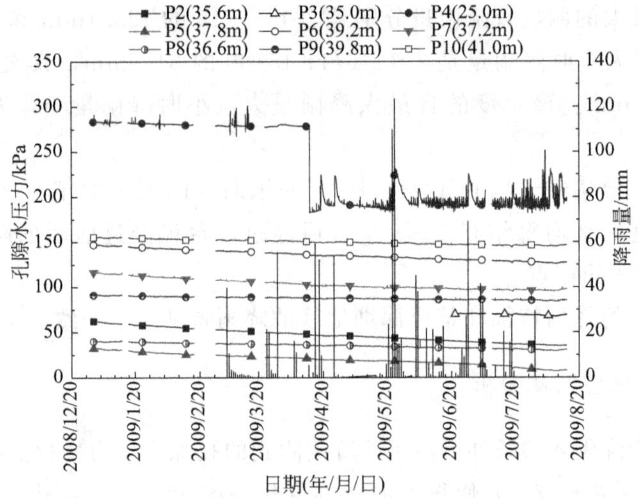

图 3.27　2008～2009 年度渗压计孔隙水压力变化曲线

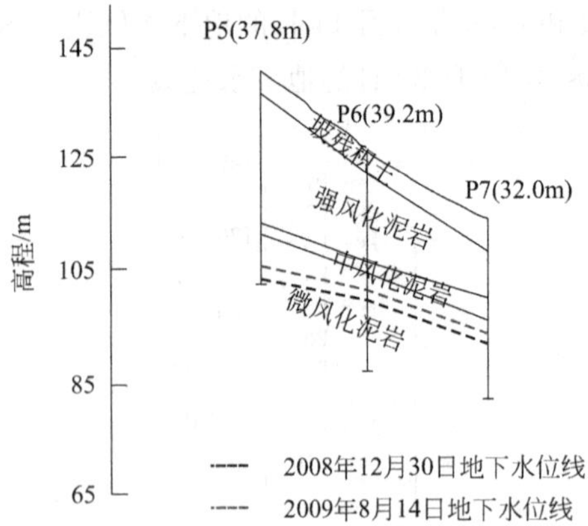

图 3.28　P5～P7 地下水位剖面变化

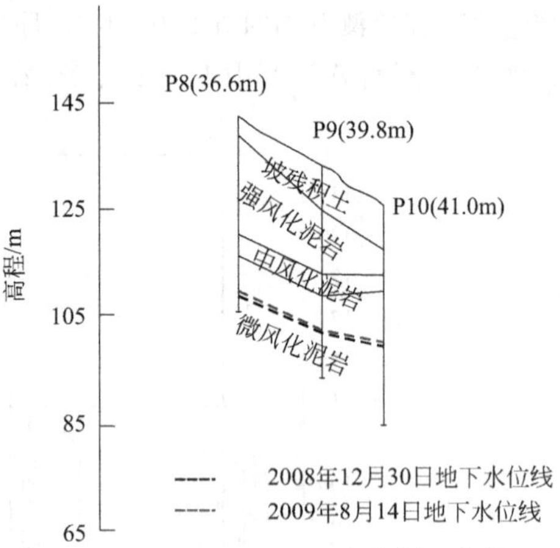

图 3.29　P8～P10 地下水位剖面变化

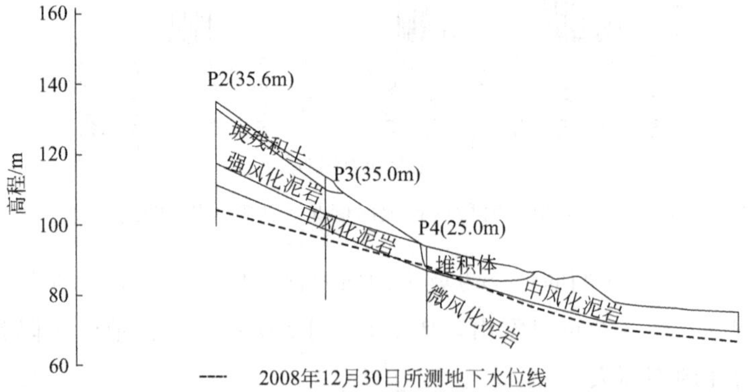

图 3.30　主剖面 $A—A'$ 初始水位线

表 3.3　2009 年度地下水位变化情况分析表　　单位：kPa

编号	P2	P5	P6	P7	P8	P9	P10
2008/12/30	62.3	32.45	147.06	116.61	39.85	90.90	155.39
2009/8/14	35.17	7.92	127.54	97.79	30.53	85.37	146.7
水位下降/m	2.713	2.453	1.952	1.882	0.932	0.553	0.868

由图 3.31～图 3.37 可以看出，渗压计 P2、P5～P10 无论在强降雨条件下还是在无雨情况下，一直表现为逐渐下降特征。由于中间部分监测数据缺失，导致监测曲线不连续。线段间孔隙水压力差究竟是地下水位上升导致还是其他原因，无法判断。但对于 2010 年 10 月较短的监测曲线，其明显高出其他监测值，监测期间地下水位不可能上升到该高度附近，原因可能是更换数采仪所致。

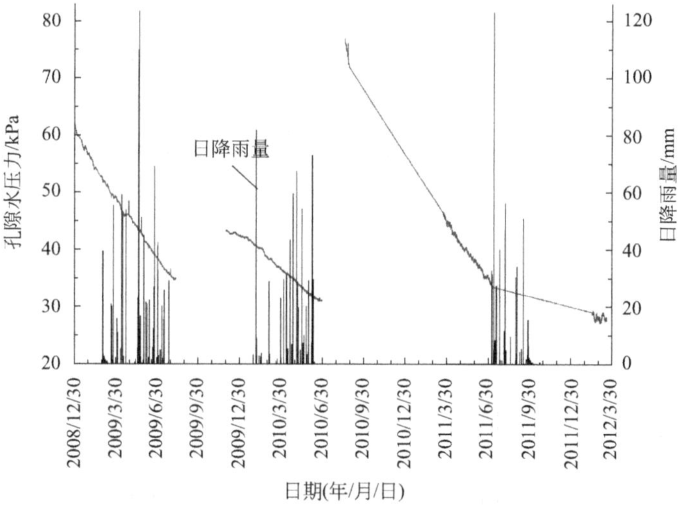

图 3.31　渗压计 P2 孔隙水压力变化曲线

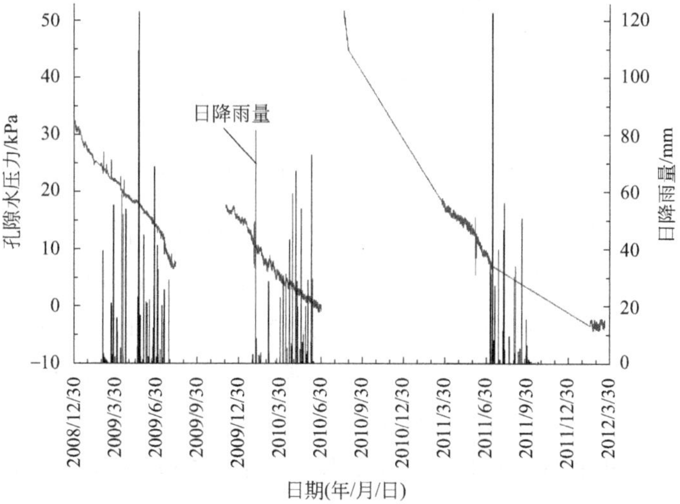

图 3.32　渗压计 P5 孔隙水压力变化曲线

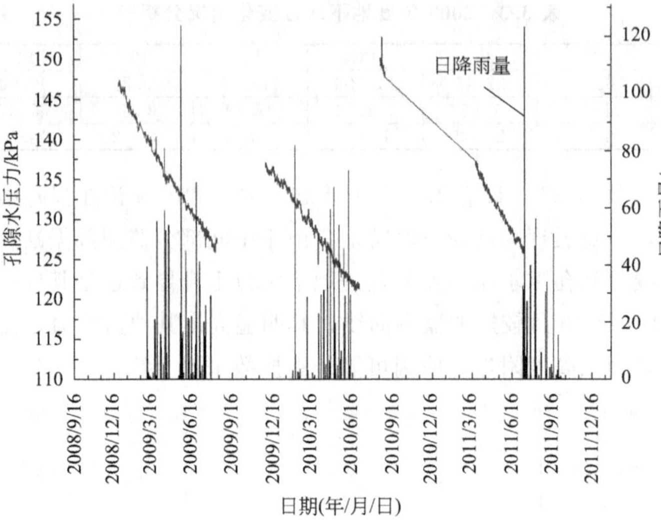

图 3.33　渗压计 P6 孔隙水压力变化曲线

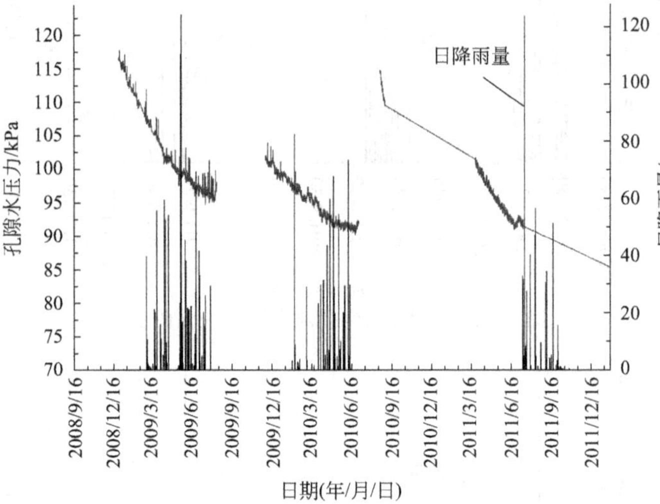

图 3.34　渗压计 P7 孔隙水压力变化曲线

渗压计 P3 和 P4 分别位于坡面和坡脚。P3 一直处于异常状态，数据不稳定，2009 年 6 月 20 日更换渗压计，同时又将其向上提升 10m，埋设深度变为 25m。

图 3.27 中显示 P3 孔隙水压力的变化情况。随着时间的变化，孔隙水压力呈逐渐下降的趋势。渗压计 P4 在监测初期处于稳定状态，并逐渐下降。在 2009 年 4 月 18 日日降雨量为 52.4mm、2009 年 4 月 25 日日降雨量为 54.2mm、2009 年 6 月 3 日日降雨量为 45.2mm、2009 年 6 月 28 日日降雨量为 69.2mm、2009 年 7 月 4 日日降雨量为 41.6 mm 的情况下，孔隙水压力变

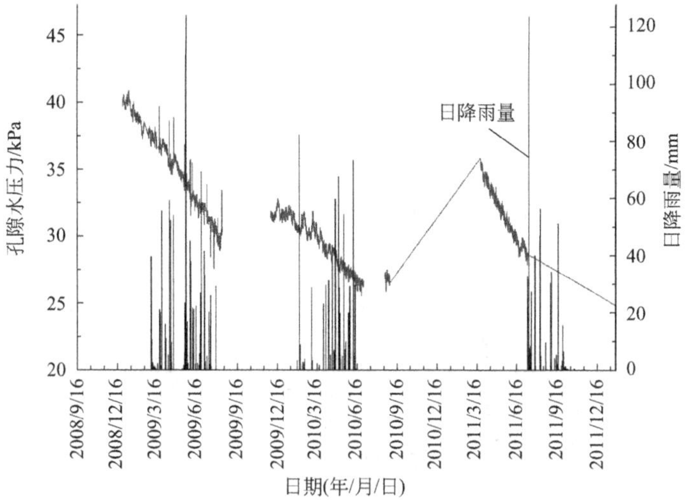

图 3.35 渗压计 P8 孔隙水压力变化曲线

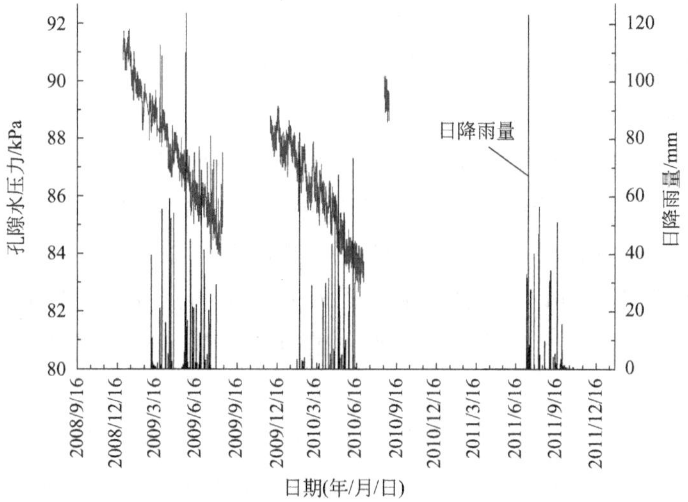

图 3.36 渗压计 P9 孔隙水压力变化曲线

化曲线迅速响应，急剧升高，且迅速回落（图 3.27）。在 2009 年 5 月 23 日和 2009 年 5 月 24 日日降雨量分别高达 110mm 和 123.6mm 的情况下，孔隙水压力较前五次响应更快，增加幅度更大，最高水位距地表只有 2m；降雨停止后，回落到稳定值需要时间较长。

3.3.3.3 水分计和张力计监测数据分析

（1）水分计监测数据分析

图 3.38～图 3.40 分别为 T1M1、T2M2 和 T3M3 的体积含水率与降雨量的

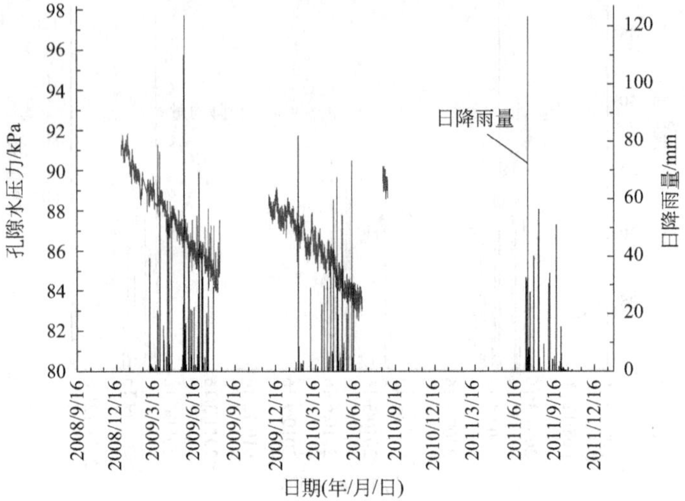

图 3.37 渗压计 P10 孔隙水压力变化曲线

关系曲线，可以看出，在降雨情况下：

① 监测数据起伏明显，土中体积含水率随降雨入渗的增加而增加；随降雨入渗的减少而减少。

② 土中体积含水率对降雨响应速率与深度有关，埋深越小，体积含水率随降雨入渗的增加越快；埋置越深，增加得越慢。表明浅层土体内的体积含水率响应最为迅速，深层的体积含水率的变化会有所滞后。

③ 图中浅层 0.5m 处体积含水率受外界降雨和蒸发等的影响变化最为敏感，基本上是垂直上下波动，呈锯齿形前进，但其下降所需要时间比上升时间长。

④ 图 3.40 可知，在前期降雨影响下，1.00m 处体积含水率开始变化，其值沿一定的坡度逐渐增加，当降雨再次补给时，1.00m 处体积含水率值也能迅速增加，接近饱和状态。而同样降雨情况下，图 3.39 和图 3.40 中 1.00m 处每次较大降雨都能发生迅速响应，这与图 3.38 中变化趋势不同，可能是长期处于非汛期、长期干旱，浅层土体存在微小裂隙造成雨水直接入渗到该深处。由于降雨持续时间短，非饱和区中的水以重力作用排水为主，蒸发作用排水次之，湿润锋过后，其值发生快速下降，下降后的值低于其对应的启增值。

⑤ 图 3.38 和图 3.39 中，埋深 2.00m 处的体积含水率变化滞后于浅部土体，随着降雨的增加，其值开始缓慢增加，且增加幅度小；但在 2009 年 5 月 23～24 日连续两天日降雨量超过 110mm 的情况下，体积含水率都发生迅速增加，从监测曲线看，与降雨时间存在同步变化。图 3.40 中，2.00m 处体积含水率一直在

40%～45%之间波动，与前两者不同的是M3平台位于自然斜坡下方，人工开挖边坡顶部，一直保持较高值的原因有，一是长时间降雨，坡体内部浅层渗流场的作用；另一个原因是该位置靠近临空面，埋设处位置存在土体裂缝。但相对于0.50m和1.00m处而言，2.00m处土体的脱水速率较前者慢。

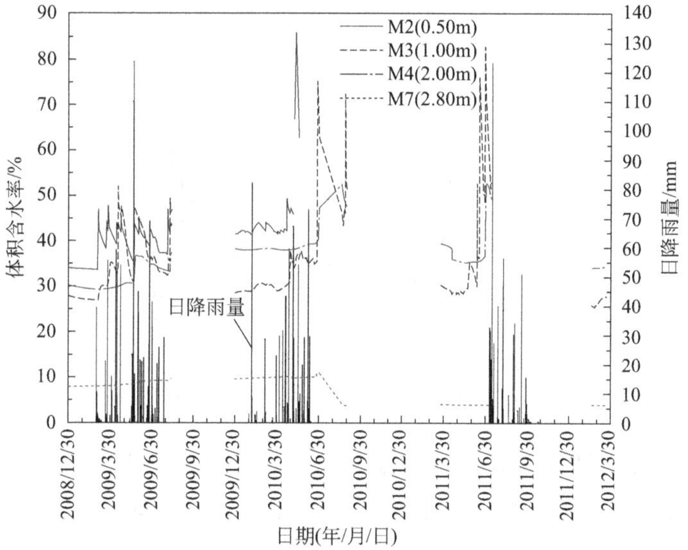

图3.38　平台T1M1处体积含水率变化曲线

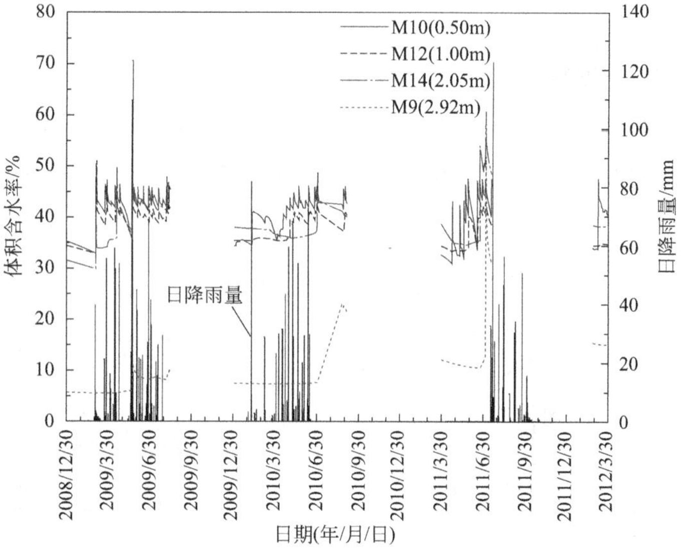

图3.39　平台T2M2处体积含水率变化曲线

⑥ T1M1平台处2.80m处体积含水率变化幅度很小，其可能原因是仪器

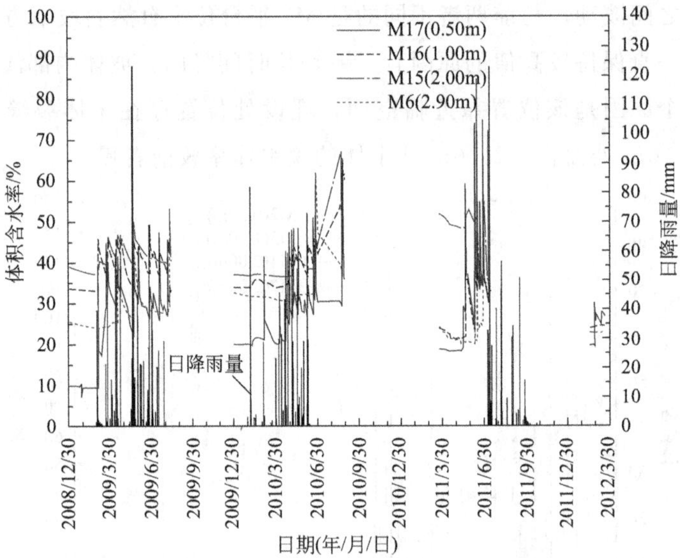

图 3.40 平台 T3M3 处体积含水率变化曲线

损坏或埋设仪器时钻孔过程使土体太密实，以致雨水无法入渗到该深度。监测期间，T2M2、T3M3 平台处体积含水率随降雨情况的变化趋势较好，不同深度的水分计在不同时段先后出现明显响应过程，尤其是在 2009 年 5 月 23～24 日两天日降雨量超过 110mm 的特大暴雨情况下，深部的体积含水率值变化更为明显。

（2）张力计监测数据分析

图 3.41～图 3.43 为平台 T1M1、T2M2、T3M3 张力计所测负孔隙水压力随降雨情况的变化曲线。没有降雨时，监测值同时升高的情况是由张力计加水造成，如 2009 年 5 月 15 日 2.00m 和 2.80m 处快速增大到 0 值。从图中可以看出：

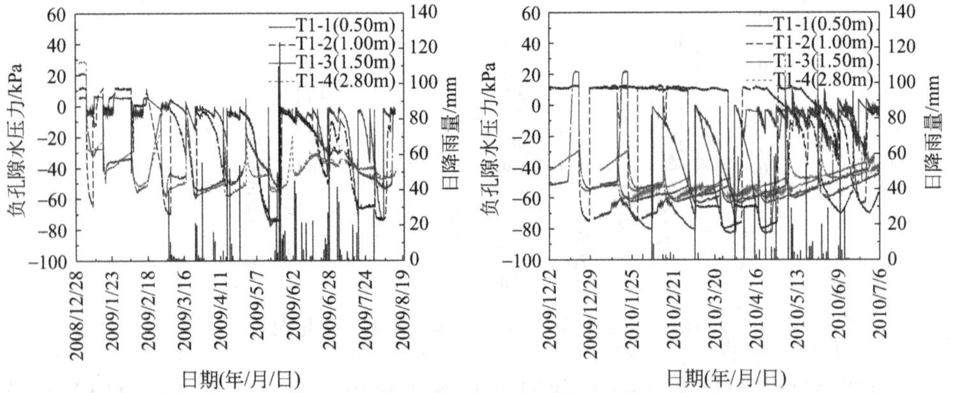

图 3.41 平台 T1M1 处负孔隙水压力变化曲线

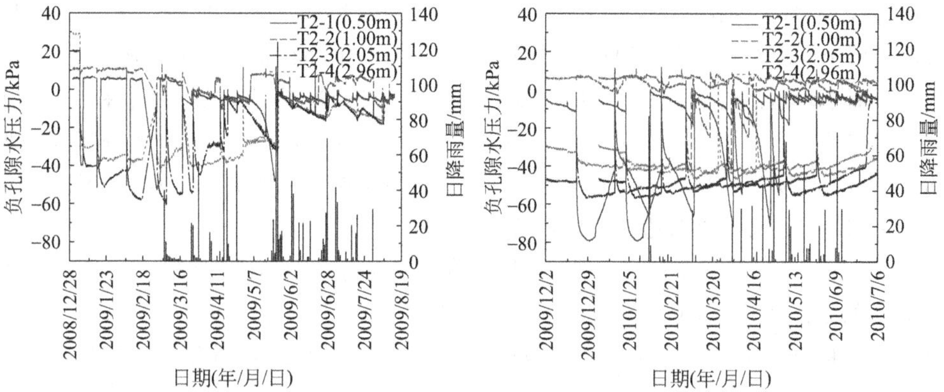

图 3.42　平台 T2M2 处负孔隙水压力变化曲线

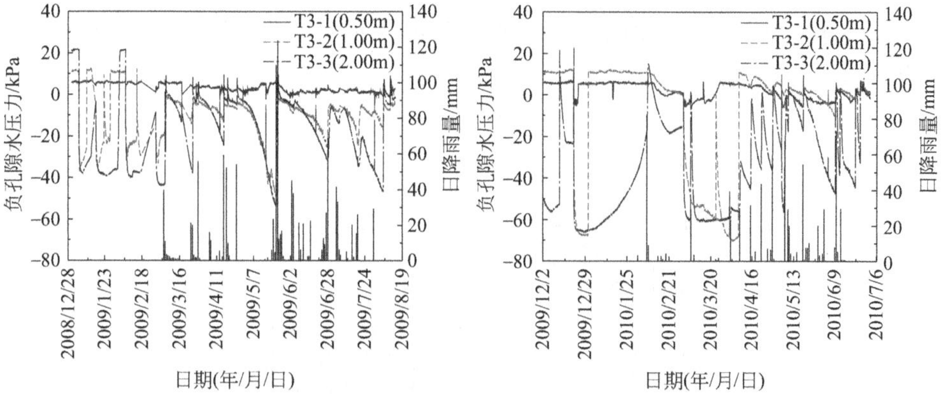

图 3.43　平台 T3M3 处负孔隙水压力变化曲线

① 降雨对浅层土的负孔隙水压力影响较明显，随深度增加逐渐减弱。浅部地层与大气、坡面植被比较接近，更容易受到降雨、蒸发的作用，植物根系也能引起较快的渗透，造成浅部土层负孔隙水压力上升。所以 0.50m 和 1.00m 处的负孔隙水压力受降雨影响较明显，雨后负孔隙水压力快速上升，上升的幅度受降雨持续时间和降雨强度的影响，呈锯齿状特征。

② 随着降雨反复和历时增加，监测深度内的负孔隙水压力都受降雨影响而产生了波动，雨后负孔隙水压力上升。降雨条件下负孔隙水压力响应时间与波动幅度因埋深不同而有差异，埋深越深，负孔隙水压力响应滞后时间越长，波动幅度越小。降雨较小时，T1M1 平台处的 2.80m 处负孔隙水压力未有明显变化，表明降雨的湿润锋未能到达该深度。

③ T2M2 平台处负孔隙水压力变化随降雨情况变化曲线最为理想。2009 年监测曲线中，对于每次降雨，各个埋深的张力计都能发生不同程度的响应。T3M3 平台处监测曲线，2009 年 12 月 29 日前，2.00m 处的基质吸力从 2009 年 12 月 29 日开始逐渐减小，变化趋势非常明显，由于缺少降雨量监测数据，原因无法分析。另外，在

2010 年 4～6 月，降雨强度高、持续时间久，0.50m 和 1.00m 处孔隙水压力大于零，表面浅层土体内有一定深度积水，导致土体处于暂时饱和状态，坡面形成暂态饱和水压力。对于时间持久、强度较大的暴雨，深部张力计根据湿润锋的下降速率和强度也发生相应的变化，如 2.00m 处的负孔隙水压力在 0～40kPa 之间波动，整体呈锯齿形向前推进。表明一定强度的降雨入渗也可以造成较深层负孔隙水压力迅速变化，甚至达到瞬间饱和状态。这对边坡的稳定性是不利的。

④ 随着干旱时间的持续，监测点处的负孔隙水压力值逐渐减小，变化幅度随深度的增加依次减弱，T1M1 平台处最小负孔隙水压力值可到－83kPa。根据土水特征曲线，监测点负孔隙水压力拐点的出现与脱水的时间有关，并且其变化趋势由快变慢，监测点埋深越大，产生拐点所需干旱持续时间越长。

（3）体积含水率和负孔隙水压力监测剖面

图 3.44 和图 3.45 分别是降雨情况下体积含水率和负孔隙水压力监测剖面，可以看出：

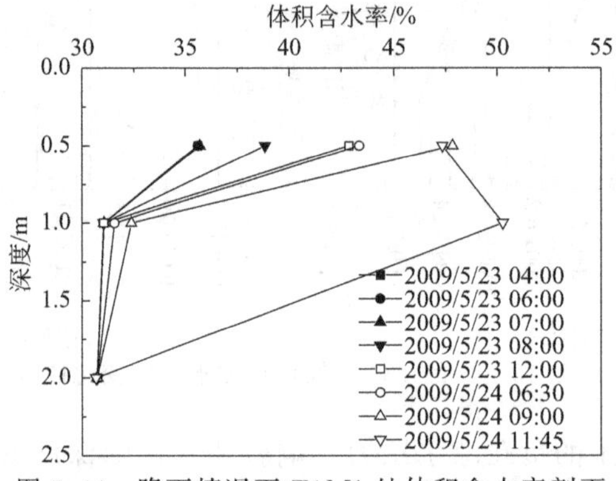

图 3.44　降雨情况下 T1M1 处体积含水率剖面

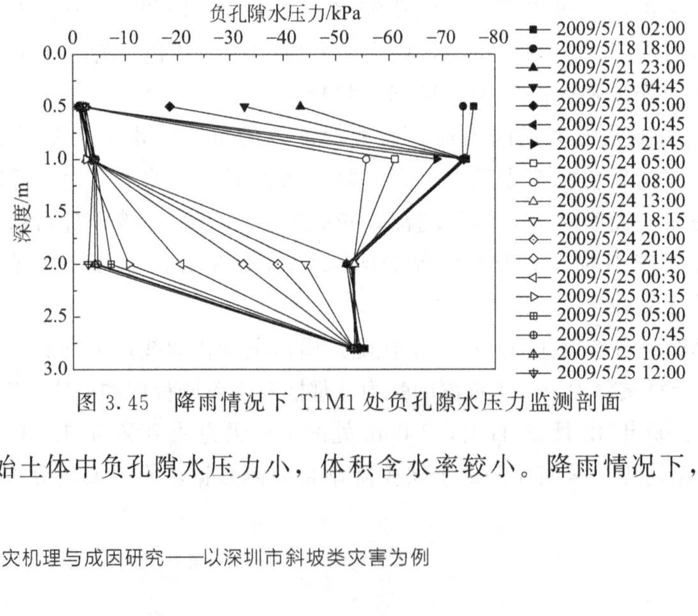

图 3.45　降雨情况下 T1M1 处负孔隙水压力监测剖面

① 开始土体中负孔隙水压力小，体积含水率较小。降雨情况下，浅层土中

体积含水率逐渐增加，负孔隙水压力逐渐增大，显示湿润锋逐渐向深度前进的动态过程。浅部 0.5m 处体积含水率先增加，随后是 1.0m 处值开始增加，湿润锋过后，浅部 0.5m 处体积含水率又开始减少。由于 2009 年 5 月 23～24 日连续两天日降雨量超过 110mm，最后降雨截止时间是 5 月 24 日 11:00，1.0m 处体积含水率达到饱和状态。

② 0.5m 处负孔隙水压力从－76kPa 逐渐增大到 0 值附近，1.0m 处变化情况滞后于 0.5m 处，但当湿润锋到达后，有一个突变过程，由－52kPa 直接增大到 0 值。由于降雨过程持续，之后 0.5m 和 1.0m 处值变化很小。2.0m 在 2009 年 5 月 24 日 13:00 之前，虽有强降雨出现，但湿润锋未达到该深度，该处负孔隙水压力值基本不变，后受湿润锋的影响，逐渐增大，但没有突变，表明此时段的降雨入渗对 2.0m 处负孔隙水压力值影响是渐变的。2.8m 处发生变化不明显，表明此次降雨深度应在 2.8m 左右。

图 3.46 和图 3.47 分别是 M2 和 T2 处降雨情况下体积含水率和负孔隙水压力剖面图，可以看出：

① 图 3.46 表明，浅部土体体积含水率受降雨影响先发生响应，越深变化越滞后。相同条件下，0.50m 处体积含水率由开始的较低值，先急速增加，后基本保持在一定水平。随着降雨时间的推进，1.00m 处体积含水率由开始缓慢增加，到后来的急速增加到近饱和状态，其启动时间滞后于 0.50m 处；湿润锋过后，浅部体积含水率开始减小。对于 2.05m 处，开始基本保持在初始体积含水率值，随着湿润锋逐渐下行，变化幅度由小变大，最终也达到与浅层土体一样的状态。该剖面详细描述了降雨入渗情况下不同深度土体降雨水文响应过程。

② 图 3.47 表明，未降雨时，负孔隙水压力逐渐减少，其值约为－48kPa；随着降雨强度和频率的增加，土体含水率增加，湿润锋面推进到地下深 0.50m 处的孔隙水压力快速变化，接近 0 值。2.05m 处和 2.96m 处变化滞后于表层，在降雨逐渐入渗的情况下，先后发生变化。由于降雨强大和持续时间久，最后各深度内孔隙水压力接近 0 值，表明 2.96m 深度内的土体处于相对饱和状态。此状态对边坡的稳定性非常不利。

由于 T3 张力计多个传感器出现故障，无法进行剖面分析。图 3.48 是 T3M3 处降雨情况下体积含水率剖面。0.50m 处体积含水率由开始的急速增大到基本稳定，变化频率快，表明浅层土体对外界变化比较敏感。1.00m、2.00m 和 2.90m 处的体积含水率都在逐渐增加，湿润锋达到后，体积含水率值开始变化。

图 3.50、图 3.52 为 2009 年 6 月 19～28 日持续小雨情况下负孔隙水压力在不同深度上的变化剖面图；图 3.49、图 3.51、图 3.53 为 2010 年 4 月 2～29 日持续小雨情况下体积含水率在不同深度上的变化剖面图。持续降雨情况下，体积含水率不断地增加，表层土体受外界影响明显，受降雨强度和蒸发等作用影响，

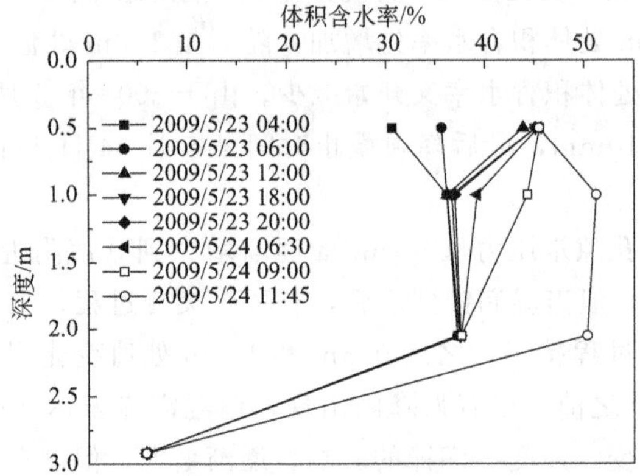

图 3.46　降雨情况下 T2M2 处体积含水率剖面

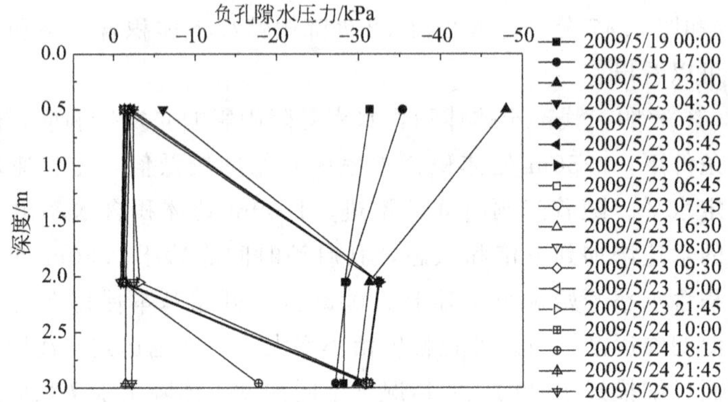

图 3.47　降雨情况下 T2M2 处负孔隙水压力剖面

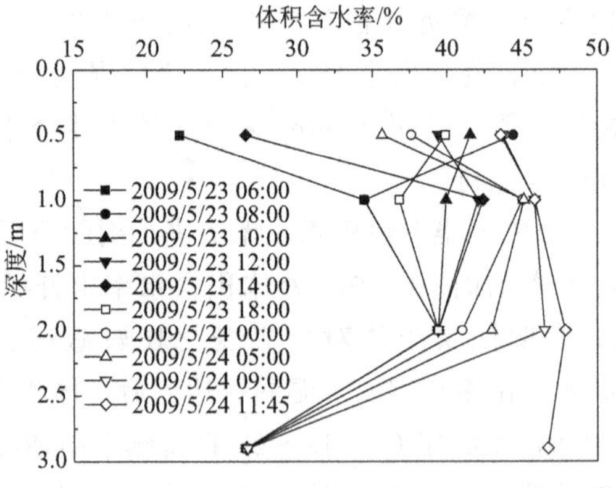

图 3.48　降雨情况下 T3M3 处体积含水率剖面

湿润锋过后，0.50m 处的值又开始减小；降雨量小的情况下，由于植被影响、土体蒸发等因素，并不能使负孔隙水压力增加，而是较大的累计降雨时，表层的负孔隙水压力发生瞬时的响应。表明对于植被发育的坡体，一定强度的降雨才能使表层土的负孔隙水压力发生变化，存在一个临界值。

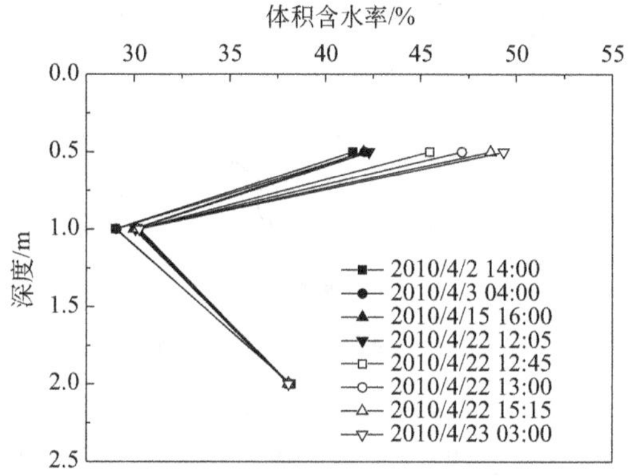

图 3.49 持续降雨情况下 T1M1 处体积含水率剖面

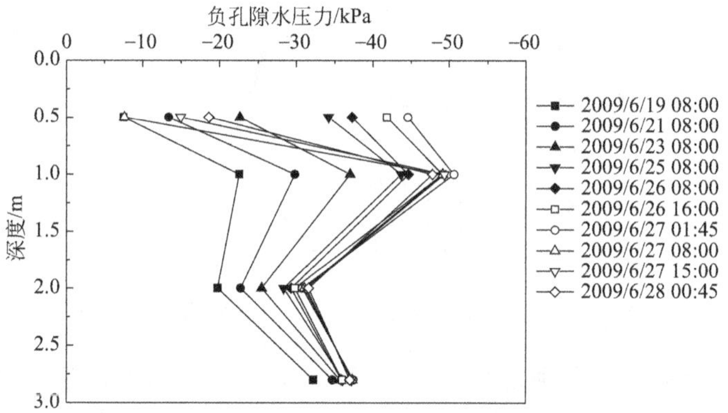

图 3.50 持续降雨情况下 T1M1 处负孔隙水压力剖面

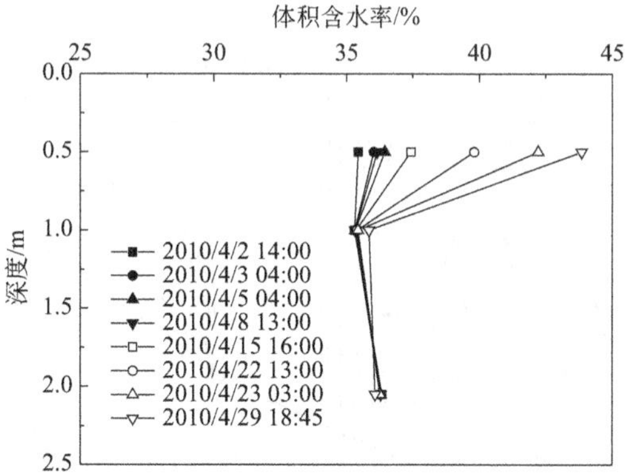

图 3.51 持续降雨情况下 T2M2 处体积含水率剖面

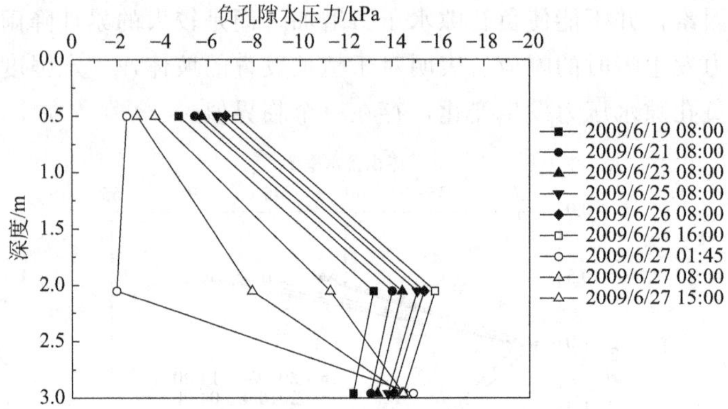

图 3.52 持续降雨情况下 T2M2 处负孔隙水压力剖面

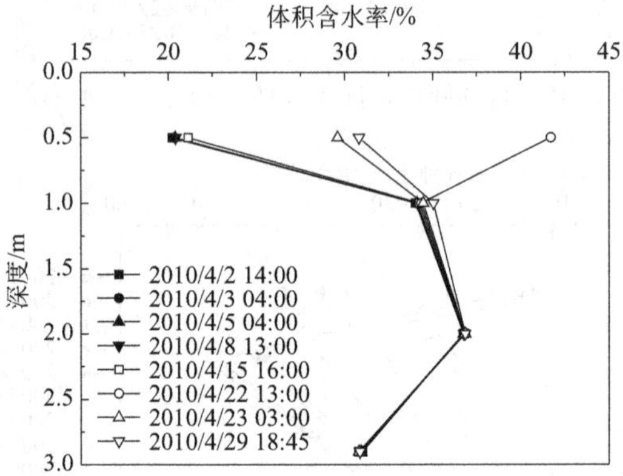

图 3.53 持续降雨情况下 T3M3 处体积含水率剖面

图 3.54～图 3.57 分别是 2009 年 4 月 26 日～5 月 22 日将近一个月没有降雨的情况下 T1M1 和 T2M2 处体积含水率剖面和负孔隙水压力剖面，从图中可以看出：

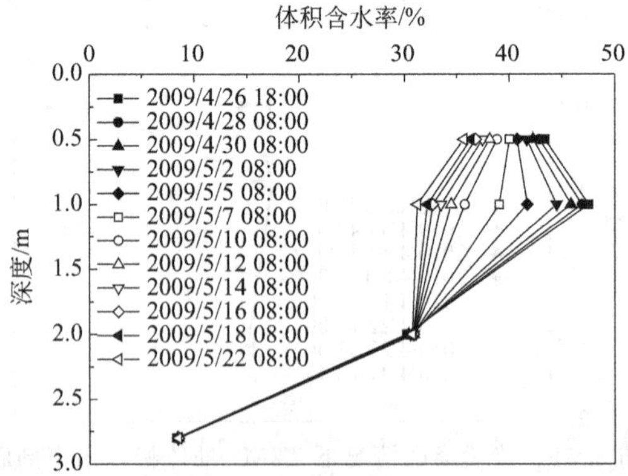

图 3.54 干旱脱水条件下平台 T1M1 处体积含水率剖面

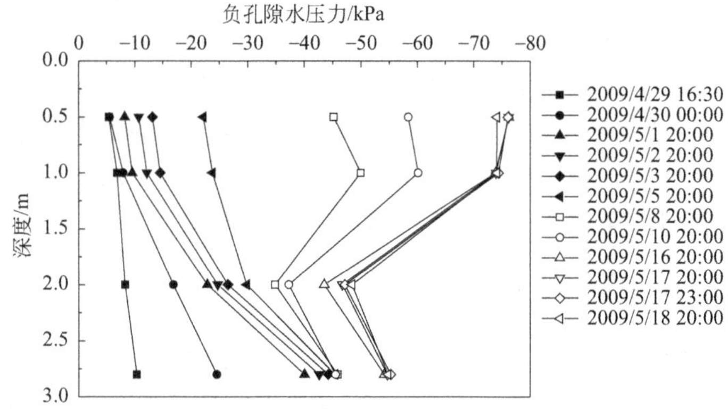

图 3.55　干旱脱水条件下平台 T1M1 处负孔隙水压力剖面

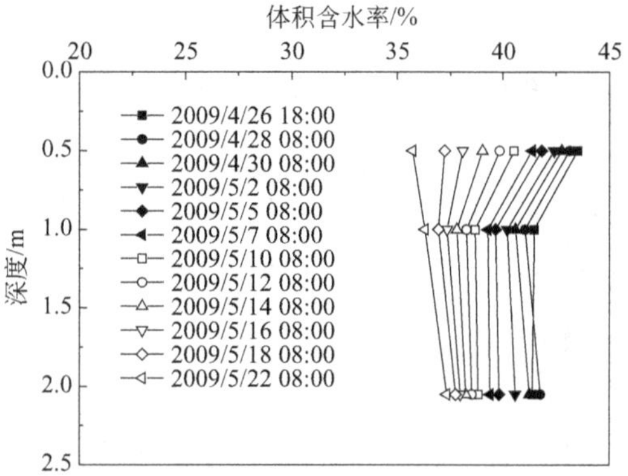

图 3.56　干旱脱水条件下平台 T2M2 处含水率剖面

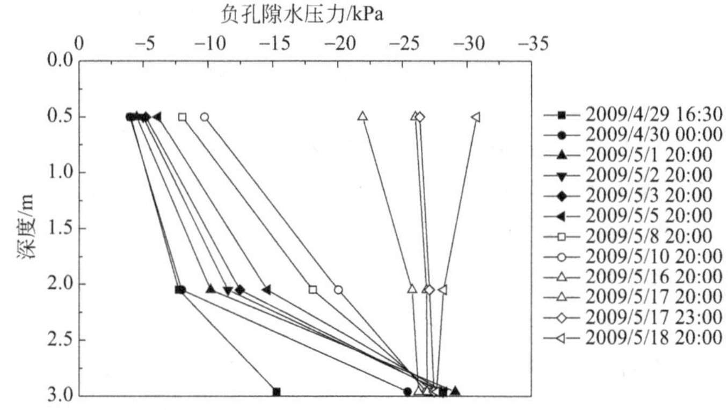

图 3.57　干旱脱水条件下平台 T2M2 处负孔隙水压力剖面

① 平台 T1M1 在 2.00m 以上的体积含水率有脱水现象发生，干旱脱水影响

的深度是 2.00m 附近，平台 T2M2 体积含水率的三个监测深度都有脱水现象发生，且随着深度的增加脱水量有所减少。

② 平台 T1M1 和平台 T2M2 四个监测深度负孔隙水压力均有所降低，但随着深度的增加，变化量减少，表明浅层受干旱的影响且大于深层的影响。

③ 负孔隙水压力剖面图和体积含水率剖面图都表明浅层基质吸力和体积含水率在干旱一个月内的反应快于深层，影响大于深层。

3.3.3.4 测斜仪监测数据分析

图 3.58 为测斜孔 IN1 的水平变形累计曲线，可以看出，该孔所监测到的水平位移随时间的增加而增大，最大达 73mm。在监测初期水平位移量较小，2010 年 8 月 30 日水平位移出现了明显变化，此时监测时间近 1 年，变形规律为近地表最大，随深度增加而逐渐减小，但根据变形曲线难以判断滑带深度。该处地形较陡，在降雨条件下，边坡土体发生变形。随着监测的继续，距地表 5～7m 深处，上下水平位移有明显差异，根据钻孔揭露岩心，该部位为坡残积土和强风化岩层的交界面。

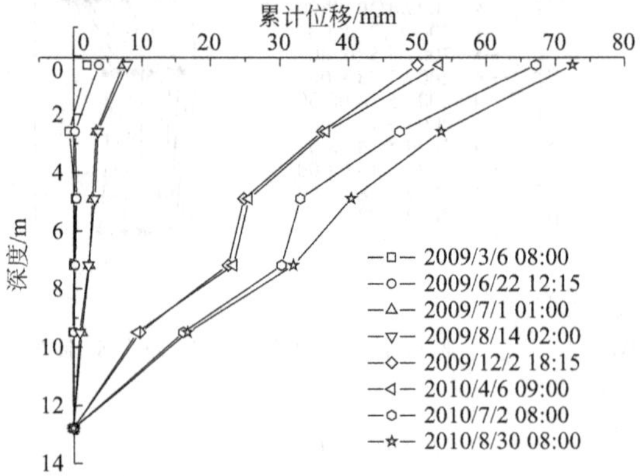

图 3.58 测斜孔 IN1 累计位移与深度的对应关系

图 3.59 为 IN2 的水平变形随深度变化的累计曲线，在深度 9～12m 和 2.6～5m 存在差异变形带，在 2.6m 处最大累积位移接近 10mm。测斜孔 IN3 位于自然斜坡下部、陡坎顶部，从图 3.60 可以看出，IN3 孔 A 向水平位移随时间的增加而增大，最大水平位移达 75mm。监测开始初期，水平位移量较小。从距地表深 5.2m 处到地表水平位移明显增大，出现位移突变的位置位于坡残积土和强风化岩交界面处。从图 3.61 可以看出，测斜孔 IN3 B 向在坡面下 5.2m 处位移较 A 向变化小，但相对位移明显变化，结合 A 和 B 向位移变化趋势，判定测斜孔 IN3 在距坡面 5.2m 处存在差异变形带。

测斜孔 IN4 位于自然斜坡下部西侧，其下方曾发生多次崩塌。从图 3.62 和

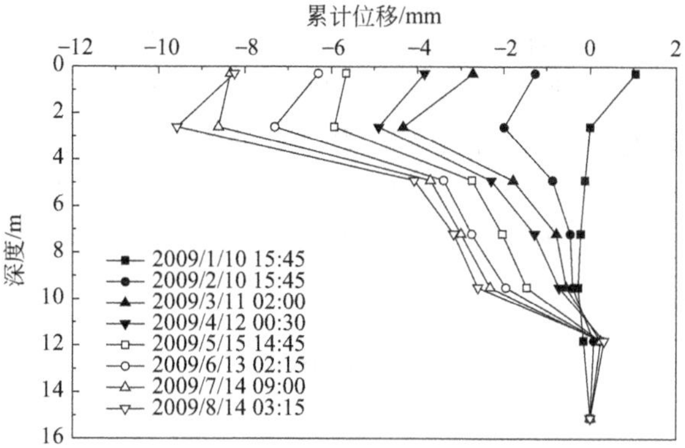

图 3.59　测斜孔 IN2 累计位移与深度的对应关系

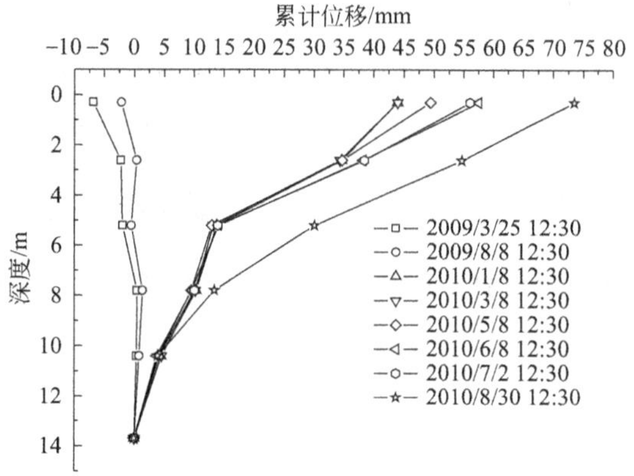

图 3.60　测斜孔 IN3 A 向累计位移与深度的对应关系

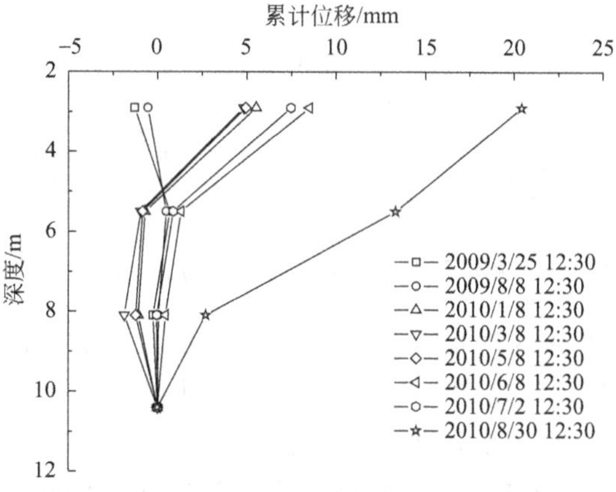

图 3.61　测斜孔 IN3 B 向累计位移与深度的对应关系

图 3.63 可以看出，IN4 孔 A 向和 B 向的水平位移随时间的增加而增大，A 向最大水平位移达 75mm，B 向最大位移约为 23mm。在监测初期水平位移量较小。结合 A 和 B 向位移监测曲线形态，可以判定 IN4 监测孔在 7.8m 附近存在一个不十分明显的差异变形带。根据钻探资料，此处为坡残积土和强风化岩的交界部位。由于该孔高程同 IN3 监测孔高程基本一致，结合 IN3 监测孔的分析，两孔所在坡体在距地面 5.0m 处存在一潜在变形带。但从监测曲线来看，可能破坏模式应为土质崩塌。

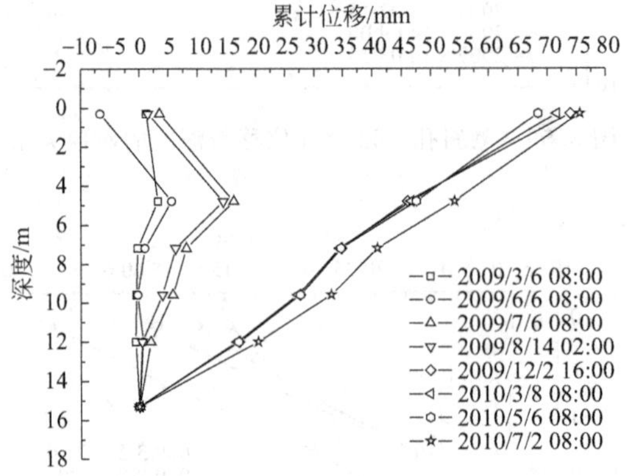

图 3.62　测斜孔 IN4 A 向累计位移与深度的对应关系

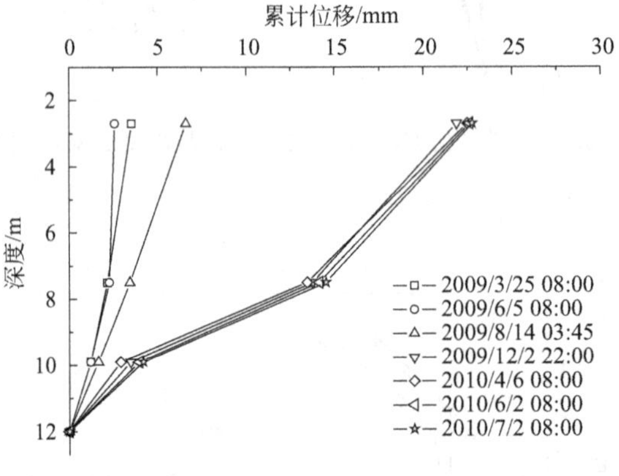

图 3.63　测斜孔 IN4 B 向累计位移与深度的对应关系

测斜孔 IN5 位于自然斜坡的东南侧，监测孔下方曾发生过滑坡，监测孔上方亦发生过多次变形。根据图 3.64 中 A 向监测曲线知，浅层的 2～3m 以及深部 10.5m 处都存在一个差异变形带。结合图 3.65 中 B 向监测曲线，深度 5.5～8.0m 之间存在一个差异变形带。A 向是早期变形的主方向，结合两者的分析结果，浅部 2～3m 深度的变形带可能是上部变形体的滑动面，10.5m 处是整个东南侧边坡的深部滑动面。后面的力学分析也表明了此处是整个边坡中最危险的部位。由于监测时间长，中间部分数据缺失，为便于数据分析，使曲线清晰，将合成位移分两个时段。

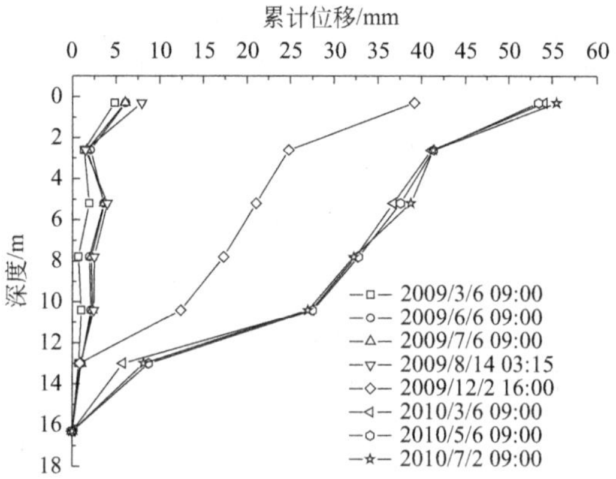

图 3.64　测斜孔 IN5 A 向累计位移与深度的对应关系

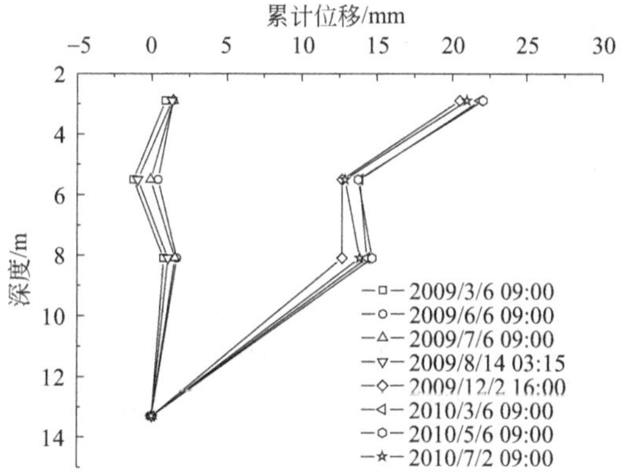

图 3.65　测斜孔 IN5 B 向累计位移与深度的对应关系

图 3.66 和图 3.67 分别为测斜孔 IN3 合成位移大小随着时间在降雨条件下的变化过程。随着深度的增加，合成位移变化越发不明显。2009 年 5 月 23～24 日的暴雨过后，直到 2009 年 8 月 1 日期间，5.35m 深处的合成位移大于 2.75m 的合成位移，表明该处的变形较大。在降雨作用下，不同埋深的监测位移值发生变化的值不一致，突变最明显的还是滑动面处的监测值。对图 3.67 来说，监测相对稳定后，浅部的位移变化值较深度的明显，尤其是在 2010 年 4～5 月的暴雨作用下，2.75m 深度处的变化较大。

图 3.68 和图 3.69 分别为测斜孔 IN4 合成位移降雨条件下变化过程。埋深 5.1m 和 2.4m 的 IN4-4B 和 IN4-5A 已损坏，不予考虑。在暴雨情况下，合成位

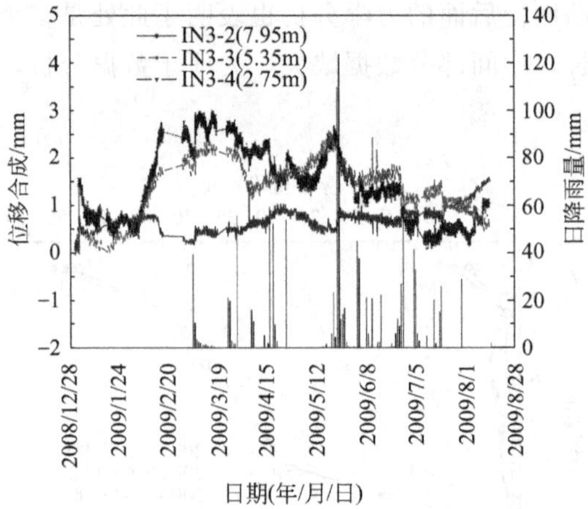

图 3.66　2008～2009 年测斜孔 IN3 合成位移

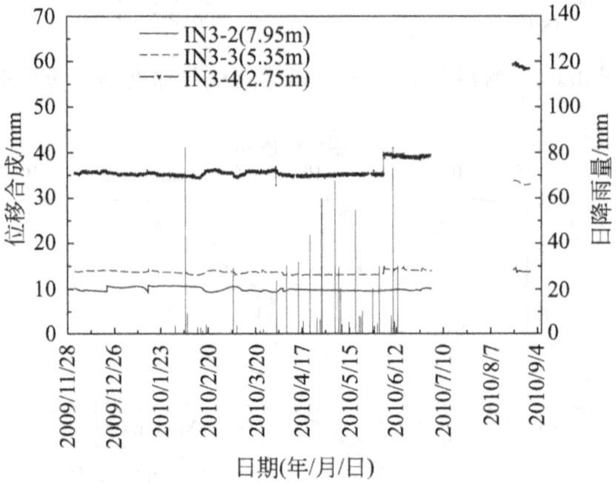

图 3.67　2009～2010 年测斜孔 IN3 合成位移

移会发生一定的突变，如 2009 年 3 月 20 日～7 月 1 日、2010 年 4 月 2 日～5 月 12 日，这些时段内的降雨都导致 IN4 监测的位移逐渐增加。这也与测斜孔 IN4 处坡体每年汛期都会出现不同程度崩塌相一致。

图 3.70 和图 3.71 分别为测斜孔 IN5 合成位移降雨条件下的变化过程。测斜孔 IN5 为监测变形体而布设的双向测斜，测斜 IN5-2B 出现故障，无合成位移。3～8m 间的合成位移总体表现为一直缓慢增加的趋势，最大变形值不到 4.5mm。在 2009 年 5 月 23～24 日的特大暴雨影响下，位移都有一定的变化，位移变化方向与模拟所揭示的位移矢量基本是一致的。

从上述测斜孔合成位移与日降雨量的相关性来看，IN3 在日降雨量 117.4mm、74mm 时，监测到坡体发生变形，IN4 在日降雨量 40mm、58mm、117.4mm、74mm 和 68mm 时，监测到坡体发生变形，而 IN5 在日降雨量 117.4mm 和 123.4mm 时，监测到坡体发生变形。值得指出的是，上述监测过程

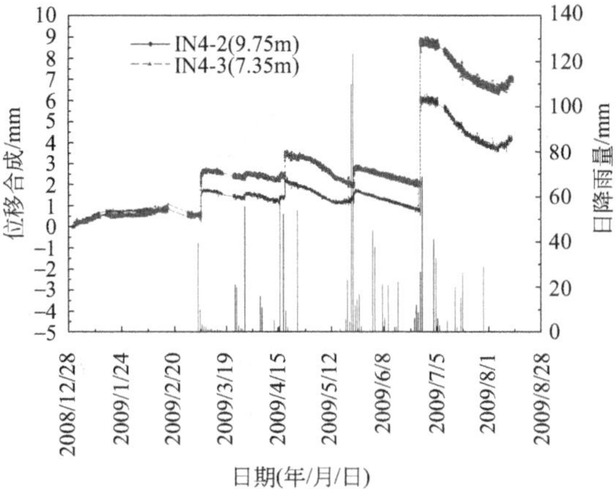

图 3.68　2008～2009 年测斜孔 IN4 合成位移

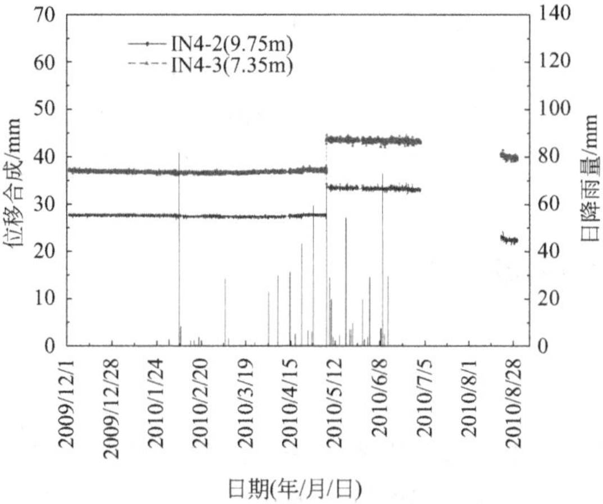

图 3.69　2009～2010 年测斜孔 IN4 合成位移

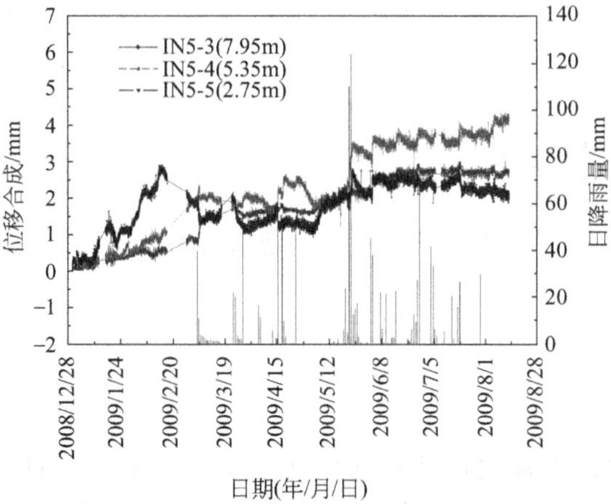

图 3.70　2008～2009 年测斜孔 IN5 合成位移

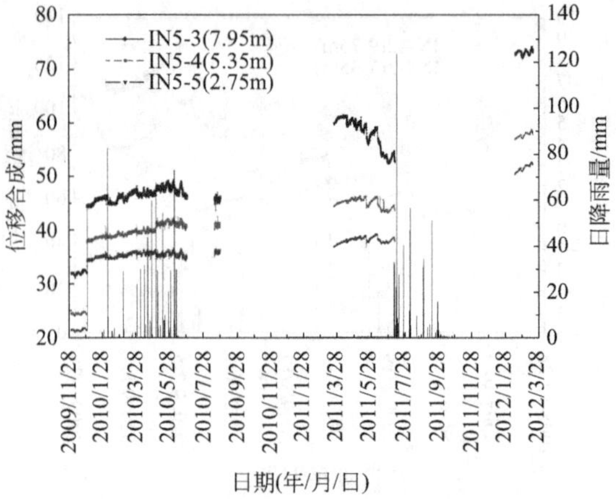

图 3.71　2009～2010 年测斜孔 IN5 合成位移

中出现变形的测斜孔均位于坡体前缘，而位于坡体中部和后部的测斜孔 IN1 和 IN2 在监测过程中均未发生明显变形迹象，因此大龙山边坡整体处于稳定状态，但前缘处于不稳定或临界稳定状态。综合发生变形时的日降雨量，可以考虑将 40mm/d 作为边坡变形的临界雨量，当然发生变形并不一定意味着边坡发生破坏。

3.4　边坡水文过程模拟

3.4.1　概述

降雨是地质灾害发生的激发因素之一。降雨入渗包括坡面入渗、裂隙入渗、浅层土体的垂直入渗、坡体内部渗流场等，入渗结果直接导致边坡土体基质吸力降低，隔水层上形成暂时性滞水、补给地下水等，影响边坡的稳定性。本节以 SEEP/W 软件为平台，分析 2009 年 5 月 17～28 日降雨时段内大龙山边坡水文过程。

3.4.2　水文地质概化模型

根据监测资料分析，结合现场调查及勘探资料，得到大龙山边坡水文地质概化模型（图 3.72）。

3.4.3　控制方程

水在非饱和中的渗流也服从达西定律，SEEP/W 中计算和显示的仅仅是达西流速，而实际的水流穿过土层的平均流速是线速度，线速度等于达西速度除以

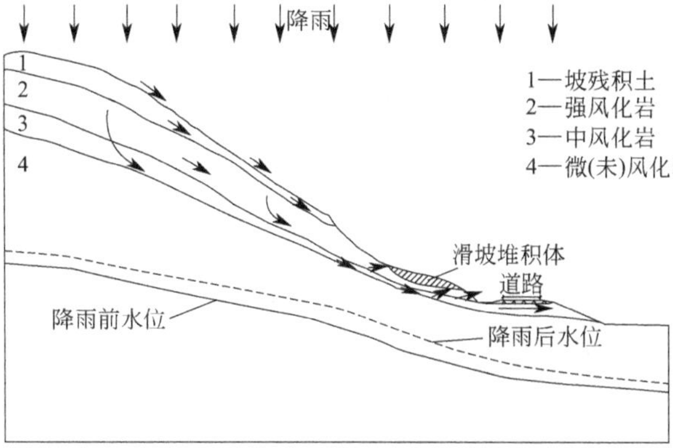

图 3.72 大龙山水文地质概化模型

土的孔隙率，在非饱和土中就是等于达西速度除以单位体积的含水率。非饱和土中渗流系数 K 不是一个常数，为基质吸力的函数，该函数称为导水率或渗透性函数。达西定律是多孔介质中流体流动的运动方程，质量守恒是物质运动和变化普遍遵循的原理，将质量守恒原理应用于多孔介质中的流体运动即为连续方程。达西定律和连续方程相结合便可导出水分在多孔介质中运动的基本方程。因此从水流的连续性条件和达西定律可以得到二维饱和-非饱和渗流控制方程：

$$\frac{\partial}{\partial x}\left[K_x(h)\frac{\partial H}{\partial x}\right]+\frac{\partial}{\partial z}\left[K_z(h)\frac{\partial H}{\partial z}\right]+Q=C(h)\frac{\partial H}{\partial t} \tag{3.1}$$

式中，H 为水头；x、z 为相对水平距离和高程；t 为时间；Q 为流量边界条件；$K_x(h)$、$K_z(h)$ 为水平方向和垂直方向的渗透系数，在渗流计算中假设渗透系数各向相等，即 $K_x(h)=K_z(h)=K(h)$；h 为用水头表示的基质吸力，当 $H<z$ 时，坡体处于非饱和阶段，如果 h 不超过设定的最大基质吸力 h_{max}，$h=z-H$，否则 $h=h_{max}$，当 $H\geqslant z$ 时，坡体处于饱和阶段，$h=0$；$C(h)$ 为比水容量，非饱和条件下为土水特征曲线（SWCC）中单位基质吸力的变化引起的含水率变化：

$$C(h)=-\frac{\partial\theta}{\partial h} \tag{3.2}$$

式中，$C(h)$ 为非饱和土的贮水能力；θ 为体积含水率。

3.4.4 三维计算模型

3.4.4.1 计算模型

图 3.72 是本次模拟的水文地质概化模型。现采用有限元分析程序 SEEP/W 基于此水文地质概化模型对大龙山边坡进行稳态和暂态的饱和-非饱和渗流计算。

图 3.73 为剖分后计算模型。整个模型左侧为山顶，东西两侧是分水岭，所以模型左侧边界选取山顶作为分水岭，这样既可以考虑降雨入渗全部来源，也易于确定水文边界条件。模型右侧边界选取坡下较平坦的空地处。

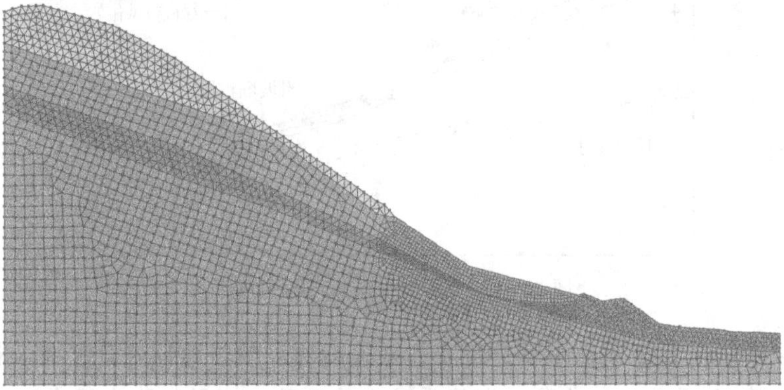

图 3.73　大龙山边坡计算模型

模型由上到下分为四层，依次为坡残积土层、强风化泥质岩、中风化泥质岩和微（未）风化泥质岩。坡脚滑坡堆积体厚度薄、范围小，且其主要成分来自边坡上部的坡残积土和强风化岩，便于计算，将其合并至强风化层中，这对计算结果影响不大。

计算模型选用三角形和四边形网格剖分。由于顶部坡残积土层和中风化层在坡脚部位厚度较薄，这两层采用三角形网格剖分，强风化层和微风化层采用四边形网格剖分。另外，由于滑坡堆积体部位厚度分布不均匀，对此附近的网格进行了局部加密，利于水文过程的显示。总体看来，剖分效果比较理想，能满足计算精度要求。

3.4.4.2　边界条件

模型的左侧边界为分水岭，从对称的角度出发，雨水在渗流过程中会以分水岭为界，分水岭两侧之间没有流量交换，因而在模型左侧边界设置 0 流量边界条件。模型底部边界同左侧边界，也设为 0 流量边界。

模型右侧边界选取较平坦的空地处，模型底部在微风化层中，该区地下水以基岩裂隙水为主，因而模型右侧边界设置为一固定水头值，高程为 70m。这样选取边界条件，计算过程中坡体水位受边界条件影响较小，有利于计算结果的准确性。

降雨模拟时，在坡面以降雨强度为标准施加流量边界且同时施加潜在渗透面边界。由于坡脚的道路为混凝土道路，降雨流量边界从坡顶到路边位置。计算过程中，当降雨强度小于边坡上方土体的入渗能力时，以降雨强度为流量边界条件；当降雨强度大于坡体上方土体的入渗能力时，如果继续使用降雨强度为流量条件，就会在坡体顶部产生较高的孔隙水压力与现实不符，这时潜在渗透面边界条件发挥作用，将边坡坡面边界条件设计为 0 水头边界条件，即认为超出入渗能力之外的雨水不在地表贮留，而是瞬时流走。

汛期降雨量差别较大，在瞬态渗流模拟中，降雨模拟施加的流量边界条件为 2009 年 5 月 17～28 日监测的日降雨量。选取的日降雨量中，开始值较小，5 月 17 日为 1.8mm，中间较大为 5 月 23 日的 110mm 和 5 月 24 日的 123.6mm，到后来 5 月 27 日的 17mm（图 3.74）。如此设定的流量边界条件，日降雨量与实际情况相符，每天内的降雨强度必须恒定假设，与实际 24h 降雨强度不同，这样做是为了便于程序迭代快捷和计算收敛，对计算结果影响不大。

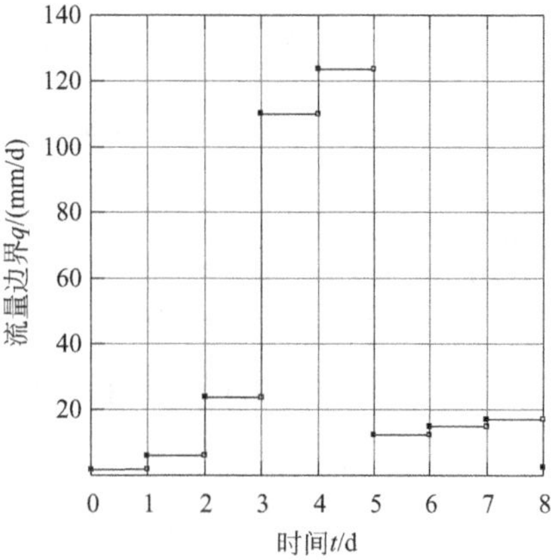

图 3.74　瞬态渗流降雨边界条件

3.4.4.3　计算参数

（1）饱和渗透系数和饱和体积含水率

坡残积土中的饱和渗透系数通过现场双环原位试验确定，其饱和体积含水率为室内试验所得。强风化岩、中风化岩饱和渗透系数和饱和体积含水率结合深圳大龙山的勘查、工程类比，根据经验确定（表 3.4）。

表 3.4　利用渗压计监测结果计算微风化岩饱和渗透系数

编号		P2	P5	P6	P7	P8	P9	P10
压力/kPa	2008/12/30	62.3	32.45	147.06	116.61	39.85	90.9	155.39
	2009/8/14	35.17	7.92	127.54	97.79	30.53	85.37	146.7
水位下降/m		2.713	2.453	1.952	1.882	0.932	0.553	0.868
渗透系数/(m/s)		1.39×10^{-7}	1.26×10^{-7}	1×10^{-7}	9.64×10^{-8}	4.77×10^{-8}	2.83×10^{-8}	4.45×10^{-8}

多位学者[106,130] 曾利用孔隙水压力消散时间的延迟来计算坡体内渗压计埋设位置处的渗透系数。在满足其计算条件情况下，本节采用此方法获取渗压计埋设地层处的饱和渗透系数。根据其计算原理，结合大龙山边坡地下水位变化实际情况：大龙山边坡岩性为泥质岩，钻探过程中所用泥浆及磨碎的岩屑对钻孔周围岩体裂隙进行充填，导致其孔隙水压力消散较慢，延迟时间较长。因此，借助原位渗透试验的计算方法对 Hvorslev[130]、Dixon 和 Bromhead[106] 的做法进行简化，简化后渗透系数计算公式为：

$$K_{sat}=\frac{\Delta H}{\Delta t} \tag{3.3}$$

根据渗压计监测结果的分析，从 2008 年 12 月 30 日至 2009 年 8 月 14 日，共计 226d，渗压计变化情况和每个渗压孔处的饱和渗透系数详见表 3.4。计算出微风化岩饱和渗透系数平均值为 8.03×10^{-8}m/s，即是 6.93×10^{-3}m/d（表 3.5）。

表 3.5　渗流模拟计算参数表

参数	坡残积土	强风化	中风化	微风化
饱和渗透系数 K_{sat}/(m/d)	0.272	5	1	0.00693
饱和体积含水率 θ_{sat}/%	45	30	25	10

（2）土水特征曲线和渗透系数函数

各层的土水特征曲线基于 Fredlund & Xing 法，各层的渗透系数方程是基于饱和渗透系数和土水特征曲线采用 Fredlund & Xing 法得出。在计算饱和渗透系数和土水特征曲线时，根据现场监测到的最大负孔隙水压力为－85kPa，将函数中最大基质吸力设为 85kPa。

3.4.4.4　初始条件

瞬态渗流场计算中，初始水位条件是必要条件。在计算降雨模拟瞬态流时需要确定初始地下水位，主要通过初始条件下稳态计算得到。

根据深圳国家基本气象站 1953～2008 年的资料统计，深圳市年平均降水量为 1942.5mm，日平均降雨量为 5.3mm。初始条件计算时，则选用 5.3mm/d 作为流量边界条件进行稳态计算，其地下水位线作为瞬态流的初始地下水位条件（图 3.75）。

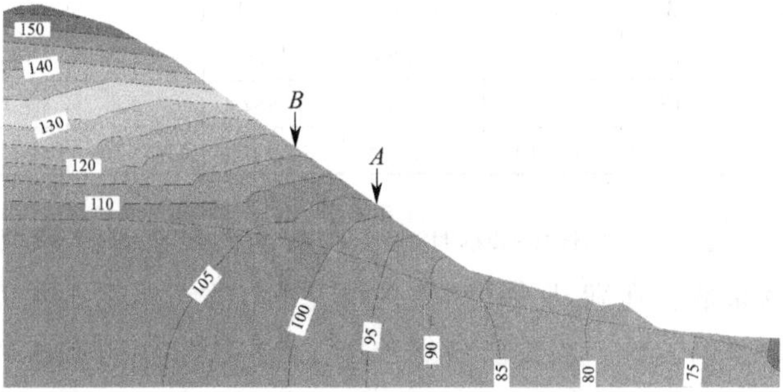

图 3.75　渗流计算初始地下水位

为便于分析降雨条件下的边坡饱和-非饱和水文响应过程，在研究区设置了 A、B 两个监测断面。图 3.76 和图 3.77 为分别为计算出的 A、B 两个断面初始条件下的饱和-非饱和孔隙水压力分布图。从图中看出，孔隙水压力随高程基本上呈线性变化。静水压力场随高程的增加而线性增加，土层的负孔隙水压力有一定的极限值，当负孔隙水压力达到一定值后，随着高程的增加，变化幅度甚微，基本为一定值，约为－85kPa，此结果与现场监测值基本吻合。从某种程度上说，初始状态的模拟结果合理，证明本次建立模型、设定边界条件的正确性，选用参数的合理性。

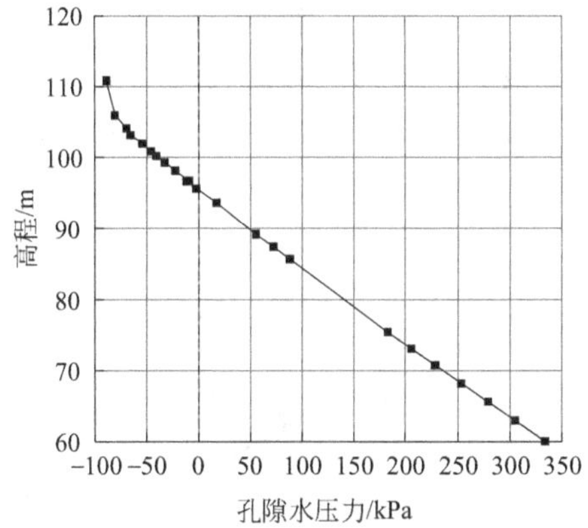

图 3.76　断面 A 初始饱和-非饱和孔隙水压力分布图

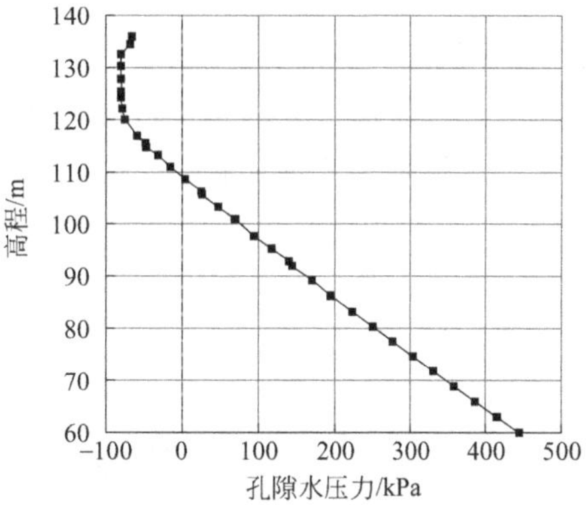

图 3.77　断面 B 初始饱和-非饱和孔隙水压力分布图

3.4.5　水文过程模拟分析

在高度非线性问题的求解过程中，可以通过渗透系数-吸力图来判断收敛情况。迭代过程中，图 3.78 表明从两次迭代过程中，就是 i 和 $i+1$，获取数据点的两类渗透系数图。第一系列点对应于给定的基质吸力和自定义渗透系数方程在 i 次迭代后生成每个高斯点渗透系数值；第二系列点对应于 $i+1$ 迭代结束时，新的基质吸力和自定义渗透系数方程生成每个高斯区域的渗透系数。如果迭代有压力差，迭代不收敛；反之，如果压力不发生变化，两个系列点就完全重合。图 3.78 表明本次模拟计算过程中迭代是收敛的。

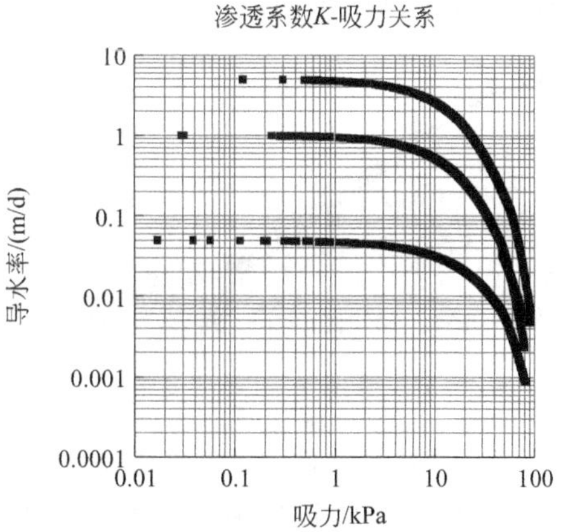

图 3.78　渗透系数收敛示意图

3.4.5.1 速度矢量

渗流矢量线方向代表该点的渗流方向，大小代表该点的渗透速率。图 3.79 中显示，降雨 2d 后，雨水在整个坡面和强风化岩内开始垂直坡面入渗，降雨强度低，矢量线大小不明显。但由于坡脚处堆积体渗透系数大，下部是中风化岩渗透系数相对小，短时间内降雨坡脚处出现少量渗透水流汇集，并向低处流动。

图 3.80 显示的是第 1 场大暴雨（5 月 23 日）后降雨入渗速度矢量图。由于前期降雨量小，渗流矢量线小；而该次降雨强度大，坡面上渗流矢量线长，渗透速率大，矢量箭头方向垂直坡面，并且入渗矢量线之间是相互平行的。由于降雨初期，土体处于非饱和状态，降雨强度小于饱和渗透系数，入渗能力强。

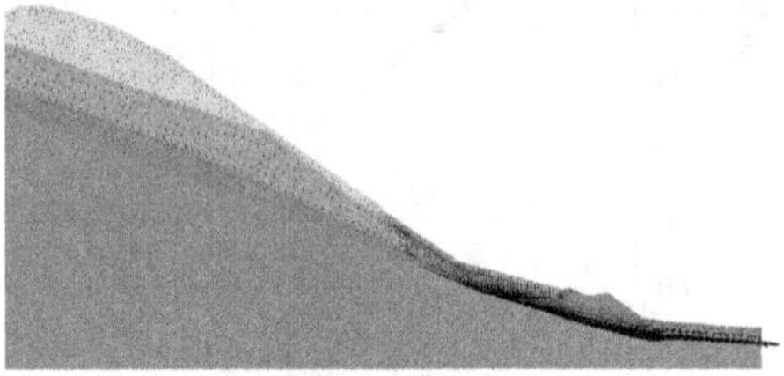

图 3.79 降雨 2d 后速度矢量图

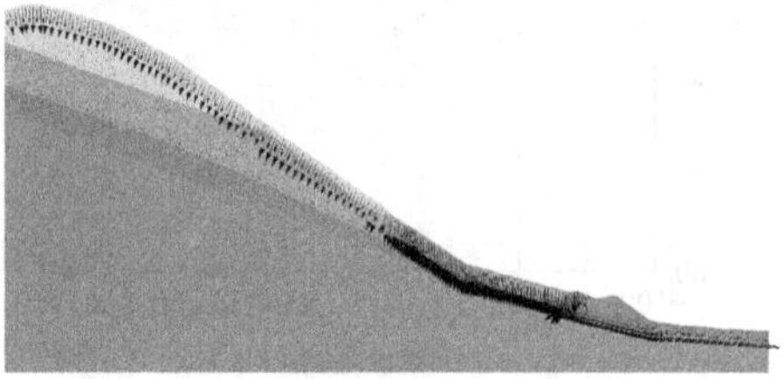

图 3.80 降雨 3.5d 后速度矢量图

图 3.81 是第 2 场大暴雨（5 月 24 日）后降雨入渗速度矢量图。此次降雨强度超过第 1 场暴雨，通过矢量箭头可以显示出来。*bc* 段能保持较强的入渗能力，而 *ab* 段土层厚，渗透系数小，坡体内已经出现水平渗流分量，坡面渗流矢量线方向出现交叉情况，表明降雨强度已经超过土体的入渗能力，出现了坡面径流或表层土体内部水平向渗流。

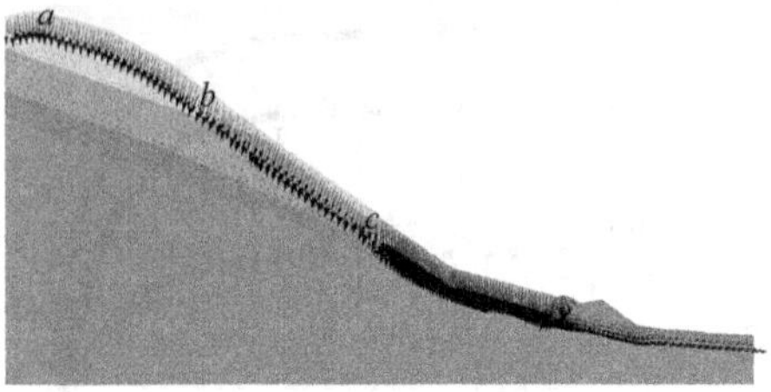

图 3.81 降雨 4.5d 后速度矢量图

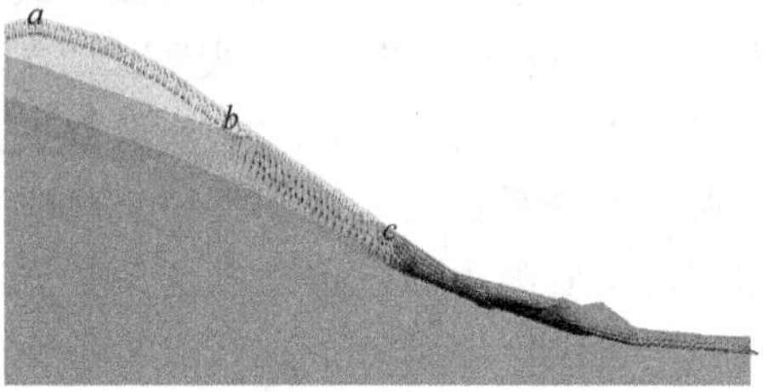

图 3.82 降雨 5.5d 后速度矢量图

图 3.82 是降雨 5.5d 后速度矢量图，顶部 *ab*、*bc* 段坡残积土层厚度差别较大，*ab* 段厚，*bc* 段较薄，且坡残积土层渗透系数小于强风化岩层渗透系数。同样的降雨强度和持续时间下，*bc* 段内降雨首先渗透到强风化岩中，之后强风化岩中渗流速率明显增大。在重力场作用下，进入强风化岩的渗流方向由开始的垂直岩层方向转为竖直方向。

图 3.83 是降雨 8d 后速度矢量图，坡顶 *ab* 段竖向渗透仍在土体中进行，而 *bc* 段渗透水流已达到强风化岩与中风化岩交界面，由于渗透系数的差异，渗透不能沿交界面继续入渗，降雨不断补给，使得渗透水流开始沿中风化岩层面向下渗透，矢量线方向开始向右下方偏转，堆积体处的矢量线方向由竖直方向变为平行于坡面方向（见局部放大图）。

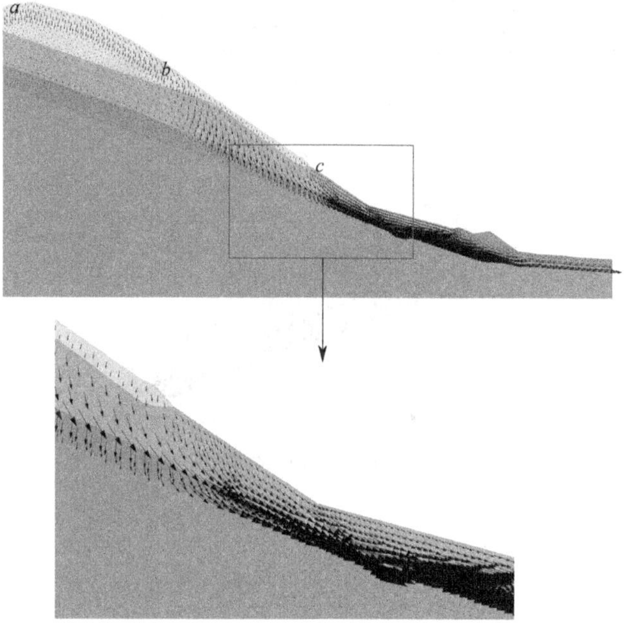

图 3.83　降雨 8d 后速度矢量图

图 3.84 是降雨 12d 后强风化和中风化岩交界面处已经形成了一定的渗透水流，持续强降雨补给情况下，交界面以下岩层的渗透系数低，不能及时排泄补给的渗透水流，就会在交界面上形成暂时性滞水，这对边坡的稳定性不利。同时，由于存在暂时性滞水，使得强风化层内水有一定水头，开始向中风化岩层缓慢入渗，入渗方向由开始的垂直中风化层面变为倾斜方向，到最后平行于中风化岩交界面。中风化层在 *bc* 段内开始向微风化岩入渗。由于两者渗透系数差别大，这个过程进展比较缓慢。由于微风化岩渗透系数小，降雨入渗过程并不能对坡体地下水位的变化产生明显的影响，其变化幅度较小。

为了进一步分析降雨停止后，坡体内渗流场变化情况，模拟过程中，将分析时间延长到第 24 天。图 3.85 可以看出，*ab* 段缓慢入渗仍在进行，并在中风化层形成了平行于岩层的矢量线；*bc* 段下面的渗流主要发生在强风化岩层底部和中风化岩层底部，方向平行于岩层方向，速率逐渐变大。经过较长时间后，最终通过模型右边界处排泄掉，随着时间增加排泄量呈明显增加趋势，直到坡体渗流场相对稳定为止。

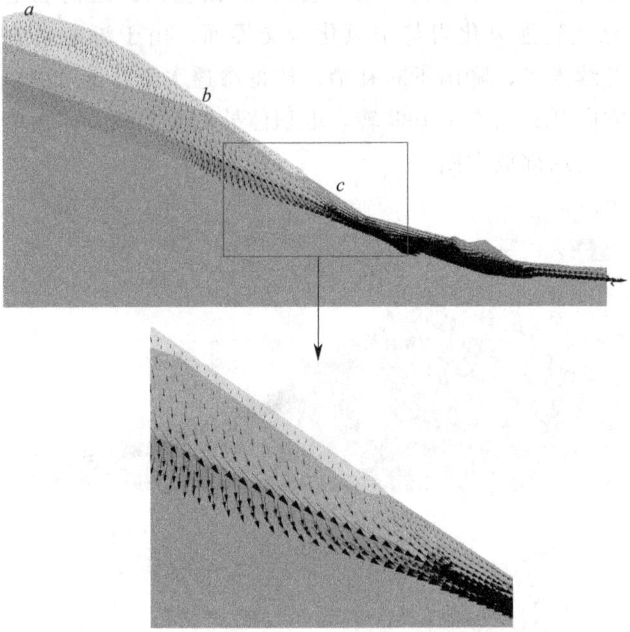

图 3.84　降雨 12d 后流速矢量线图

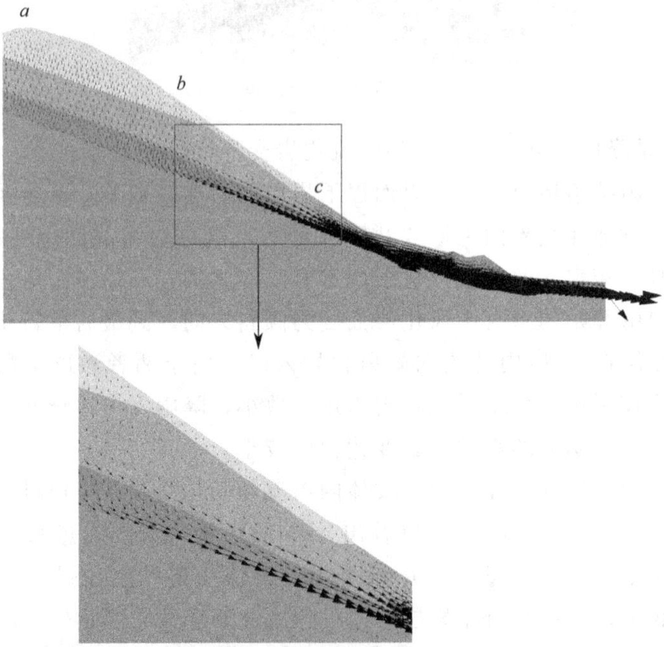

图 3.85　降雨 24d 后流速矢量线图

3.4.5.2 孔隙水压力变化

降雨过程中，岩土体内孔隙水压力发生了相应的变化，主要分析模型中 A 和 B 两个断面上孔隙水压力随时间的变化情况。0d 对应最初开始小雨状态 2.6mm/d；3d 对应模拟中第一场大暴雨，降雨量为 110mm/d；4d 对应模拟中第二次大暴雨，降雨量为 123.6mm/d；7d 对应降雨量为 17mm/d；12d 是降雨停止 4d 后时间点。

从图 3.86 和图 3.87 可以看出，降雨之前坡残积土内基质吸力很大，大约为 85kPa。降雨条件下，孔隙水压力逐渐升高，两场暴雨过后，坡顶孔隙水压力接近到 0 值。此时基质吸力最小，根据前面监测曲线分析，此时最易发生浅层崩塌或滑坡灾害。降雨强度减弱，浅层土体易受外界条件影响，7d 和 12d 的孔隙水压力开始减小，基质吸力逐渐增大。从分析中看出，降雨对边坡的影响，主要体现在基质吸力的变化方面，深圳地区的浅层滑坡和崩塌都与降雨过程中的基质吸力降低有很大关系。

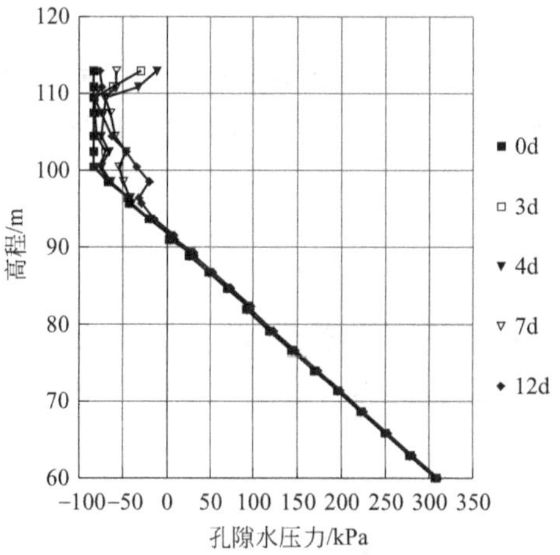

图 3.86 A 断面孔隙水压力随时间变化图

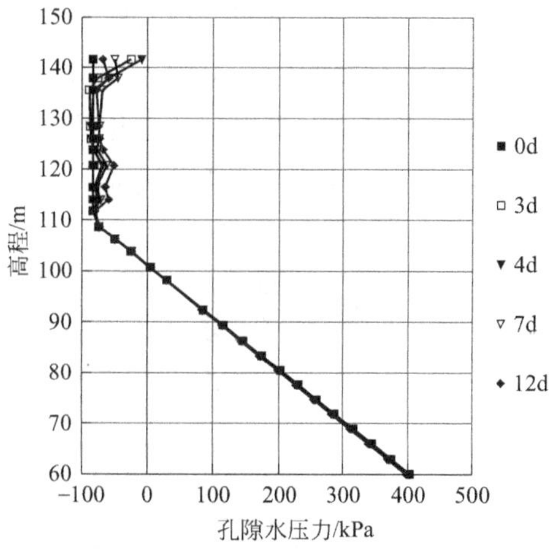

图 3.87 B 断面孔隙水压力随时间变化图

3.4.5.3 地下水位变化

图 3.88 是整个模拟过程中前 9 天的地下水位变化过程。坡体内部微风化岩水位变化不明显，坡脚处微风化岩中地下水位变化相对明显，在 0～2.5m 之间波动。根据前面的矢量分析，其波动主要原因有：一是滑坡堆积体较松散，渗透系数大，有利于地下水位的上升；另一个原因是坡体内的渗流沿强风化岩和中风

化岩层面向坡脚处渗透，而坡脚处中风化岩层由厚变薄，导致渗透水流在此汇集、抬升。渗压计 P4 监测到的快速水文响应过程就是由此原因造成。

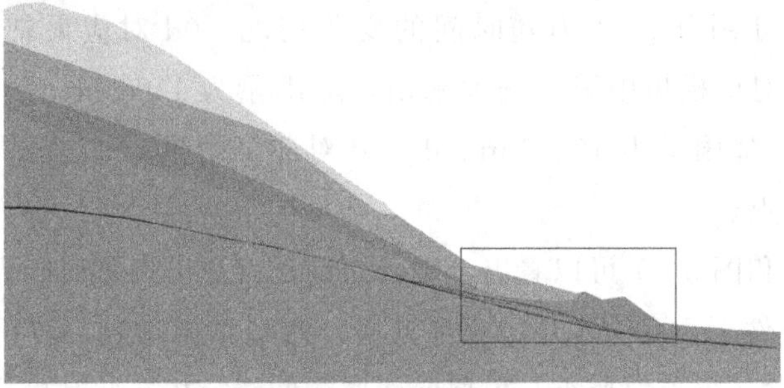

图 3.88　整个模拟过程中水位变化图

从 0 天开始到第 2 天，降雨强度小、时间短，坡脚处地下水位上升幅度小。第 3 天的降雨量 110mm 和第 4 天的降雨量 123.6mm，降雨强度较大，在上述原因存在的情况下，从理论上讲，地下水位上升幅度应该最大，但由于降雨在岩土体内渗透需要一定时间，而实际上升幅度最大时间是在第 6 天（图 3.89）。到第 8 天，降雨量为 2.6mm，之后降雨基本停止，但坡内土壤水的垂向补给导致地下水位逐渐升高。受周期性变化的降雨入渗补给的影响，地下水位也呈周期性变化，并且对降雨过程具滞后效应。

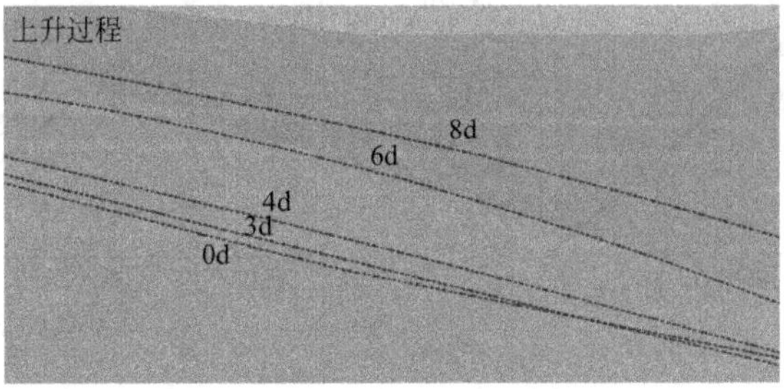

图 3.89　连续降雨下地水位上升过程图

图 3.90 表明降雨停止 2d 和 4d 后，分别为第 10 天和第 12 天，该处的地下水位不断呈下降趋势。经分析，大龙山边坡坡体内部地下水位埋藏较深，在降雨等情况的影响下，只是在坡脚位置处地下水位发生小幅度的变化，没有上升到坡体上部坡残积土内，所以，大龙山边坡发生的崩塌或滑坡灾害与地下水位上升无显著关联。

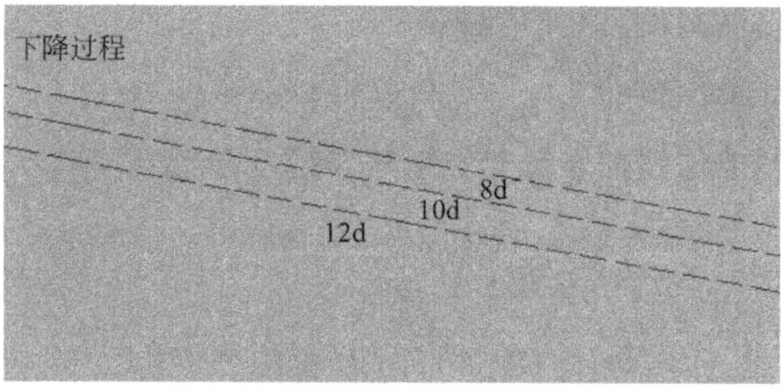

图 3.90　雨停之后地下水下降过程图

3.5　降雨作用下边坡稳定性分析

3.5.1　FLAC 计算原理

三维快速拉格朗日法是一种基于三维显式有限差分法的数值分析方法，它可以模拟岩土或其他材料的三维力学行为。三维快速拉格朗日分析将计算区域划分为若干单元，每个单元在给定的边界条件下遵循指定的线性或非线性本构关系，如果单元应力使得材料屈服或产生塑性流动，则单元网格可以随着材料的变形而变形，这就是所谓的拉格朗日算法，这种算法非常适合于模拟大变形问题。三维快速拉格朗日分析采用了显式有限差分格式来求解场的控制微分方程，并应用了混合单元离散模型，可以准确地模拟材料的屈服、塑性流动、软化直至大变形，尤其在材料的弹塑性分析、大变形分析以及模拟施工过程等方面有其独特的优势。

三维快速拉格朗日法使用了以下三种计算方法：①离散模型方法。连续介质被离散为若干互相连接的单元，作用力均被集中在节点上。②有限差分方法。变量关于空间和时间的一阶导数均用有限差分来近似。③动态松弛方法。应用质点运动方程求解，通过阻尼使系统运动衰减至平衡状态。

(1) 空间导数的有限差分近似

三维快速拉格朗日法采用了混合离散方法，区域被划分为常应变单元的集合体，而在计算过程中，程序内部又将每个单元分为常应变四面体的集合体，变量均在四面体上进行计算，单元的应力、应变取值为其内四面体的体积加权平均。

如图 3.91 所示的四面体，节点编号为 1～4，第 n 面表示与节点 n 相对的面，设其内任一点的速率分量为 v_i，则可由高斯公式得：

$$\int_v v_{i,j}\,\mathrm{d}V=\int_S v_i n_j\,\mathrm{d}S \tag{3.4}$$

式中，V 为四面体的体积；S 为四面体的外表面积；n_j 为外表面的单位法向量分量。对于常应变单元：

$$v_{i,j}=-\frac{1}{3V}\sum_{l=1}^{4}v_i^l n_j^{(l)}S^{(l)} \tag{3.5}$$

式中，上标 l 表示节点 l 的变量；(l) 表示面 l 的变量。

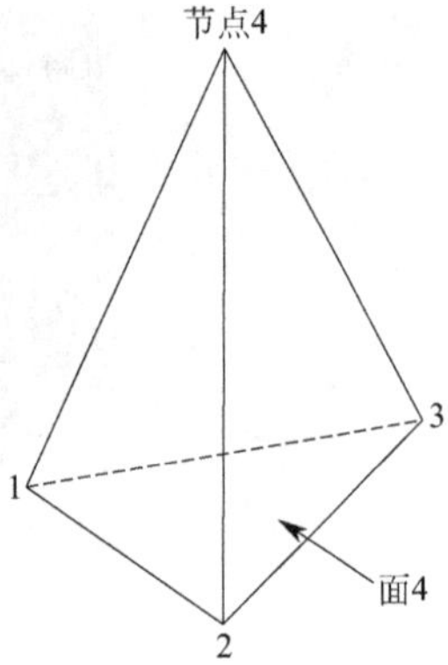

图 3.91　四面体

(2) 运动方程

三维快速拉格朗日法以节点为计算对象，将力和质量均集中在节点上，然后通过运动方程在时域内进行求解。节点运动方程可表示为如下形式：

$$\frac{\partial v_i^l}{\partial t}=\frac{F_i^l(t)}{m^l} \tag{3.6}$$

式中，$F_i^l(t)$ 为在 t 时刻 l 节点的在 i 方向的不平衡力分量，可由虚功原理导出；m^l 为 l 节点的集中质量，在分析动态问题时采用实际的集中质量，而在分析静态问题时则采用虚拟质量以保证数值稳定，对于每个四面体，其节点的虚拟质量为：

$$m^l=\frac{a_1}{9V}\max\{[n_i^{(i)}s^{(l)}]^2,i=1,3\} \tag{3.7}$$

式中，$a_1=K+4/3G$，K 为体积模量；G 为剪切模量。式(3.6) 的前提是计算时步 $\Delta t=1$。

任一节点的虚拟质量为包含该节点的所有四面体对该节点的贡献之和。将上式左端用中心差分来近似，则可得到：

$$v_1^l\left(t+\frac{\Delta t}{2}\right)=v_1^l\left(t-\frac{\Delta t}{2}\right)+\frac{F_i^l(t)}{m^l}\Delta t \tag{3.8}$$

(3) 应变、应力及节点不平衡力

三维快速拉格朗日法由速度来求某一时步的单元应变增量：

$$\Delta\varepsilon_{ij}=\frac{1}{2}(v_{i,j}+v_{j,i})\Delta t \tag{3.9}$$

有了应变增量，即可由本构方程求出应力增量：

$$\Delta\sigma_{ij}=H_j(\sigma_{ij},\Delta\varepsilon_{ij})+\Delta\delta_{ij} \tag{3.10}$$

式中，H_j 为已知的本构方程；$\Delta\sigma_{ij}$ 为大变形情况下对应力所作的旋转修正：

$$\Delta\delta_{ij}=(\omega_{ik}\sigma_{kj}-\sigma_{ik}\omega_{kj})\Delta t \tag{3.11}$$

其中 $\omega_{ik}=\frac{1}{2}(v_{i,j}-v_{j,i})$。

各时步的应力增量叠加即可得到总应力，然后由虚功原理求出下一时步的节点不平衡力。每个四面体对其节点不平衡力的贡献可如下计算：

$$p_i^l=\frac{1}{3}\sigma_{ij}n_j^{(l)}s^{(l)}+\frac{1}{4}\rho b_i V \tag{3.12}$$

式中，ρ 为材料密度；b_i 为单位质量体积力。任一节点的节点不平衡力为包含该节点的所有四面体对该节点的贡献之和。

得到节点不平衡力后即可进入下一时步的计算。

(4) 阻尼力

对静态问题，三维快速拉格朗日法在式(3.6) 的不平衡力中加入非黏性阻尼以使系统的振动逐渐衰减直至达到平衡状态（即不平衡力接近零）。此时式(3.6) 变为：

$$\frac{\partial v_i^l}{\partial t}=\frac{F_i^l(t)+f_i^l(t)}{m^l} \tag{3.13}$$

阻尼力为：

$$f_i^l(t)=-\alpha\left|F_i^l(t)\right|\mathrm{sign}(v_i^l) \tag{3.14}$$

其中，α 为阻尼系数，其默认值为 0.8。

$$\mathrm{sign}(y)=\begin{cases}+1 & (y>0)\\ -1 & (y<0)\\ 0 & (y=0)\end{cases} \tag{3.15}$$

(5) 计算循环

三维快速拉格朗日法的计算循环如图 3.92 所示。可以看出，无论是动态问题，还是静态问题，三维快速拉格朗日法均由运动方程用显式方法进行求解，这使得它很容易模拟动态问题，如振动、失稳、大变形等。对显式法来说，非线性本构关系与线性本构关系并无算法上的差别，对于已知的应变增量，可很方便地求出应力增量，并得到不平衡力，就同实际中的物理过程一样，可以跟踪系统的演化过程。此外，显式法不形成刚度矩阵，每一步计算所需计算机内存很小，使用较少的计算机内存就可以模拟大量的单元，特别适于在微机上操作。在求解大变形过程中，因每一时步变形很小，可采用小变形本构关系，只需将各时步的变形叠加，即得到了大变形。这就避免了通常大变形问题中推导大变形本构关系及其应用中所遇到的麻烦，也使它的求解过程与小变形问题一样。

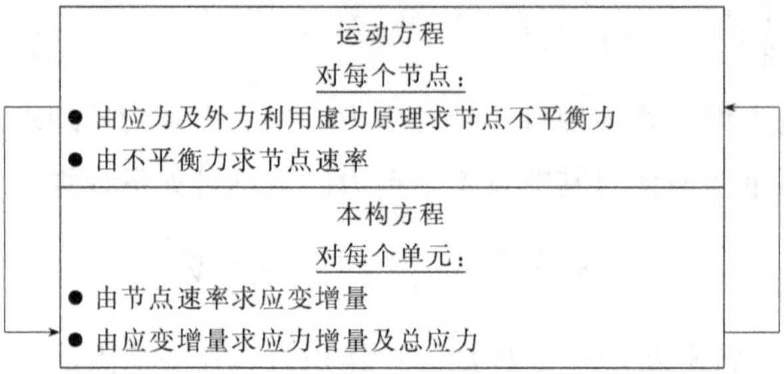

图 3.92　计算循环

根据上述原理分析，FLAC 3D 软件能较好地模拟地质材料在达到强度极限或屈服极限时发生的破坏或塑性流动力学行为，特别适用于分析渐进破坏和失稳以及模拟大变形。它包含了 10 种弹塑性材料的本构模型，包括静力、动力、蠕变、渗流、温度五种计算模式，且各种模式间可以互相耦合，可以模拟多种结构形式，如岩体、土体或其他材料实体（梁、锚杆、桩、壳）以及人工结构，如支护、衬砌、锚索、土工织物、摩擦桩、板桩、界面单元等，因此可以模拟复杂的岩土工程或力学问题。

3.5.2　强度折减法

边坡安全稳定性评价方法有两种：一种是极限平衡法；另一种是强度折减法。强度折减法首先由 Zienkiewicz 等[131] 提出，通过逐渐减小抗剪强度参数，同时按照式(3.16) 和式(3.17) 除以折减系数 F_s，得到一组新的强度指标 c'、φ'进行数值计算分析，反复计算直至边坡达到临界状态，此时岩土体原有的强度指标与采用的强度指标之比即为该边坡的安全系数。

$$c'=c/F_s \tag{3.16}$$

$$\varphi'=\arctan[(\tan\varphi)/F_s] \tag{3.17}$$

式中，c'为折减后土体虚拟的黏聚力；φ'为折减后土体虚拟的内摩擦角。

使用强度折减法不仅可以得出滑坡的稳定性系数，不需要假设滑动面的形状，而且还可以得到滑坡各单元的应力和变形情况，得到岩土体的塑性区域，给出破坏面的位置。数值分析中的抗剪强度折减系数和极限平衡中定义的滑坡稳定系数在本质上是一致的，强度折减法与极限平衡法相比有很多优点，如临界滑面可以自动搜索；力矩和力的平衡条件能够自动满足；计算过程中，程序能随时中断与进行；随时改变计算参数与边界条件，能够对复杂地形地貌和地质结构的边坡进行稳定分析，而且能够考虑岩土体的本构关系和支挡结构与坡体的相互作用，因而在边坡稳定分析中获得了越来越广泛的应用[132]。

强度折减法的原理十分简单，但在实际应用中存在的关键问题是临界状态的判别准则。目前主要有四类原则：①特征点的位移法；②结构面某一幅值的广义剪应变的贯通；③计算不收敛；④结构面塑性区贯通。

由于 FLAC 3D 软件内置了基于强度折减原理求解安全系数的程序，本节计算主要利用该功能自动强度折减计算安全系数并搜索临界状态滑面。根据不同降雨情况下，土体抗剪强度参数的变化情况，计算不同时间点的边坡安全系数，并对潜在的滑动区域及变形等情况进行分析。自动强度折减后，发现边坡处于临界状态时，其滑动范围内的滑带塑性区和剪切应变增量带贯通。因此，本节主要通过塑性区和剪切应变增量带贯通来对边坡进行稳定性评价。

3.5.3 非饱和土强度理论

3.5.3.1 Mohr-Coulomb 准则

Mohr-Coulomb 抗剪强度表达为滑面上法向总应力的线性函数，后又把它改写成更普遍的形式，即：

$$\tau_f = c + \sigma\tan\varphi \tag{3.18}$$

根据 Terzaghi 的有效应力概念，土体内的剪应力仅能由土体的骨架所承担，土体抗剪强度理应表示为剪切面上法向有效应力的函数。因此，饱和土体 Mohr-Coulomb 强度准则的表达式为：

$$\sigma' = \sigma - u_w \tag{3.19}$$

$$\tau_f = c' + \sigma\tan\varphi' = c' + (\sigma - u_w)\tan\varphi' \tag{3.20}$$

式中，τ_f 为破坏面上的剪应力；c'为有效黏聚力；σ 和 σ'为破坏面上总法向应力和有效法向应力；u_w 为破坏面上的水压力；φ'为有效内摩擦角。

饱和土体 Mohr-Coulomb 强度准则［式(3.20)］的破坏包线是二维平面内的一直线，代表破坏条件下的一系列 Mohr 圆的公切线，其斜率为 $\tan\varphi'$，在剪应力上的截距为有效黏聚力 c'。

3.5.3.2 非饱和土破坏准则

（1）非饱和土强度理论

非饱和土分布广泛，几乎所有的岩土工程都会遇到非饱和土强度问题，因此研究非饱和土强度是近年来岩土工程中所遇到的迫切问题。非饱和土性质较饱和土复杂。首先，水气交界面的表面张力，使孔隙中的水与气具有不同的压力，并且孔隙水压力常常为负值；其次，孔隙气压力与负孔隙水压力的同时出现使土的有效应力不再等于粒间压力，从而使饱和土的有效应力原理在非饱和土力学中的可行性需要重新评价。非饱和土的强度公式不能简单地从饱和土推广得到，而必须建立其特有的强度公式。目前提出的比较有代表性的非饱和土强度理论有以下两个。

① Bishop 非饱和土抗剪强度公式。20 世纪 60 年代，Bishop 基于适用于饱和土的 Mohr-Coulomb 有效应力破坏准则，提出了非饱和土抗剪强度的有效应力公式：

$$\tau_f = c' + [(\sigma - u_a) + \chi(u_a - u_w)]\tan\varphi' \tag{3.21}$$

式中，τ_f 为非饱和土的抗剪强度；σ 为法向总应力；u_a 为孔隙气压力；u_w 为孔隙水压力；χ 为非饱和土有效应力参数，其值介于 0 和 1 之间。由于 Bishop 公式中的参数 χ 测定困难，有不少学者对它的正确性持怀疑态度，认为 Bishop 公式既未从理论上加以论证，也未在试验中加以充分检验。

② Fredlund 非饱和土抗剪强度公式。非饱和土力学通常取净应力（$\sigma - u_a$）和基质吸力（$u_a - u_w$）作独立的应力状态变量，所以要求抗剪强度也应表示成这两个应力状态变量的函数，提出了关于这两个状态变量的非饱和土抗剪强度公式：

$$\tau_f = c' + (\sigma - u_a)\tan\varphi' + (u_a - u_w)\tan\varphi^b \tag{3.22}$$

式中，c'为 Mohr-Coulomb 破坏包线的延伸与剪应力轴的截距，在剪应力轴处的净法向应力和基质吸力均为零，也称为有效黏聚力；σ 为法向总应力；u_w 为孔隙水压力；u_a 为孔隙气压力，大多数实际工程问题中，孔隙气压力等于大气压力（即 $u_a = 0$）；φ'为与净法向应力状态变量（$\sigma - u_a$）有关的内摩擦角；φ^b 表示抗剪强度随基质吸力（$u_a - u_w$）而增加的速率。

在提出这一理论的初期，曾假设 φ^b 对于一种土体为常数，但近年来大量试验资料证明 φ^b 对于一个固定的土样也并非是常数，而是随着基质吸力的变化而变化。Fredlund 收集了所测得的各种土的典型 φ^b 值，结果表明，φ^b 往往小于或等于内摩擦角 φ'。土体的 φ^b 说明了抗剪强度随基质吸力的增加而增加的情况。

Fredlund 建议的非饱和土抗剪强度公式是 Mohr-Coulomb 饱和土抗剪强度公式的延伸。当土体饱和时，孔隙水压力等于孔隙气压力，自然就过渡到饱和土抗剪强度公式。非饱和土体引申的 Mohr-Coulomb 抗剪强度准则的破坏包面，可能是三维空间中的一个平面（图 3.93）。

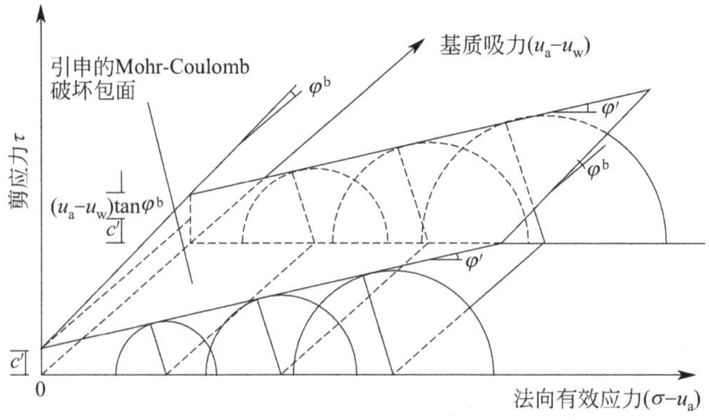

图 3.93　非饱和土引申的 Mohr-Coulumb 破坏包面[73]

（2）“总黏聚力”法

考虑基质吸力对非饱和土抗剪强度影响时，Fredlund[73] 提出了一个线性抗剪强度公式。在式(3.22) 基础上，认为非饱和土中总黏聚力 c_t 按下式表示：

$$c_t=c'+(u_a-u_w)\tan\varphi^b \tag{3.23}$$

则有：

$$\tau_f=c_t+(\sigma-u_a)\tan\varphi' \tag{3.24}$$

Vanapalli[133] 提出了 φ' 和 φ^b 的关系式：

$$\varphi^b=\arctan\left(\frac{\theta-\theta_r}{\theta_s-\theta_r}\tan\varphi'\right) \tag{3.25}$$

$$S_e=\frac{\theta-\theta_r}{\theta_s-\theta_r}\leqslant 1 \tag{3.26}$$

式中，θ、θ_r、θ_s 分别为土体入渗后的体积含水率、土体饱和体积含水率和土体残余含水率，m^3/m^3；S_e 是土体有效饱和度；其余参数同上。

Fredlund 的抗剪强度理论包含了基质吸力对抗剪强度的贡献，但是由于基质吸力的复杂性和测试的难度，不少学者认为该理论在工程上很难得到广泛的应用。卢肇钧院士[134] 曾撰文指出：由于基质吸力测试难度，使得 Fredlund 的非饱和土强度理论至今仍停留在一些大学和研究所的实验室里。但如果知道土体内体积含水率和基质吸力，分别根据式(3.25) 和式(3.23)，可分别求出对应的 φ^b 和饱和土体的抗剪强度。本书依照这个思路，结合现场土体基质吸力和体积含水率监测结果，考虑不同时刻基质吸力变化对土体强度的影响，计算边坡的稳定性，得出相应的安全系数值，分析边坡的变形破坏机理。

3.5.4 降雨情况下大龙山边坡稳定性模拟

3.5.4.1 基本假定

① 根据大龙山边坡地下水位监测情况知，地下水埋藏较深，不会影响到坡体上部土体的稳定性，本次模拟不考虑地下水位的影响。

② 降雨期间，降雨强度和持续时间是均匀的；每层岩土体力学性质是一致的。

③ 土体中孔隙气压力为零。

④ 土体可视为理想弹塑性体，服从摩尔-库仑强度屈服准则。

3.5.4.2 模型的建立及边界条件设定

在消除边界效应的原则下，充分考虑边坡的具体形态特征、客观的水文地质条件，建立计算模型（图 3.94）。该模型的坐标系采用直角坐标系，*XOY* 平面取为水平面。在水平面上，东西向（*X* 轴方向）为－229.60m，并规定向东为正；南北向（*Y* 轴方向）为 110m，并规定向北为正；铅直方向（*Z* 轴方向）为 170m，铅直方向向上为正。坐标系原点取在模型基底的右下角。模型共有 42611 个单元、48178 个节点。由于岩土体参数不同，每次计算过程中循环步不同。

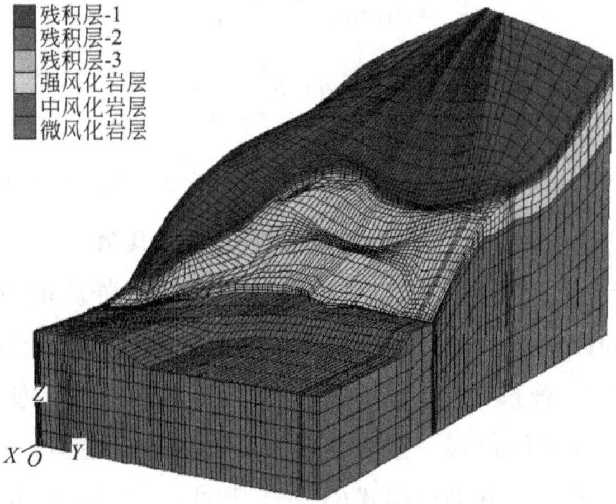

图 3.94　大龙山边坡三维计算模型

边界条件的设置采用模型周边侧向约束，不允许水平方向位移，底面约束允许铅直方向变形，底面采用固定支座，四面采用可动支座边界条件。

3.5.4.3 模拟过程

降雨会影响到坡体内的孔隙水压力、土体强度、边坡安全系数等，使边坡发生变形破坏甚至产生滑动。各种变量之间相互影响，其主要关系如图 3.95。本次分析没有进行流固耦合计算，而是将降雨对土体力学参数影响结果值代入程序进行强度折减计算。

本次数值模拟过程主要包括自然状态、饱和状态及其他 8 个降雨过程。前两个状态抗剪强度参数分别取大直径直剪试验结果和强风化岩参数的反演结果，其他参数则选取降雨时段内土体基质吸力和体积含水率监测结果值，根据 Fredlund 非饱和土抗剪强度公式，求出对应的有效饱和度、φ^b 以及每土层的增加黏聚力值、土体总黏聚力值。由于黏聚力是不连续的函数，需确定每层土的总黏聚力值，然后分别赋予各坡残积土层中，最后采用 FLAC 3D 进行强度折减及重力场情况下的变形计算，求相应安全系数和位移值。

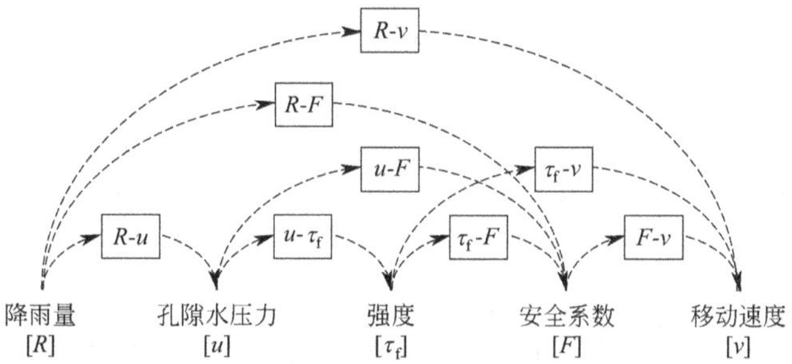

图 3.95 边坡对降雨的动力响应分析示意图[135]

3.5.4.4 参数计算

模拟过程中，材料模型是取决于两个弹性常数，即体积模量（K）和剪切模量（G）。根据勘查报告中提供的参数和相关经验值，根据式(3.27）和式(3.28）由变形模量 E 和泊松比 μ 可得到 K 和 G。根据边坡岩土体组成、物理力学性质及分析研究的需要，将计算模型概化为 6 层，其中为考虑降雨入渗对土体参数的影响，将坡残积土层进行细化，平均分成 3 层。模拟过程中计算参数取值见表 3.6 和表 3.7。

$$K=\frac{E}{3(1-2\mu)} \tag{3.27}$$

$$G=\frac{E}{2(1+\mu)} \tag{3.28}$$

表 3.6　自然状态和饱和状态参数表

类别	变形模量/MPa	重度/(kN/m³)	泊松比 μ	天然状态		饱和状态	
				c/kPa	φ/(°)	c'/kPa	φ'/(°)
坡残积土	50	17.2	0.33	34.5	32	8.6	33
强风化	80	20	0.28	25	35	4.6①	36①
中风化	6000	22	0.25	150	40		
微风化	10000	25	0.22	500	50		

① 表示强风化岩饱和参数反演值。

注：1. 土体不考虑抗拉强度值；中风化岩和微风化岩抗拉强度分别为 0.5MPa 和 3MPa。

2. 坡残积土饱和容重为 19.5kN/m³。

表 3.7　降雨条件下土体参数计算结果一览表

编号和名称	埋深/m	计算工况							
		工况 1	工况 2	工况 3	工况 4	工况 5	工况 6	工况 7	工况 8
		2009/5/23 04:45	2009/5/23 05:00	2009/5/23 10:45	2009/5/24 08:00	2009/5/24 13:00	2009/5/24 21:45	2009/5/25 05:00	2009/5/25 12:00
T1-1	0.5	−32.780	−18.510	−1.100	−1.540	−1.100	−1.500	−2.350	−1.890
M1-1		0.356	0.356	0.430	0.440	0.460	0.445	0.438	0.438
Se-1		0.690	0.690	0.880	0.900	0.950	0.910	0.890	0.900
φ^b		24.146	24.145	29.623	30.292	31.663	30.673	30.143	30.196
C_t		23.294	16.899	9.227	9.497	9.280	9.488	9.964	9.701
T1-2	1.0	−74.03	−74.00	−73.73	−55.75	−2.41	−3.42	−4.15	−3.83
M1-2		0.310	0.310	0.310	0.316	0.482	0.478	0.475	0.474
Se-2		0.580	0.580	0.580	0.590	1.010	1.000	0.990	0.980
φ^b		20.511	20.509	20.500	20.982	33.151	32.885	32.673	32.588
C_t		36.297	36.281	36.166	29.981	10.174	10.813	11.262	11.051
T1-3	2.0	−52.860	−52.991	−52.992	−53.360	−53.493	−32.502	−7.164	−2.775
M1-3		0.307	0.307	0.307	0.307	0.307	0.308	0.326	0.346
Se-3		0.570	0.570	0.570	0.570	0.570	0.571	0.620	0.660
φ^b		20.243	20.243	20.240	20.248	20.201	20.295	21.782	23.342
C_t		28.092	28.142	28.139	28.283	28.283	20.620	11.460	9.795
T2-4	2.90	−54.100	−54.100	−54.130	−53.580	−53.480	−37.000	−11.000	−4.001
M3-4		0.2655	0.2654	0.2653	0.2665	0.2689	0.2760	0.2960	0.3350
Se-4		0.460	0.460	0.460	0.470	0.470	0.490	0.540	0.640
φ^b		0.301	0.301	0.301	0.303	0.307	0.318	0.351	0.414
C_t		24.889	24.885	24.883	24.822	25.001	20.374	12.457	10.256
C_{t1}	0-1	23.294	16.899	9.227	9.497	9.280	9.488	9.964	9.701
C_{t2}	1-2	32.195	32.211	32.153	29.132	19.228	15.716	11.361	10.423
C_{t3}	2-2.9	26.491	26.514	26.511	26.552	26.642	20.497	11.959	10.026

注：表中各参数的单位，张力计 T 值（kPa）；总黏聚力 C_t(kPa)；φ^b(°)；水分计 M 和有效饱和度 Se（%）。

本次模拟计算降雨时段从 2009 年 5 月 22～25 日（图 3.96）。参数计算中，以 T1M1 平台处 0.50m、1.00m 和 2.00m 的孔隙水压力和体积含水率监测数据为主；2.80m 处，该两项数据基本变化较小，则分别以 T2M2 平台 2.92m 处的孔隙水压力值和 T3M3 平台 2.90m 处体积含水率进行计算。计算中土体的残余含水率取 0.07。第一层土取 0.50m 处监测结果计算值，其余两层土取上下层计算结果平均值作为该层的计算值。计算参数结果见表 3.7，渗流参数见表 3.6。模拟中考虑降雨入渗对上部坡残积土的力学参数影响，计算过程模拟中，土体有效内摩擦角保持不变，中风化岩和微风化岩参数保持不变。根据 *A*—*A*′剖面图，靠近临空面部位坡残积土层厚度较均等，自然斜坡顶处土体厚度较大，且没有明显变形，该区域不是本书重点研究区域。

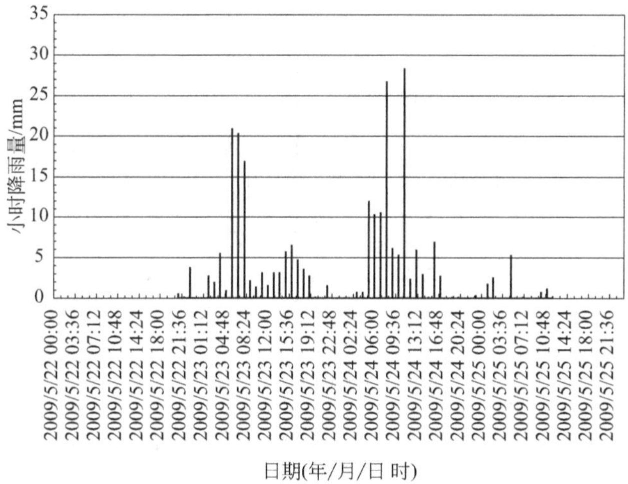

图 3.96 计算中选取的小时降雨分布图（2009/5/22～25）

3.5.5 模拟结果分析

3.5.5.1 安全系数变化

自然状态选降雨之前的时间点；饱和状态为降雨后土体体积含水率达到饱和的时间点。经计算分析，边坡安全系数值随降雨情况的变化结果见图 3.97。由图 3.97 可以看出，随着降雨时间和强度上的变化，边坡安全系数值呈逐渐减小的趋势。但由于降雨强度和持续时间不同，安全系数变化的速率也不相同。如 5 月 23 日 4:45 降雨强度较大，4:45 至 5:00 期间，安全系数有明显的降低；

5:00 至 10:45 降雨强度减弱，安全系数下降速率缓慢，安全系数保持在 1.6 附近；当 5 月 24 日日降雨量达到 123.6mm，两场强降雨间隔时间短，5 月 24 日之后安全系数呈现了急速下降的趋势，直至边坡出现不稳定状态。整个模拟过程中，安全系数变化范围由 1.89 降至 0.98，表明降雨入渗是影响边坡稳定的最直接影响因素。其主要原因是降雨入渗导致土体基质吸力降低，土体抗剪强度降低。同时也可以看出，对于同一类型边坡，降雨强度和持续时间不同，其对边坡稳定性影响也不同。

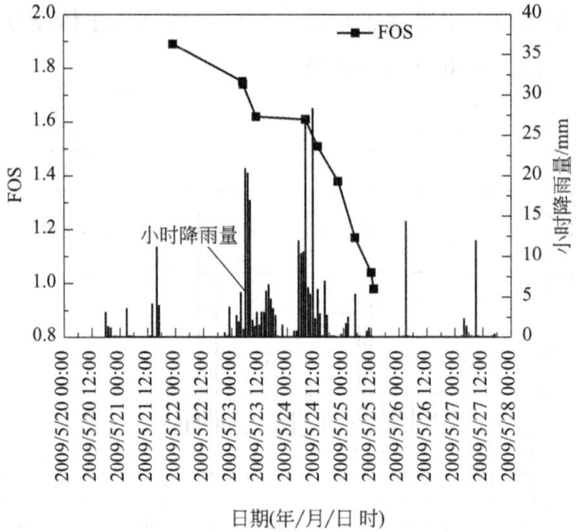

图 3.97　安全系数（FOS）随降雨情况变化关系图

3.5.5.2　应力场分析

图 3.98、图 3.99 分别为 $Y=55$m 剖面及其后部边坡的最大、最小主应力图，图 3.100 是 $Y=55$m 剖面处 XY 方向的剪应力云图。从最大、最小主应力看，主应力等值线平滑，几乎平行，很少出现突变，仅在坡脚或岩土分界面附近有不甚明显的应力集中，表明凹形边坡的几何形态有效降低边坡的应力集中现象。从剪应力图来看，在强风化岩和中风化岩界面及坡脚处的微风化岩中，剪应力较为明显。强风化岩和中风化岩交界面处应力集中主要由于岩土体之间参数差别，使得上部岩土体有下移的趋势，两者交界面产生剪应力集中。

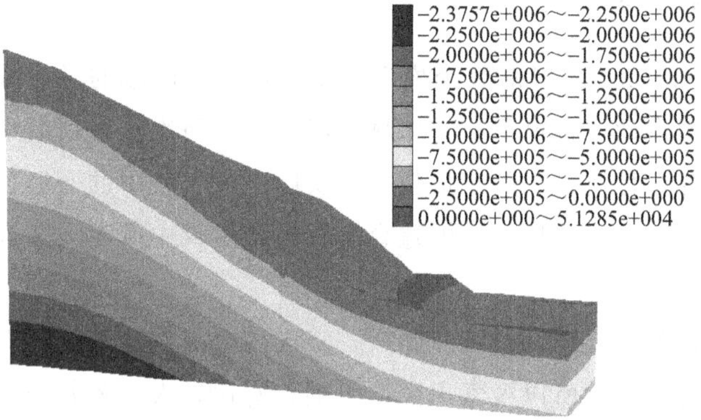

图 3.98 最大主应力云图（Y=55m 剖面及后部坡体）

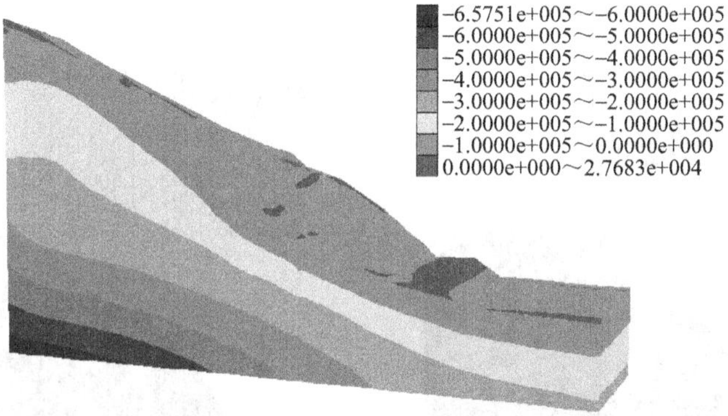

图 3.99 最小主应力云图（Y=55m 剖面及后部坡体）

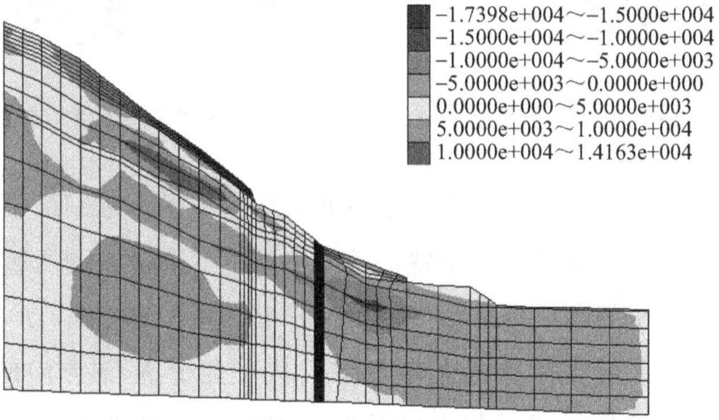

图 3.100 XY 方向的剪应力云图（Y=55m 剖面）

3.5.5.3 整体剪应变增量和速度矢量

图 3.101～图 3.103 是对整个模型搜索变形较大区域的过程图。强度折减法是根据整个模型自动搜索最不稳定区域，经计算，每次折减后的最大变形中心区域位置基本重合，且搜索出的变形位置与实际边坡调查中的变形裂缝位置是一致的。从某种程度上讲，变形区域的重合表明模拟过程中所建立三维模型的合理性和选取参数的正确性。

由于开始降雨强度低，持续时间短，降雨入渗只对浅部土层有影响，整个坡残积土强度相对均匀，所以搜索出变形范围相对比较大。随着降雨时间和强度的增加，降雨入渗影响深度逐渐加大，表层土体强度参数降低比较明显，并与下部土体强度参数差别较大，搜索范围集中在较小范围内（图 3.102），此范围也是最易发生斜坡类灾害的区域。

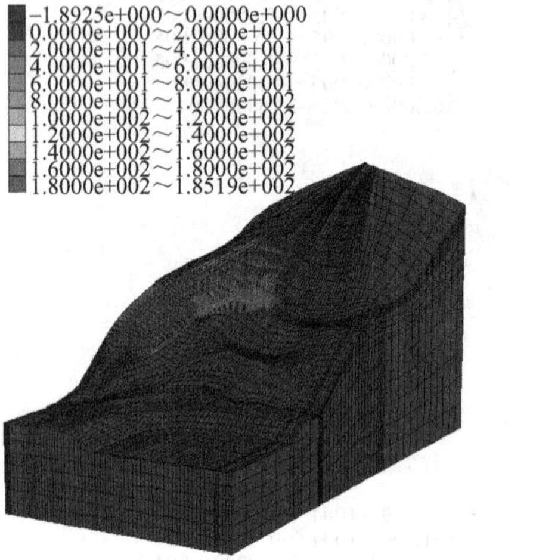

图 3.101　工况 3 剪应变增量和速度矢量图

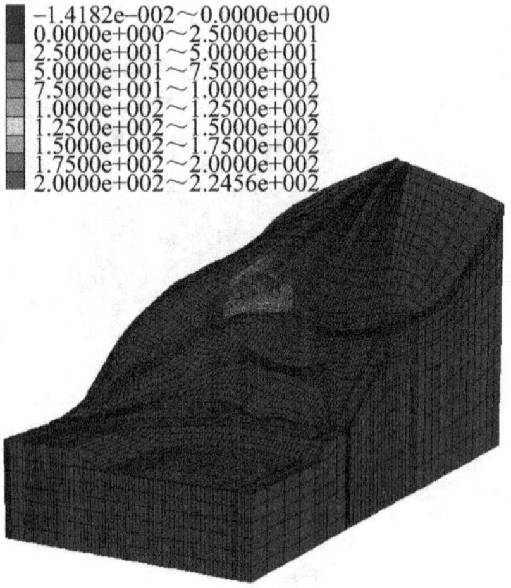

图 3.102　饱和状态下剪应变增量和速度矢量图

经比较，饱和状态下土体强度参数最低，剪应变增量范围最集中，考虑临空面速度矢量箭头最大，该区域就是整个模型中发生变形最大的区域。另外经过折减计算，图 3.103 中的剪应变增量带范围从形状上看近似“L”形，它与实际边坡平面图中的变形裂缝位置边界基本一致。从垂直于 *X* 轴方向的网格线上看，变形体附近节点速度矢量线形状上呈弓形，中间大、两端小，表明中间变形值大、两侧小，越靠近坡顶一侧，位移变化越小。速度矢量线所指方向是变形体主要运动方向。

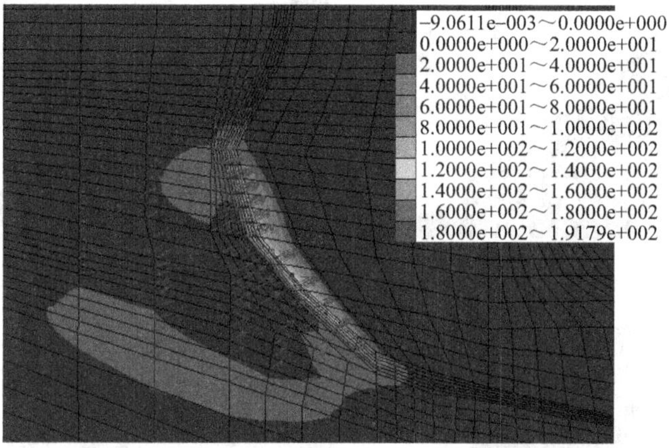

图 3.103 工况 8 剪应变增量和速度矢量图（垂直 *XOY* 平面）

3.5.5.4 安全系数、剪应变增量及速度矢量剖面

为进一步说明降雨入渗对边坡稳定性的影响，采用切剖面的形式对每个工况的稳定情况、剪应变增量及安全系数（图 3.104）进行分析。选择的剖面位置是边坡变形最大位置，方向同箭头平行，剖面走向 150°。根据图 3.104 知，每个剖面图中的剪应变增量带基本贯通，表明存在一个潜在的滑动面，又因滑动面外侧各网格节点的速度矢量明显大于其他区域，从理论上表明该区域已经发生了明显变形。

对于安全系数为 1.89、1.75 和 1.74 的三个工况，降雨入渗对土体强度参数影响小，上部土体基质吸力变化小，土体抗剪强度大，而深部的基质吸力相对浅部的小，其对土体的抗剪强度参数贡献低，所以计算出的潜在滑动面位置较深，且位于坡残积土与强风化岩交界面上。对于安全系数分别为 1.62 和 1.61 的两个工况，降雨强度增大后，降雨入渗明显影响到了浅部土体抗剪强度参数，所入渗到的范围内土体强度下降，其值低于下部土体强度值，因此此阶段潜在滑动面位置位于坡残积土中上部。对于其他工况，随着降雨时间的延续，降雨入渗影响深度逐渐增大，入渗范围内的土体抗剪强度逐渐降低，滑动面位置逐渐向下发展，剪应变增量带宽度也逐渐加大，边界向后缘方向扩展，滑动范围扩大，最终与地表裂缝贯通。根据现场调查，变形裂缝位置处的变形体发展过程也是变形体经过多次不断向后扩展和延伸造成的。

图 3.105 为模拟过程中不稳定区域变形破坏网格比例放大图，其变形的位置和方向与近期发生滑坡的位置和方向一致。

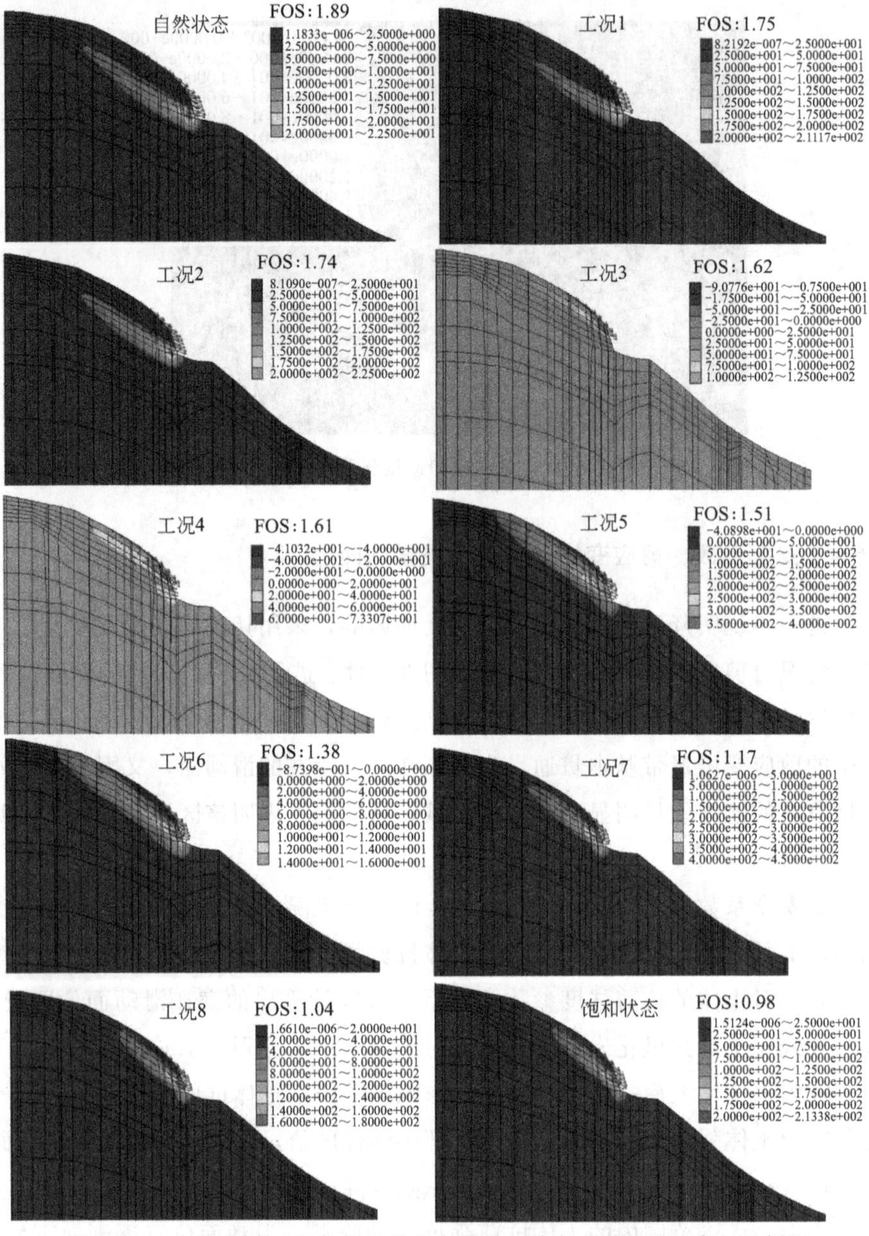

图 3.104　对应不同工况条件下的安全系数、剪应变增量及速度矢量剖图

3.5.5.5　塑性区分布

图 3.106 分别是工况 2、3、7 和饱和状态下塑性区剖面图。一般研究中，塑性区分析包括两种：一种是该单元在计算时步中正处于屈服面，称为 now；另一种是

单元过去曾经处于屈服面，现在已经离开屈服面，处于弹性范围。对于变形而言，关注处于塑性流动状态的单元，只需关注 now 状态下的单元。从模拟结果图 3.106 中看出，边坡在变形的过程中，土体表层单元受到了拉伸屈服；其下土层单元同时受到剪切和拉伸屈服；滑动面处的单元都是受到剪切作用，处于剪切屈服状态。由于坡体下部土体有向下滑动的趋势，致使坡面受到拉力作用，坡面出现张拉裂缝，该张拉裂缝位于坡残积土的上部并分段呈现，这与现场调查中的张拉裂缝位置和展布（图 3.6）与塑性区中受拉单元（图 3.106）是相对应的。

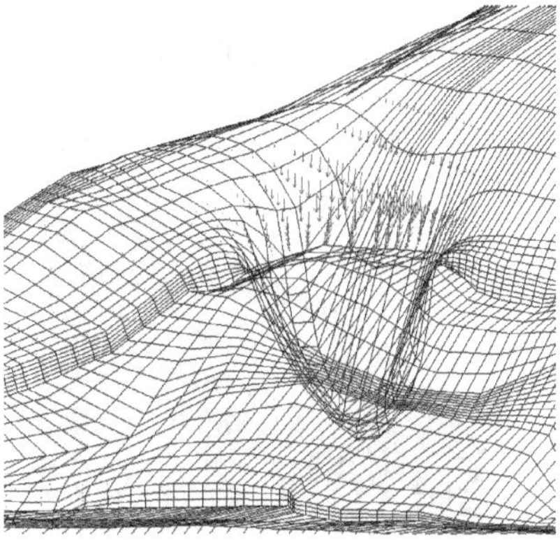

图 3.105　边坡体变形破坏比例放大图

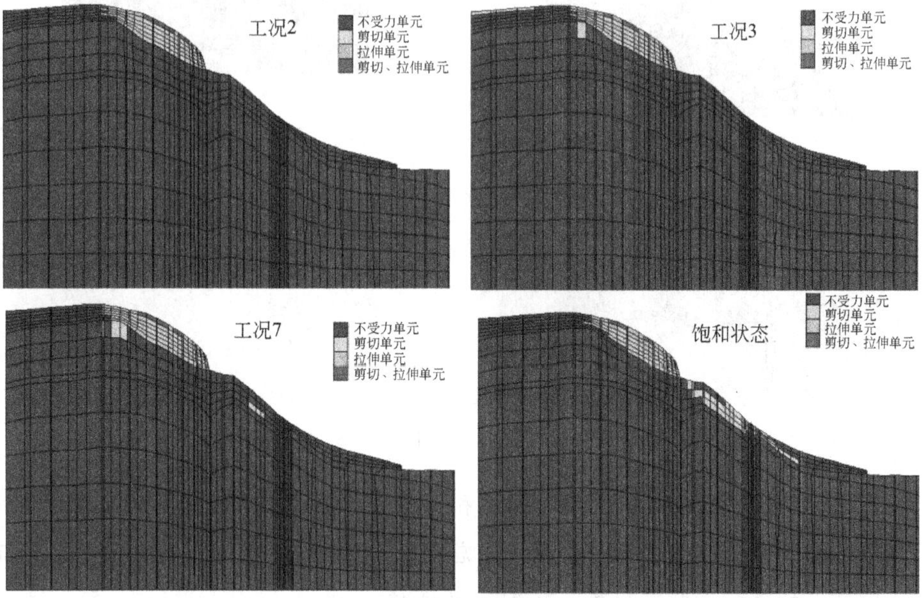

图 3.106　工况 2、3、7 和饱和状态下塑性区剖面图

3.5.5.6　自重情况下位移分析

由于强度折减法计算出来的实际位移变化很大，不便与实际发生的变形对比。为考虑实际情况下位移变化，需对模型进行重力场情况下的计算分析。选择其中两个工况进行计算：2019 年 5 月 23 日 10:45（工况 3）和 5 月 25 日 5:00

（工况 7）的两种工况，从总体位移、X 向水平位移和边坡土体位移矢量来分析降雨入渗对边坡位移的影响。

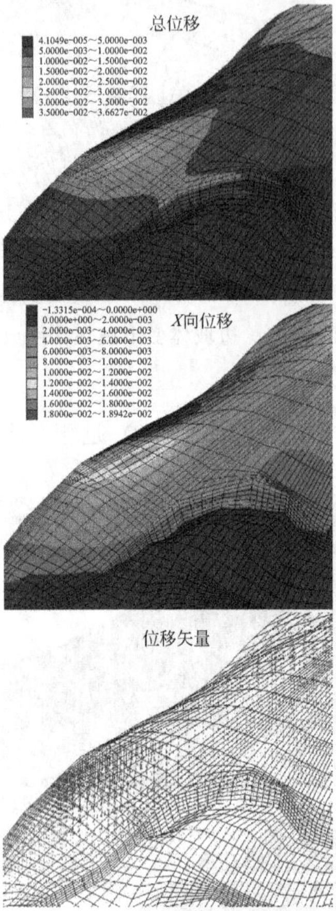

图 3.107　工况 3 位移云图和位移矢量图

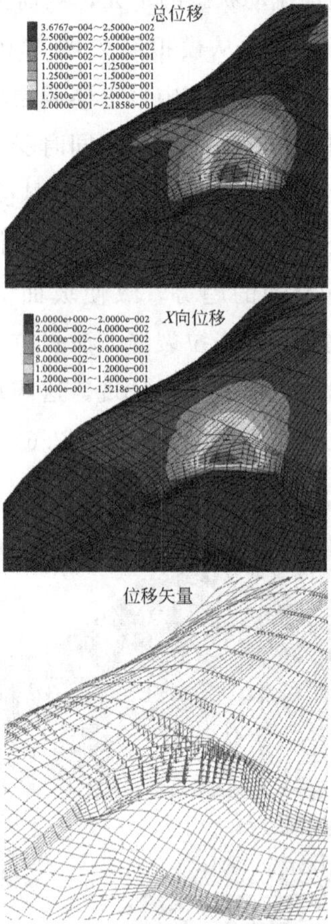

图 3.108　工况 7 位移云图和位移矢量图

图 3.107 和图 3.108 分别是工况 3 和工况 7 在自重应力情况下总位移、X 向位移等值线图和位移矢量图。工况 3 的总位移和 X 向位移比工况 7 的小。X 向是边坡变形的主要方向。另外，工况 3 的位移矢量图在整个坡面都有分布，但土体之间的相对位移小；而工况 7（图 3.108）受降雨影响，坡体不同位置点位移差别较大，矢量箭头集中位置就是相对位移最大位置，也是变形主要发生的部位。图 3.109 是工况 7 的 X 向位移等值线图，X 向最大水平位移变化范围为 0.01～

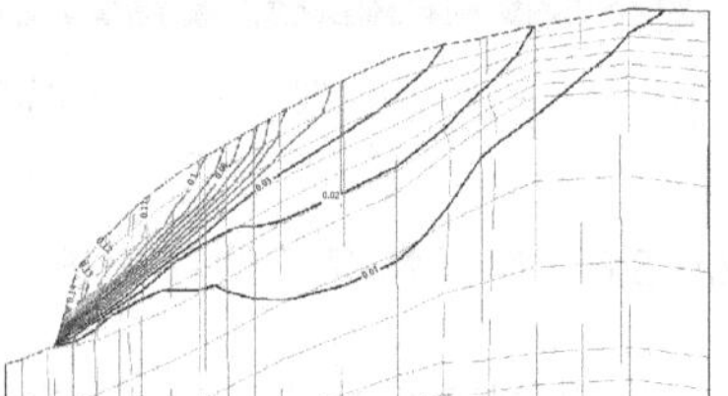

图 3.109　工况 7 的 X 向位移等值线图（单位：m）

0.14m，可以以 0.01m 的位移等值线为界将坡体分成两部分，即变形体部分和稳定部分。但 0.04～0.09m 为变化最密集的部位，越靠近临空面，位移值越大；稳定部分坡体内无等值线分布，表明该部分处于稳定状态。因此也可以根据位移等值线变化密集部位来判定坡体的潜在滑动面。

3.5.6 边坡变形机制分析

根据边坡变形特性的定性分析、水文过程计算以及降雨情况下的边坡稳定性分析，对大龙山边坡的变形机制做如下分析：

① 变形监测表明，大龙山边坡整体处于稳定状态，但前缘处于不稳定或临界稳定状态。综合发生变形时的日降雨量，可以考虑将 40mm/d 作为边坡变形的临界雨量。

② 大龙山边坡变形的产生与边坡的岩土体结构特征有关。根据边坡工程地质分析，断裂从边坡东南侧 ZK17 位置通过，导致该处坡体岩体破碎，渗透性高，岩体易风化，力学强度参数降低。

③ 边坡东南侧上方有一纵向排水沟，位于变形体正上方。根据调查，纵向排水沟在变形处上方破坏，使坡顶汇水沿排水沟汇集到变形体处，造成早期边坡发生变形。

④ 降雨作用下，土体强度弱化形成变形裂缝，地表裂缝又为降雨、汇集的雨水提供了入渗通道，增加了坡体内的水压力，加剧了东南侧变形裂缝的进一步发展。

⑤ 变形体下方是人工开挖边坡，有较陡的临空面，浅部土体主要是坡残积土和强风化岩，含有大量的碎石，黏聚力较低。

⑥ 根据变形稳定性数值计算分析，降雨条件下，土体内基质吸力逐渐降低，抗剪强度参数降低，边坡有向下滑动的趋势。同时，变形体处坡面浅层及坡顶部位出现受拉屈服，且在坡残积土与强风化岩界面处出现剪应力集中。在拉应力影响下，坡顶部位首先出现张拉裂缝，在剪应力控制下，坡体内部出现剪切变形，且不断向上发展，逐渐形成贯通的潜在滑动面。滑面与坡顶裂缝贯通边坡将发生失稳。计算模拟分析的结果与定性分析结果吻合，表明了降雨是触发边坡变形的最主要原因。

第4章 赖屋山挡墙填土边坡

4.1 引言

4.1.1 挡墙破坏形式

4.1.1.1 挡墙类型

挡墙（挡土墙）按照墙的位置、材料、结构形式可以划分为以下几种类型：按照墙的位置，可分为路堑墙、路堤墙、路肩墙和山坡墙等类型；按照墙体材料，可分为石砌挡土墙、砖砌挡土墙、混凝土挡土墙、钢筋混凝土挡土墙和加筋土挡土墙等类型；按照墙的结构形式，可分为重力式、衡重式、半重力式、悬臂式、扶壁式、锚杆式、柱板式、垛式等类型。其中，重力式、衡重式多用石砌，半重力式用混凝土浇筑，其他类型多用钢筋混凝土制作。

4.1.1.2 挡墙破坏方式

一般情况下，挡土墙的破坏主要有以下四种形式：滑动破坏、倾覆破坏、滑弧剪切破坏、沉降破坏。滑动破坏时由于墙底摩擦力及墙前主动土压力小于墙后被动土压力使墙体向前移动，造成基底或紧临基底的土受剪破坏。倾覆破坏是由于墙体自重产生的抗倾覆力矩小于墙后主动土压力产生倾覆力矩而使墙体绕着墙趾向前转动而产生的破坏。滑弧剪切破坏，又分浅层剪切破坏和深层剪切破坏两种：浅层剪切破坏是沿接近后墙角的一个曲面上剪应力过大而发生的破坏；深层剪切破坏是在墙基以下某一距离的曲面上（通常存在软弱土）剪应力过大而发生的破坏。滑弧剪切破坏时，墙体随土一起下滑并向后倾斜。沉降破坏是由于基底应力过大，使地基沿某一曲面抗剪强度破坏，墙体迅速下沉倾斜而破坏。

4.1.1.3 挡墙破坏实例

应该承认，在公开发表的文献中，挡墙破坏的实例并不多见。我国香港地区紧邻深圳，两者具有相似的自然地质环境条件，降雨触发挡墙破坏并不少见，以下仅举几例说明。

（1）观龙楼挡墙

1994年7月23日晚上8:53观龙楼D区一砌石挡墙发生破坏，造成5人死亡、3人受伤。砌石挡墙墙体厚度为750mm，挡墙最大破坏深度达6m，墙后填土松散，密实度低。滑坡发生之前的1994年7月22日，24h最大降雨量为362mm，最大小时降雨量高达101mm，滑坡发生在最大小时降雨量后的42h，表明滑坡的发生严重滞后于最大降雨量发生时间。下水道的渗漏和地表以下土体中水的渗流共同作用，饱和了大量的土体。破损的排水管渗流随着时间的延长而在不断地加深，强降雨时排水管的渗流以及下水道的渗漏共同作用，引起了松散填土区的变形，伴随着排水管中水的渗流，为挡墙后的填土体饱和提供了充分的水源。渗流分析表明在强降雨后的一天中，地表以下水体的渗流可能达到挡墙上面的斜坡填土区，也有可能在第二天，雨水和污水一起进入填土区下部饱和风化火山岩。这是引起滑坡发生的重要原因（图4.1）。

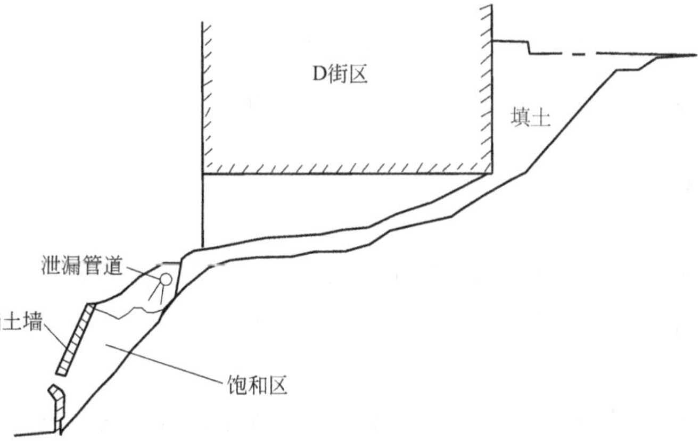

图4.1　观龙楼挡墙破坏示意图

（2）活里荷道挡墙

1985年9月6日7晚上7:00，6h强降雨之后，活里荷道上一长9m、高8m的挡墙边坡失稳（图4.2），体积为110m^3。挡墙边坡失稳后，悬臂式挡墙土体被破坏，主管部门通过在坡脚堆积岩块反压挡土墙，对其采取临时补救。

（3）西贡挡墙

1985 年 9 月 6 日早晨，西贡一长 24m、高 3～4m 的挡墙垮塌（图 4.3）。该构造物由一个 2m 高、300mm 厚的水泥挡墙构成，顶部有 1～2m 高的粗石堆。碎石流体积为 100m^3。墙下面的场地建着两个村庄，三辆汽车停靠在墙的附近，建筑设备和材料堆积在附近。失稳的原因是强降雨和挡墙顶部建筑材料的超载堆积以及墙后水管的泄漏。

图 4.2　活里荷道挡墙破坏照片

图 4.3　西贡路上的挡墙破坏照片

由此可见，降雨造成的挡墙破坏不在少数，深入研究其降雨水文响应过程与变形破坏机制对挡墙边坡的加固防护具有十分重要的实际意义。

4.1.2　主要研究内容

本章以深圳龙华区赖屋山挡墙填土边坡为研究对象，布设了水文和变形监测系统，在监测数据分析的基础上，分析了挡墙填土边坡的水文响应过程和变形机制。具体工作如下：

① 在挡墙背后填土顶部布置了自动监测系统，监测仪器包括渗压计、固定式测斜仪、水分计和张力计等，并采用数采仪进行监测数据的自动采集；

② 对挡墙填土的工程地质性质开展了现场和室内试验，主要包括原位密度试验和现场渗透试验、室内物理性质试验；

③ 对监测数据进行了系统分析，揭示了边坡填土中地下水位与降雨在填土中的入渗过程，分析了边坡的变形破坏机制；

④ 根据边坡的地质模型建立了边坡水文地质数值模型，模拟了降雨条件下边坡孔隙水压力的变化过程，并与监测数据进行对比分析。

4.2 赖屋山挡墙填土边坡概况

4.2.1 地理位置

深圳市地处广东省南部，珠江口东侧，濒临南海，毗邻香港。赖屋山挡土墙填土边坡所在地隶属于深圳市龙华区龙华街道办（现划分为大浪街道办），位于福龙公路与布龙公路交界处。按照深圳独立坐标系，边坡所在地坐标为 $X=107720.4467$，$Y=33696.9135$，交通便利（图 4.4）。

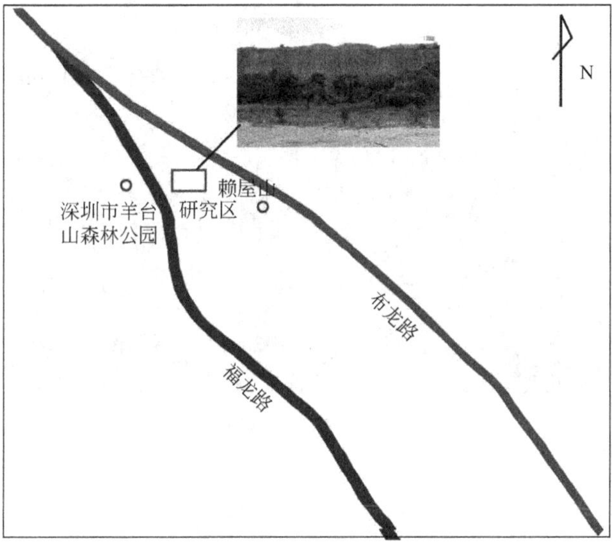

图 4.4　赖屋山挡土墙填土边坡地理位置示意图

4.2.2 赖屋山挡墙填土边坡

赖屋山挡墙长约 180m，走向近东西向，墙高约 18.6m。挡墙西部约 2/3 长度为折线形，坡度约为 78°，根据走访调查，挡土墙是经过多次垒加完成，共分四级，墙体建筑材料是浆砌块石。挡墙体最底一级高 10m，宽 10m；倒数第二级墙体宽 5m，高 2.9m；倒数第三级墙体宽 3m，高 4.2m；最顶部宽 1.8m，高约 1.5m。每级挡墙体伸出的台阶宽 0.2m。挡墙体东部长约 1/3 处，为直线形，坡度约 70°（图 4.5）。

图 4.5　挡土墙正面图

图 4.6　挡土墙侧面图

图 4.7　挡墙体表面鼓胀裂缝

挡土墙北部是已经拆迁完成的开阔平地，表层被素填土所覆盖，目前正在建一停车场。坡顶部是填土（图 4.6），地势较平坦，部分地段倾倒建筑垃圾。靠近墙体顶部一侧形成一坡度约为 45°的填土坡，高出顶部填土 0.5～2.5m。在雨季，降雨对墙顶部填土的冲刷和侵蚀形成一较长的冲沟。位于挡墙体最西部，与福龙公路交会处，公路面上雨水对下面坡缘的冲刷形成一条大冲沟，延伸到开阔平地处。位于墙顶部东南侧，已经建筑完成两排 7 层和 8 层高居民楼，居民楼采用桩基基础。

根据对场地的前期勘察，发现在挡墙体表面已经出现多条裂缝，尤其是在中间两级台阶的相连处出现数条延伸长约 2～3m 的鼓胀裂缝，裂缝宽约 0.5～2cm（图 4.7）。由此看出，挡墙背后填土存在变形，挡墙存在一定安全问题。由于没有对挡墙采取任何的加固措施，雨季降雨渗入坡体可能造成边坡变形加剧、挡墙破坏。

4.2.3 场地工程地质条件

4.2.3.1 地形地貌特征

研究区地貌以低丘为主，场地西南高、东北低，场地南侧是平台、北侧是平地，中间是一浆砌石挡墙。墙顶海拔高程为 97.92～102m，墙底海拔高程为 77.52～85.41m，相对高差为 14.40～24.48m。挡墙坡度约为 75°～82°，挡墙背后为人工填土，植被稀少，坡顶靠近挡墙处和福龙路交界位置处有一条大冲沟，墙底为人工填土，墙下是一空地，距墙脚 20m 远处目前已建一停车场。

4.2.3.2 地层岩性特征

根据现场调查、钻探及区域地质资料，区内地层主要有人工填土层、冲洪积层和全风化白垩系花岗岩等，具体如下。

① 人工填土层（Q^{ml}）：黄褐、褐红色，厚度为 15.5～19.3m，主要成分是全风化的花岗岩、碎石及零星分布的少量生活垃圾与建筑垃圾。部分地段填土经过碾压，密实度为 78%～95%，平均密实度为 83%，靠近墙体部分填土结构松散。由于强降雨冲刷顶部填土至墙下，以致墙底部也有填土堆积，十分松散。

② 冲洪积层（Q^{al+pl}）：淤泥质黏土，青灰、褐黄色，土中含水率高，软塑，有臭味，厚度约 1.10～4.70m，主要成分淤泥、砾石和少量植物树叶和塑料垃圾腐烂体，其中砾石成分为 20%～30%，工程性质差，该层主要分布在填土层

的底部。

③ 全风化白垩系花岗岩（K_1^{Zh}）：灰白、浅肉红色，可塑，稍湿，原岩结构已破坏，矿物成分除石英外，大部分风化成土状，以黏性土为主，浸水易崩解，局部夹强风化块石，主要分布在人工填土和冲洪积层的下部。

4.2.3.3 地下水

边坡填土区山体较薄，坡顶植被稀少，填土区地下水位很深。该区地下水类型主要为第四系孔隙水。地下水主要依靠大气降水补给，受补给条件限制，边坡体内地下水较贫乏。由于挡墙构筑物是浆砌石挡墙，根据调查，墙体上没有排水孔，降水主要通过墙顶填土区排走和墙下土体渗出，填土逐渐达到饱和，土体容重增大、抗剪强度降低，引起边坡土体失稳。

4.2.4 研究区填土物理性质

在研究区开挖两个 4m 深的探井，由于是填土松散，采用灌砂法开展现场原位密度试验和现场渗透试验，并现场取样开展室内颗粒分析试验、相对密度试验、含水率试验和液塑限试验（表 4.1）。

表 4.1 挡土墙背后填土物理性质指标

探井编号	T1 探井	T2 探井
天然密度/(g/cm^3)	1.63～2.06	1.77～2.15
干密度/(g/cm^3)	1.38～1.67	1.56～1.77
孔隙比	0.59～0.94	0.50～0.72
相对密度	2.66～2.68	2.65～2.68
液限/%	33～38	31～39
塑限/%	20～23	—
塑性指数/%	13～15	—
重力含水率/%	10.9～26.7	11.5～25.2

根据击实试验结果，顶部填土的最大干密度为 1.82g/cm^3，最优含水率为 15.9%。渗透试验是随着探井开挖过程进行，采用常水头双环现场渗透试验，测量填土体饱和渗透系数。外环直径 50cm，内环直径 25cm。每个渗透试验大约进行 3～4h，直到渗透速率稳定不变为止。

图 4.8 是填土相对密实度随深度变化图，可以看出，单一探井剖面上，密实

度随深度呈现无规律性变化。通过对两个探井数据进行比较，看出填土具有明显的成层性，而且层与层之间密实度差别较大，密实度范围75%～95%。根据已有研究经验，当填土密实度达到95%以上时，有利于减少降雨入渗强度，增加坡体稳定性。研究区填土松散，平均密实度约为83%，且均一性差。

图4.9是填土层渗透系数随深度变化图，可以看出其随深度无规律性变化。T1探井渗透系数为2.28×10^{-7}～3.61×10^{-6}m/s，平均为1.19×10^{-6} m/s。T2渗透系数3.68×10^{-7}～3.18×10^{-6}m/s，平均为1.82×10^{-6}m/s。浅层填土区的渗透系数较大，利于降雨入渗。根据渗透系数的差异性也可以间接反映出填土密实度变化较大、均一性差的特点。

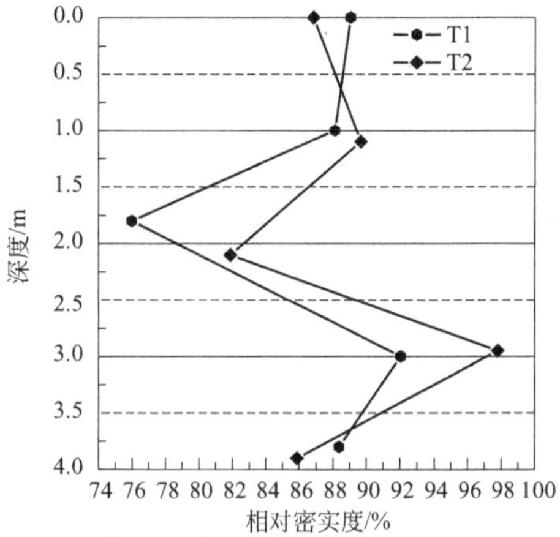

图4.8 填土相对密实度随深度变化图

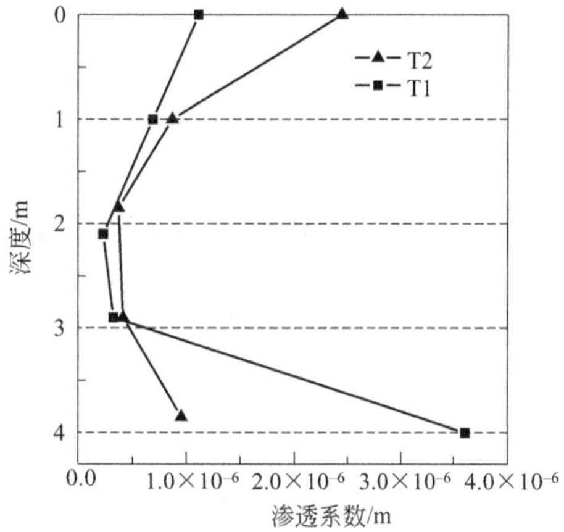

图4.9 填土层渗透系数随深度变化图

颗粒分析试验数据如图4.10和图4.11所示，可以看出两个探井的颗粒级配相差不大，T1探井实验将土定名为含黏性粉砂土，C_u(不均匀系数)>10，

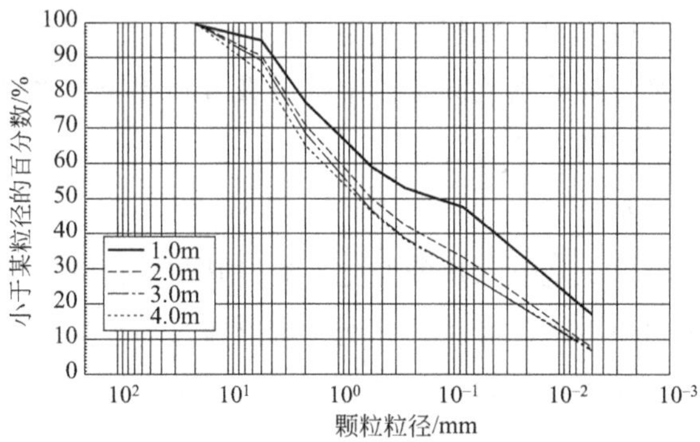

图4.10 T1探井颗粒分析曲线

C_c(曲率系数)<1，所以属于级配不良土。由于实验条件的限制，T2探井土的颗粒分析未对黏粒含量部分进行测试，在此不予定名。

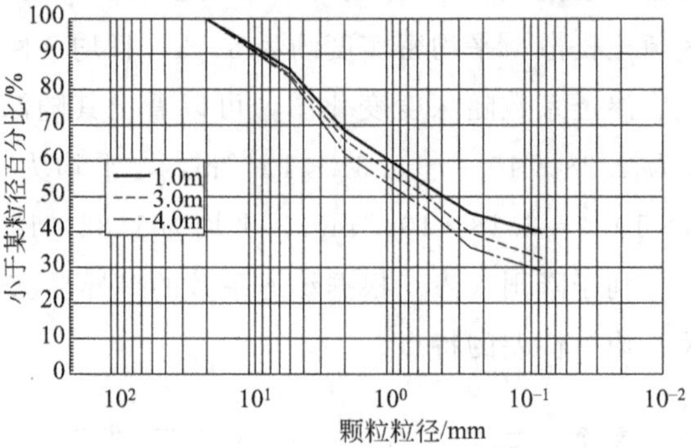

图 4.11 T2探井颗粒分析曲线

4.3 监测仪器布置及监测数据分析

4.3.1 监测项目及其作用

根据监测点的具体情况，确定以下监测项目：

(1) 土体深部水平变形

采用钻孔固定式测斜监测土体中深部变形，可以获得土体深部水平变形的方向、速率、大小以及变形量随时间的变化关系。根据不同深度土体的变形差异确定土体中潜在滑动带的具体位置，通过土体变形曲线随时间的关系，对边坡的变形破坏进行预警预测。

(2) 浅层土体基质吸力与体积含水率

采用张力计和水分计分别监测土体中基质吸力和体积含水率变化，了解降雨入渗情况和水在土体中的运移情况。

(3) 填土内地下水位

采用渗压计监测填土地下水位的变化，通过其与降雨数据的相关分析不仅可以掌握降雨与坡体内地下水位的关系，而且可以通过与变形监测信息的结合来分析降雨与边坡变形破坏特征之间的定量关系，以便进一步为边坡变形破坏的预警预报提供依据。

赖屋山挡土墙填土边坡的降雨量数据由深圳市气象局提供，因此未安装雨量计。

4.3.2 监测仪器布置

4.3.2.1 监测剖面的布置

鉴于赖屋山挡土墙西部墙体表面已经出现数条裂缝的具体情况，在西部填土顶部布置两条监测剖面线（图 4.12～图 4.14）。每条监测剖面线各布置两个渗压孔和一个测斜孔。渗压计用于监测坡体地下水位的变化情况，渗压计埋设在填土底部，渗压计编号和埋深分别为 P1（18.75m）、P2（18.00m）、P3（15.30m）、P4（19.4m）。测斜仪用于测量土体不同深度处水平位移，采用单向固定式测斜传感器进行量测，测斜孔深 19.4m，每个测斜孔中安装 13 支固定式测斜传感器，

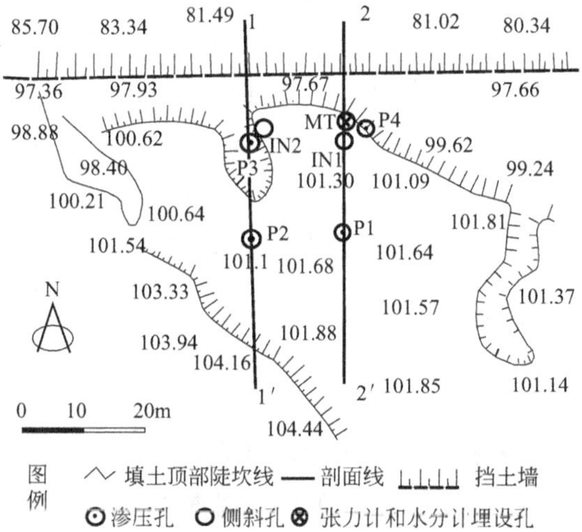

图 4.12　赖屋山监测仪器平面布置示意图

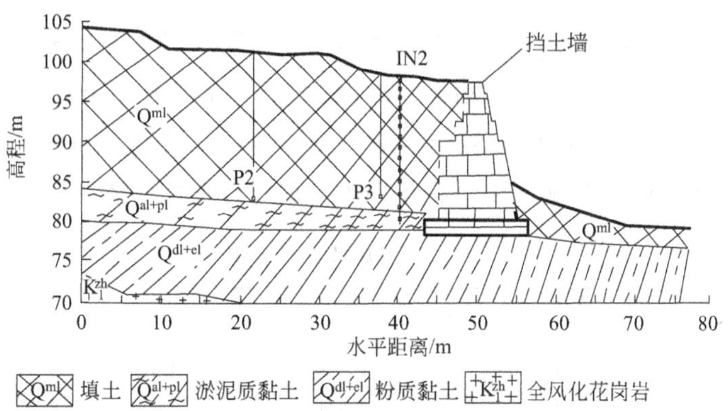

图 4.13　1—1′剖面地质图

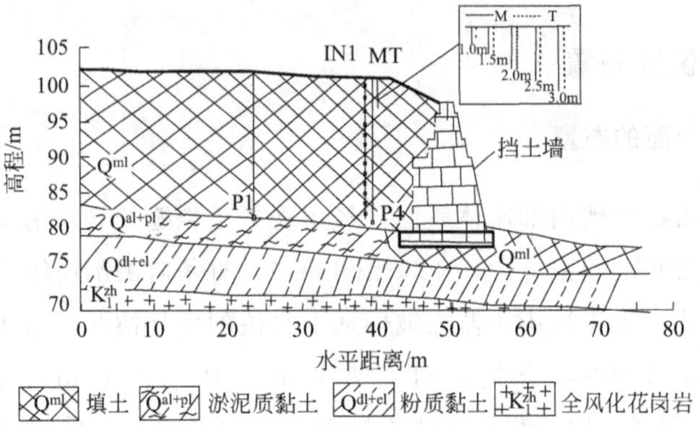

图 4.14　2—2′剖面地质图

每两支传感器间隔 1m。同时，为了监测地表水在填土中的入渗过程，在测线 2—2′剖面上设置一张力计和水分计测点（TM），分别量测不同深度土体孔隙压力和对应深度处的体积含水率的变化，共埋设五支张力计，埋设深度分别为 T1（1.0m）、T2（1.5m）、T3（2.0m）、T4（2.5m）、T5（3.0m），水分计与之一一对应埋设，分别为 M1（1.0m）、M2（1.5m）、M3（2.0m）、M4（2.5m）、M5（3.0m）。本文所用监测传感器均为美国 Geokon 公司产品。

4.3.2.2　监测仪器的埋设安装

（1）渗压计

每个渗压孔埋设一支振弦式渗压计，用于量测填土区地下水位埋深、变化情况。每个渗压计埋设深度取决于前期的现场调查情况。埋设传感器之前，将四支传感器在实验室标定。为了埋设渗压计，先在待埋设点用 XY-1 型岩心钻机钻孔，孔径为 110mm，孔深穿过填土层 1～2m，钻孔形成后，用清水冲洗孔壁，以防孔壁上留有泥浆护壁，阻碍地下水的渗流。待洗孔结束、孔中地下水位稳定，用测绳测量孔中地下水位埋深，钻孔底部回填厚度为 1.5m 的细砂。渗压计埋设之前，用装有饱和细砂的帆布口袋密封好，埋设在待测深度处，回填厚度 1.5m 的细砂和 2m 厚的膨润土，将土回填。渗压计埋设详情见表 4.2。

表 4.2　渗压计埋设详情

离挡墙水平距离/m	渗压孔号	埋深高程/m	埋深/m	量程/kPa
25.596	P1	82.943	18.75	70
26.542	P2	83.674	18.00	70
11.293	P3	84.324	15.30	70
9.155	P4	81.034	19.40	70

振弦式渗压传感器，读数仪读出的是模数（R），而数据采集仪采集的是频率数（ν），模数和频率数之间的换算公式为

$$R=\nu^2/1000 \tag{4.1}$$

模数和水压力（P）成正比，表示为

$$P=(R_0-R_1)G \tag{4.2}$$

当渗压计埋设在常温的环境下，一般不需要校正，相反则需要对温度采用下式进行校正

$$P_T=(T_1-T_0)K \tag{4.3}$$

考虑温度修正后的水压力为

$$P=(R_0-R_1)G+(T_1-T_0)K \tag{4.4}$$

式中，R_1 为当前模数；R_0 为初读数；G 为计算系数；T_1 为当前温度值；T_0 为初始温度值；K 为温度校正系数。

考虑当地的气候变化，计算水压力采用经过温度修正后的计算公式。表 4.3 为本项研究所使用渗压计率定参数。

表 4.3　渗压计率定表

渗压计编号	传感器编号	压力计算公式/kPa
P1	07-26006	$P=0.01938(8890-R_1)+0.05485(T_1-23.2)$
P2	07-26009	$P=0.02043(8977-R_1)+0.07833(T_1-23.2)$
P3	07-26015	$P=0.01991(8852-R_1)+0.06822(T_1-23.2)$
P4	07-26008	$P=0.019999(8755-R_1)+0.06248(T_1-24.7)$

（2）张力计和水分计

靠近 2—2′剖面布设一个张力计和水分计埋设点（图 4.12 和图 4.14）。张力计埋设深度为 1.0m、1.5m、2.0m、2.5m、3.0m，水分计与之一一对应埋设。水分计探头由一个防水外壳和三支不锈钢尖棒组成，防水外壳内置电线连接到外面，不锈钢尖棒插入土体中。水分计探头产生 100MHz 的正弦信号，通过特殊设计的内部传播电线延伸到四支尖棒上传到土体中。由于不同性质、不同结构土体的介电常数不同，水分计不能简单使用厂商提供的标定常数，必须在现场进行重新标定才能使用。对于特定的土，标定后水分计的精度可达 2%的体积含水率。水分计的标定是将水分计的输出电压与实验室测得的体积含水率进行比较。标定后，水分计的输出电压与实验室测得的体积含水率方程为

$$y=kx+b \tag{4.5}$$

式中，y 为体积含水率；x 为输出电压值；k、b 为拟合方程系数（表 4.4）。

表 4.4 水分计标定方程

水分计标号	$0\leqslant x\leqslant 800$	$800< x\leqslant 1200$
M1(1.0m)	$y=0.031x-0.2579$	$y=0.2448x-182.53$
M2(1.5m)	$y=0.0299x-0.2982$	$y=0.2744x-216.4$
M3(2.0m)	$y=0.0305x-0.3802$	$y=0.2735x-215.78$
M4(2.5m)	$y=0.0295x-0.2799$	$y=0.2832x-224.53$
M5(3.0m)	$y=0.0297x-0.0847$	$y=0.2557x-195.05$

与渗压孔不同，水分计孔是用手摇钻钻到指定深度，孔径 50mm，将水分计插进土中，然后将土回填并压实到最初的密实度。水分计孔之间水平相距 40cm。相应深度处的张力计孔与水分计孔一一对应。

张力计由高进气值陶瓷头及压力传感器组成，两者由一塑料管连接，张力计顶部有一个储水器，主要用于加蒸馏水及排除塑料管中的气泡。张力计的压力传感器为振弦式压力传感器，其输出信号是数字信号。振弦式压力传感器通常有两个系数需要标定，一个是同压力有关的压力系数，另一个是同温度有关的温度系数。标定之后，压力传感器的张力可用下式表示

$$P_m=G(R_1-R_m)+K(T_m-T_1) \tag{4.6}$$

式中，P_m 为吸力，kPa；G 为线性压力系数，kPa/digit；R_1 为压力传感器的初始数字值，digit；R_m 为压力传感器在某一时候的数字值，digit；K 为温度系数，kPa/℃；T_m 为压力传感器在某一时候的温度值,℃。表 4.5 为本项目所使用张力计标定参数。

表 4.5 张力计标定参数

张力计传感器编号	张力计算公式/kPa
T1(1.0m)	$y=0.05228(9477-R_m)-0.04441(T_m-25.1)$
T2(1.5m)	$y=0.05145(9571-R_m)-0.00659(T_m-25.1)$
T3(2.0m)	$y=0.05107(9725-R_m)+0.03631(T_m-25.3)$
T4(2.5m)	$y=0.04954(9657-R_m)+0.03016(T_m-25.1)$
T5(3.0m)	$y=0.05245(9238-R_m)-0.0343(T_m-25.3)$

（3）固定式测斜仪

填土区顶部的两条剖面上，分别布置一个测斜孔。测孔深 19.4m，测斜孔用 XY-1 型钻机成孔，孔径 110mm，成孔后，用清水洗孔，以防孔壁留有泥浆。

测斜孔成孔后，将 PVC 凹槽管底部用盖子堵住埋入孔中，保持一个凹槽朝向与斜坡土体运动方向一致，在 PVC 管外壁与周围土体之间用水泥砂浆回填。测斜管固定后，将传感器和连接杆沿 PVC 内管凹槽放入，底部挂一重锤保持传感器和连接杆垂直于地面。每个测斜孔内安装 13 支单向测斜仪，两支测斜探头之间用 1m 的钢管相连。以正南方向为测斜孔主方向。

测斜位移计算原理是：最底端传感器为固定点，其上的第 i 个传感器测量出的是偏离于前一个传感器的角度 θ_i，$L_i\sin\theta_i$ 为第 i 个传感器偏离于前一个传感器的水平位移，L 为两个传感器之间的垂直距离，地表偏离于底部固定不动点的水平位移为 $\sum L_i\sin\theta_i$（图 4.15）。测斜传感器的偏移角度值通过下式计算

$$\theta=G(R_1-R_0) \tag{4.7}$$

式中，G 为线性系数，(°)/digit；R_1 为传感器当前读数，digit；R_0 为标定时传感器的零读数，digit。

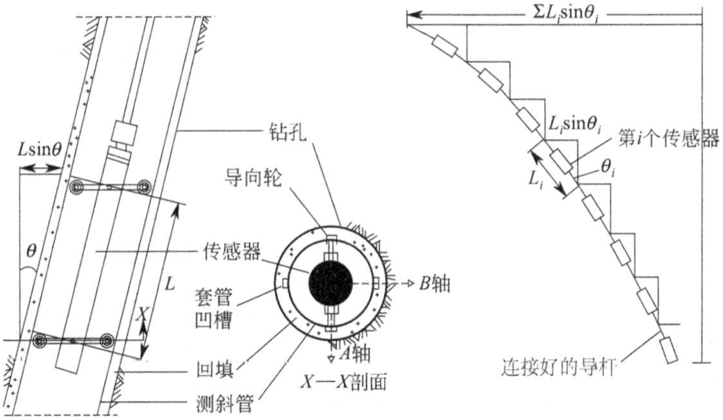

(a) 测斜孔中测斜仪布置图　　(b) 测斜位移计算原理图

图 4.15　测斜孔中测斜仪示意图

IN1 和 IN2 中传感器偏移角度计算公式见表 4.6 和表 4.7。

表 4.6　IN1 测斜孔传感器标定值

测斜孔编号	传感器编号	偏移角度计算公式
IN1-13	08-1602	$\theta=0.002467(R_1-7621)$
IN1-12	08-1633	$\theta=0.002486(R_1-7194)$
IN1-11	08-1618	$\theta=0.002525(R_1-7408)$
IN1-10	08-1628	$\theta=0.002453(R_1-7643)$
IN1-9	08-2869	$\theta=0.002467(R_1-7588)$

续表

测斜孔编号	传感器编号	偏移角度计算公式
IN1-8	08-2867	$\theta=0.002498(R_1-7551)$
IN1-7	08-1630	$\theta=0.002451(R_1-7272)$
IN1-6	08-1616	—
IN1-5	08-1632	$\theta=0.002476(R_1-7038)$
IN1-4	08-1868	$\theta=0.002427(R_1-7406)$
IN1-3	08-4804	$\theta=0.002460(R_1-7458)$
IN1-2	08-1626	$\theta=0.002471(R_1-7107)$
IN1-1	08-1620	$\theta=0.002482(R_1-7195)$

表 4.7　IN2 测斜孔传感器标定值

测斜孔编号	传感器编号	偏移角度计算公式
IN2-13	08-4803	$\theta=0.002433(R_1-7472)$
IN2-12	08-1612	$\theta=0.002471(R_1-7728)$
IN2-11	08-1591	$\theta=0.002480(R_1-7484)$
IN2-10	08-1611	$\theta=0.002512(R_1-7860)$
IN2-9	08-1625	$\theta=0.002428(R_1-7507)$
IN2-8	08-1588	$\theta=0.002446(R_1-7534)$
IN2-7	08-2871	$\theta=0.002496(R_1-7862)$
IN2-6	08-2872	$\theta=0.002440(R_1-7588)$
IN2-5	08-1619	$\theta=0.002525(R_1-7655)$
IN2-4	08-1617	$\theta=0.002506(R_1-7788)$
IN2-3	08-2873	$\theta=0.002448(R_1-7250)$
IN2-2	08-2878	$\theta=0.002380(R_1-7252)$
IN2-1	08-1598	$\theta=0.002516(R_1-7518)$

（4）数据采集系统

固定式测斜仪、渗压计、水分计、张力计压力传感器等，通过外接电缆与自动数采仪的通道相连，传感器所测得的数据通过传感器的外接电缆进入自动数采仪（图 4.16），自动数采仪的 RS232 端口与 GSM 调制解调器相连，这样就可以利用天线以电波形式向外传输。本监测场地采用的数采仪是选用澳大利亚 dataTaker 公司生产的 DT 6 系列产品（图 4.17），该自动数采仪含有通道扩展模块，通过扩展模块可以同时对上百个传感器实施自动数据采集。数据采集频率为 15min。在监测场地后缘，建立一个监测基站，将数采仪放置于基站内，数采仪用蓄电池供电，而蓄电池则依靠基站顶部的太阳能板充电。每隔一或两周进行监测数据下载。

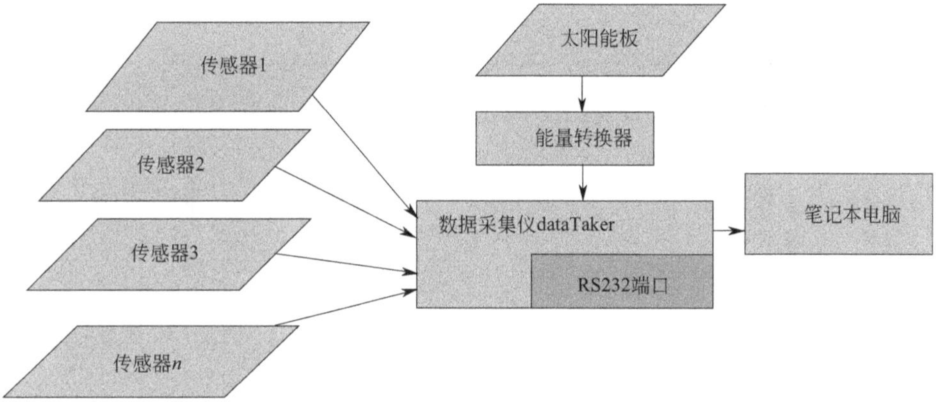

图 4.16　数据采集系统示意图

图 4.17　数据采集仪 dataTaker DT 615

4.3.3　监测数据分析

4.3.3.1　雨量数据

场地监测开始于 2008 年 12 月 5 日，终止于 2009 年 6 月 1 日，降雨量累积达 702mm（图 4.18）。图 4.19 是监测以来日降雨量随时间变化，图 4.20 是小时降雨量与时间关系图。从图 4.19 中看出，2009 年 2 月 21 日以前，场地区无降雨，深圳地区正处于旱季。2009 年 2 月 21 日以后，记录到多场降雨事件，最大日降雨量分别为 123.6mm（2009 年 5 月 24 日）、110mm（2009 年 5 月 23 日），最大小时降雨量分别为 28.4mm（2009 年 5 月 24 日 11:00）、26.8mm（2009 年

5 月 24 日 8:00)。

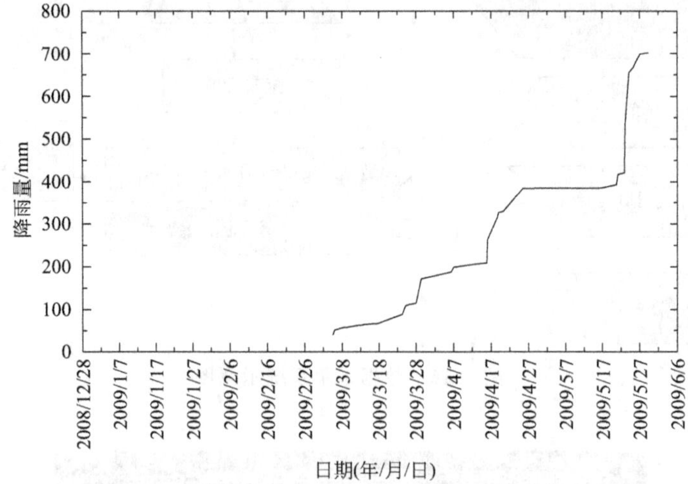

图 4.18　监测期间累积降雨量随时间变化图

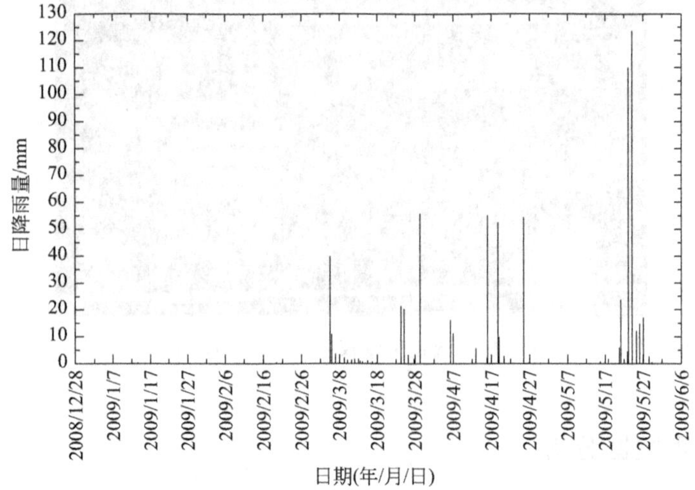

图 4.19　监测期间日降雨量与时间关系图

4.3.3.2　地下水位

图 4.21 是地下水位变化与日降雨量关系图。从图 4.21 中可以看出，2009 年 3 月 5 日之前，无降雨入渗，P1 孔测量地下水位变化很小，P2、P3、P4 孔地下水位降低了约为 1m。2009 年 3 月 5～20 日，降雨量增加，P1 仍然维持基本稳定，而 P2、P3、P4 仍然处于下降状态，且 P2 由于渗压计处于地下水位以上

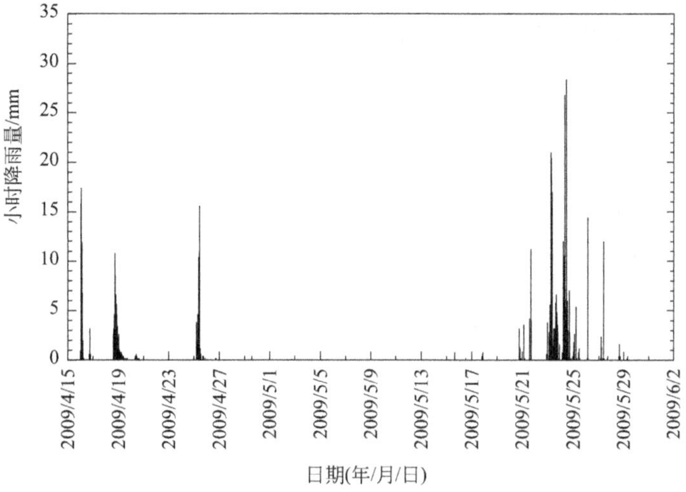

图 4.20 监测期间小时降雨量峰值与时间关系图

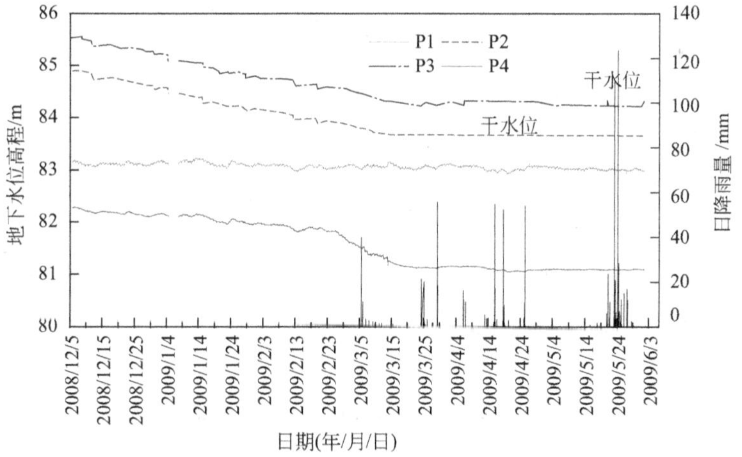

图 4.21 地下水位变化与日降雨量之间关系

而测不到地下水位。2009 年 3 月 20 日之后，地下水位基本稳定，水位变幅很小，P2 仍然测不到地下水位，P3 亦间断性测不到地下水位。这存在两种可能性：一是地下水位持续下降；二是地下水位下降到某一稳定值后不再变化。2009 年 5 月 23 日日降雨量高达 110mm 和 2009 年 5 月 24 日日降雨量高达 123.6mm，但是由于降雨入渗补给地下水需要一定时间，因此这两日的强降雨在短期内难以抬高地下水位。

图 4.22 和图 4.23 是两个剖面地下水位变化图。由此可见，地下水位埋深

大，约为16～18m。挡墙后填土区的地下水位对降雨响应缓慢，受降雨影响较小，由地下水位抬升引起边坡变形破坏的可能性较小。

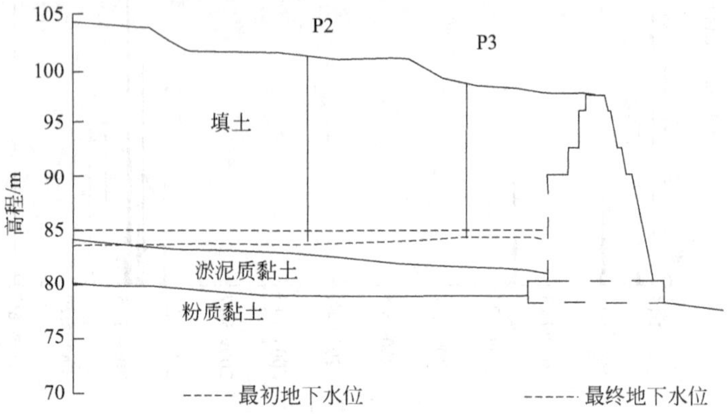

图4.22　1—1′剖面地下水位变化

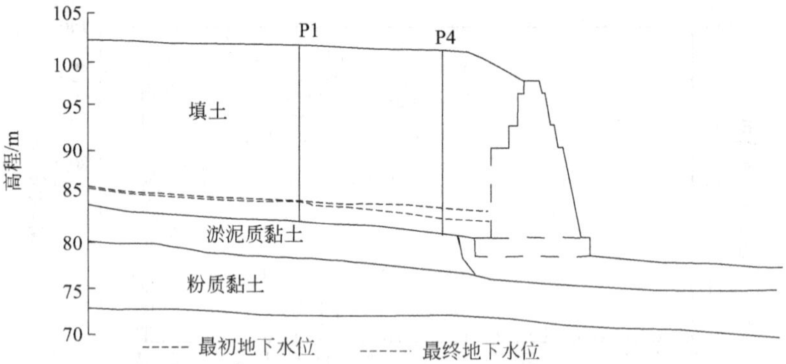

图4.23　2—2′剖面地下水位变化

4.3.3.3 基质吸力和体积含水率

监测以来的半年时间，前三个月（2009年3月5日以前）降雨稀少，2009年3月5日以后，降雨逐渐增加。图4.24为土体基质吸力对日降雨量响应图，图4.25为土体体积含水率对日降雨量响应图。从图中可以看出以下现象：

① 在雨季，土中基质吸力随降雨入渗量增加而减少；在旱季，随降雨入渗量减少而增加。

② 在雨季，土中体积含水率随降雨入渗的增加而增加；在旱季，随降雨入渗的减少而减少。

③ 不同埋深的土体基质吸力不同，埋深越大，基质吸力越小。

④ 不同埋深的土体体积含水率也不同，埋深越大，体积含水率越大。

⑤ 土中基质吸力对降雨响应快慢速率与深度有关，埋深越小，基质吸力随降雨入渗的增加，减少得越快，反之则亦然。

⑥ 土中体积含水率对降雨响应快慢速率也与深度有关，埋深越小，体积含水率随降雨入渗的增加，增加得越快，反之则亦然。

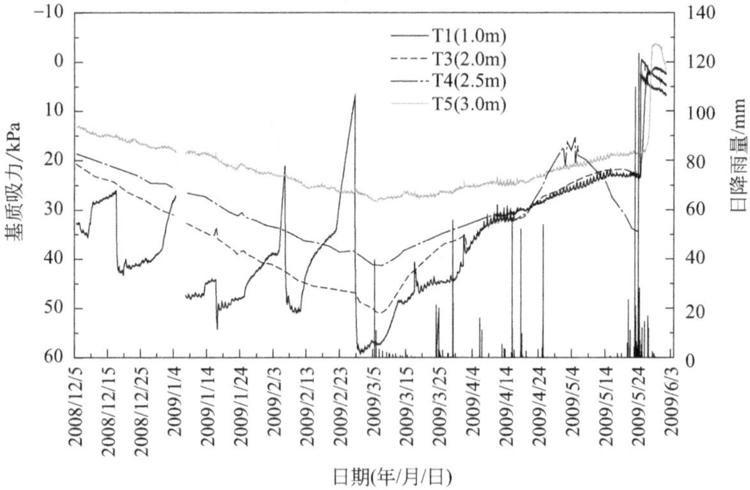

图 4.24 土体基质吸力对日降雨量响应图

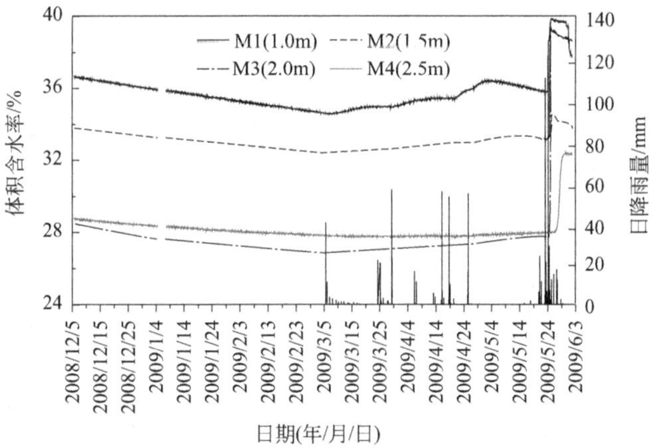

图 4.25 土体体积含水率对日降雨量响应图

图 4.26～图 4.29 为连续两次降雨期间土中基质吸力与体积含水率对日降雨的响应情况，可以看出，2009 年 5 月 23 日的降雨量强于 2009 年 4 月 16 日的降

雨量，比较基质吸力与体积含水率对这两次降雨的响应情况得出，降雨强度越大，基质吸力减小的幅值越大，变化得越快，体积含水率增加的幅值越大，变化得也越快。这也解释了深圳地区边坡变形失稳多发生在强降雨后。在两次降雨之间的早期，1.0m 深处的基质吸力曲线呈明显的拱形，先减少后增加，而埋深 2.0m、2.5m、3.0m 的基质吸力无类似明显规律变化。这说明，越靠近地表处，表明浅部土体基质吸力易受外部环境，如气温、蒸发量等的影响。与之对应的体积含水率尽管在形态上亦呈拱形，但其变化幅度较小。

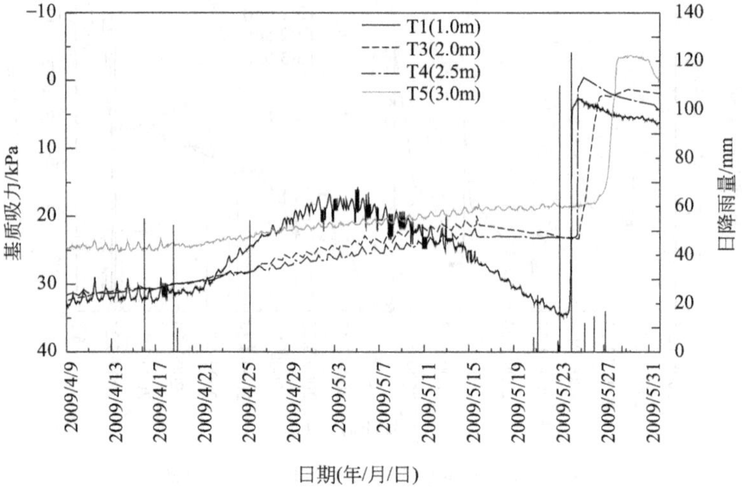

图 4.26　基质吸力对日降雨响应图

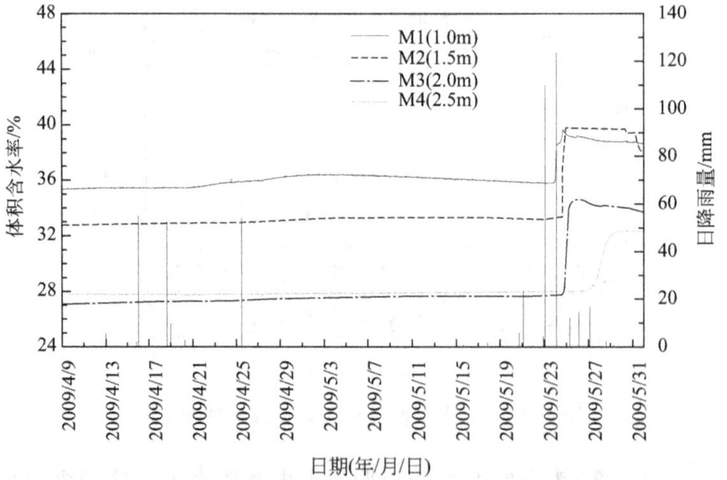

图 4.27　体积含水率与日降雨响应图

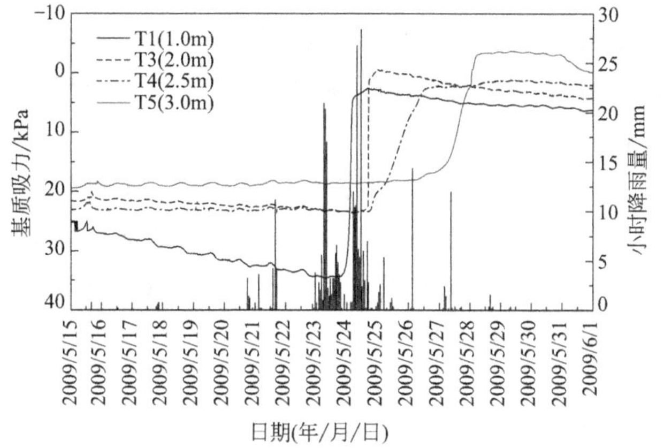

图 4.28　基质吸力对小时降雨响应图

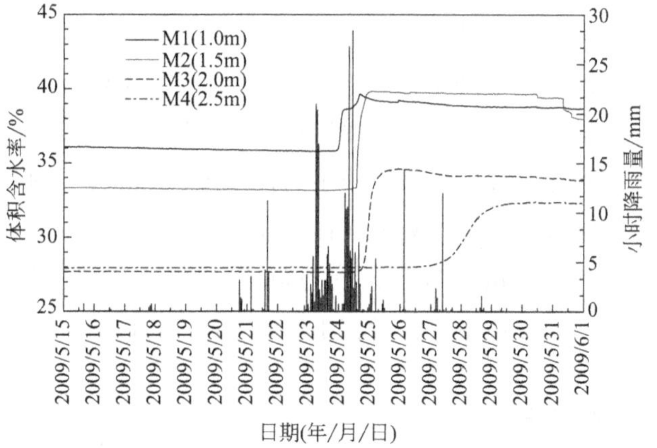

图 4.29　体积含水率对小时降雨响应图

对 2009 年 5 月 21～28 日期间监测数据分析看出：

① 2009 年 5 月 23 日日降雨量 110mm，5 月 24 日日降雨量 123.6mm。连续两日降雨量是监测以来最强的降雨。

② 埋深 1.0m、2.0m、2.5m 和 3.0m 处含水率随着强降雨入渗增加，基质吸力急剧增大，接近零值，因此强降雨入渗土体深度应超过 3.0m。

③ 不同深度土中基质吸力对降雨入渗响应相继滞后，1.0m 处基质吸力滞后 2009 年 5 月 23 日强降雨 18h，2.0m、2.5m 和 3.0m 分别相继滞后 34h、38h 和 90h。

④ 不同深度土中体积含水率对强降雨入渗响应相继滞后，1.0m、1.5m、2.0m 和 2.5m 处体积含水率相继滞后 18h、32h、37h 和 108h。

⑤ 强降雨入渗土体，基质吸力接近零值，2009 年 5 月 25 日后，在 3.0m 处基质吸力开始出现负值，表明土体达到饱和状态，且在此处形成瞬态饱和地下水。根据开挖探井揭露情况分析，可能是填土均一性差，该深度处下部填土的密实度和黏粒含量较高所致。2009 年 5 月 30 日瞬态饱和地下水位开始下降。2009 年 5 月 28 日～6 月 1 日，瞬态饱和地下水持续 5 天，这也能解释降雨滑坡通常在强降雨停止的几天后发生。2009 年 5 月 23～24 日的强降雨并非记录以来深圳日降雨量的最大值，因此如果降雨强度加大，或是持续时间延长，其瞬态地下水位应该更高，不利于边坡的稳定。

4.3.3.4 基质吸力与体积含水率剖面

为了更加深入地理解降雨入渗过程，用强降雨时体积含水率和基质吸力随深度的变化图给予解释。图 4.30 表示土中基质吸力随深度变化图，图 4.31 表示体积含水率随深度变化图，可以看出：

① 2009 年 5 月 23 日 6:00，土中基质吸力较大，体积含水率较低，随着降雨入渗的增加，浅层土中体积含水率逐渐增加，基质吸力逐渐降低，显示湿润锋逐渐向深度前进的动态过程。然而，当湿润锋前进到 3m 深处时，浅层土体中体积含水率又开始缓慢减少，基质吸力缓慢增加。

② 土中基质吸力在 3m 深度处出现为负值，表明此处已形成瞬态饱和地下水位，可能是此处下部渗透系数相对较小所致（图 4.31)。

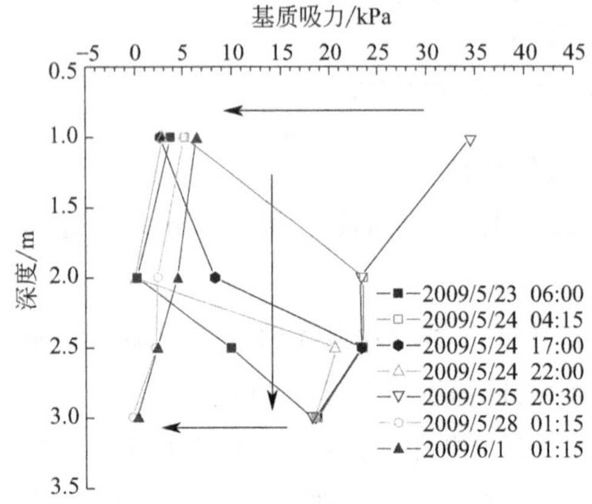

图 4.30 基质吸力随深度变化

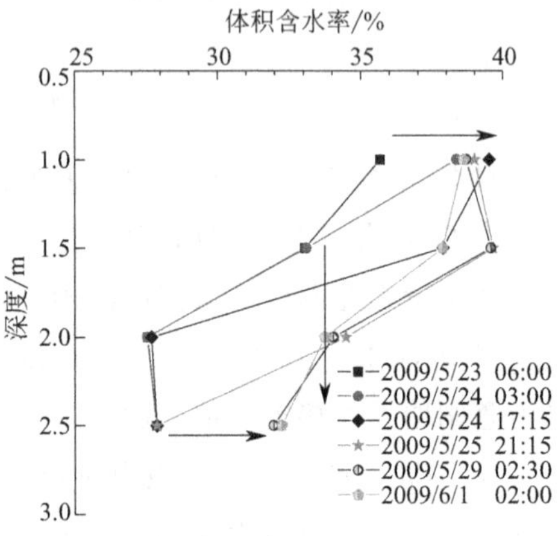

图 4.31 体积含水率随深度变化

图 4.32 表示早期土中基质吸力随深度变化情况，图 4.33 表示早期土中体积含水率随深度变化情况。从 2009 年 1 月 8 日～2 月 28 日，场地无降雨。土体处于净脱水状态（由于埋深 1.0m 的张力计 T1 出现漏气现象，不在图中显示），土中基质吸力增加，体积含水率降低。T3（2.0m）基质吸力增加幅值最大，T4（2.5m）和 T5（3.0m）增加幅值较小。表明当无降雨时，靠近地表水分蒸发量大于深处蒸发量。尽管体积含水率有所减小，但减小量很少。

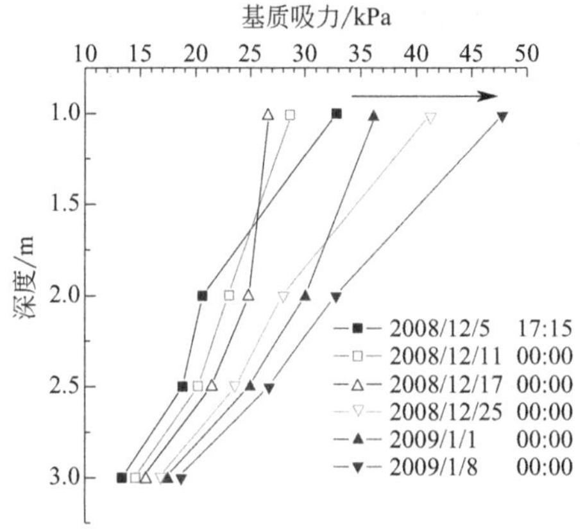

图 4.32 早期土中基质吸力随深度变化情况

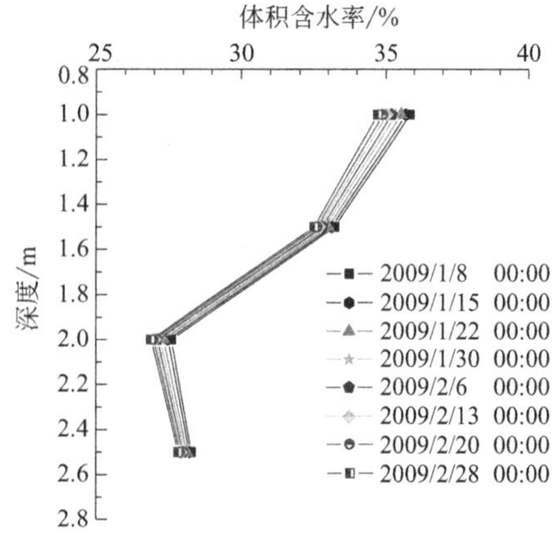

图 4.33 早期土中体积含水率随深度变化情况

4.3.3.5 边坡水平变形

图 4.34 和图 4.35 分别为 IN1 和 IN2 孔水平位移随深度的变化，图 4.36 为 IN1 和 IN2 孔潜在滑动带的相对位移量随日降雨量变化图。从图中分析得出以下结论：

① 监测以来，IN1 和 IN2 孔水平位移随时间的延续而增加，监测开始后的第一个月，水平位移很小。2009 年 1 月 26 日，两孔顶部累积水平位移增加到 3mm。从累计变形与深度的关系曲线可以看出，IN1 中潜在滑动带深 10.0～11.0m，IN2 中潜在滑动带深 10.0～11.0m，两者处于同一深度内，表明滑动面在顺挡墙走向方向具有连续性，而且两孔监测到的潜在滑动带位置与墙体表面出现的裂缝、鼓胀位置相一致。

② 2009 年 3 月 16 日，IN1 中潜在滑动带土体继续向墙体外侧运动，且位移增加到 14mm。IN2 中潜在滑动带继续向墙外侧移动，移动位移相对 IN1 较小，仅 4mm。

③ 2009 年 5 月 25 日，IN1 孔潜在滑动带位移增加到 25mm，但深度未变化，顶部土体水平位移已超过 28mm，底部土体水平位移迅速增加 10mm，表明底部土体向墙外运动位移量增加。IN2 孔潜在滑动带向顶部延伸到 9m 处，位移增加到 10mm，顶部土体水平位移约 16mm，底部土体未变化。

④ 从图 4.34 和图 4.35 还可以看出，自从 2009 年 3 月 5 日降雨以后，顶部 3m 以上的土体水平位移逐渐增加，位移速率也随着增加，此现象与前文中的土中基质吸力和体积含水率监测结果是一致的，前文中降雨入渗引起浅层（主要 3m 深）土体基质吸力降低，体积含水率增加，土中抗剪强度降低，边坡稳定性下降，从而引起浅部 3m 深土体水平位移增加。

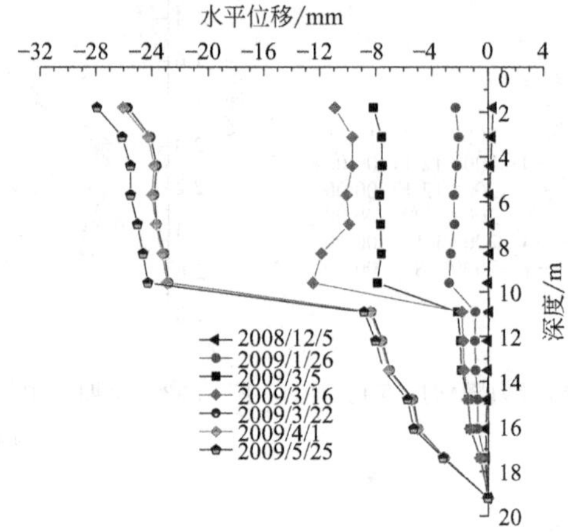

图 4.34　IN1 孔水平位移随孔深变化图

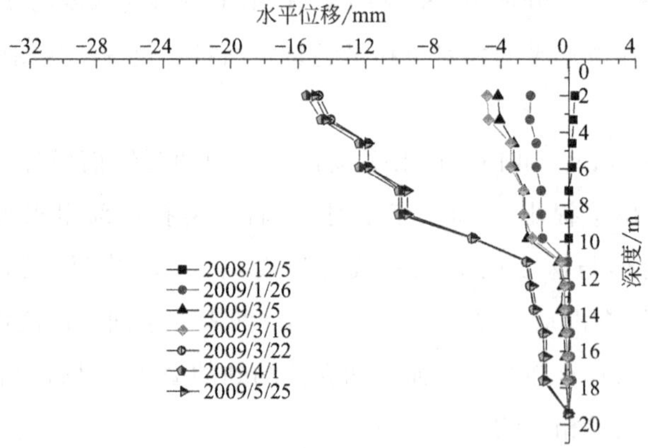

图 4.35　IN2 孔水平位移随孔深变化图

图 4.36 反映了潜在滑动带相对位移量随日降雨量变化图。2009 年 3 月 5 日以后，雨量逐渐增加，监测以来日降雨量最大的两日（5 月 23 日和 5 月 24 日），

分别为 110mm 和 123.6mm。2009 年 6 月 1 日，IN1 孔滑动带的相对位移增加到 16mm，IN2 孔增加到 8mm。滑动带变形增加速度有缓有快。前三个月降雨量稀少，两孔滑动带位移增加较缓；而 IN1 曲线斜率较 IN2 曲线斜率大，表明 IN1 孔位移增加量较 IN2 快且大。2009 年 3 月 5 日和 3 月 6 日降雨后，2009 年 3 月 17 日，IN1 孔滑带相对位移增加 4mm，IN2 孔增加 6mm，滞后降雨 11d，说明累加位移峰值滞后于降雨峰值。2009 年 3 月 5 日降雨开始时，同时 IN1 滑带相对位移骤增 5mm，但不是由降雨入渗所致。2009 年 5 月 23 日之前也出现几次日较强降雨，IN1 和 IN2 孔滑带相对位移基本保持不变，说明并不是每日的降雨峰值都必然引起峰值位移。直到 2009 年 5 月 23 日和 5 月 24 日连续两日强降雨，滑动带变形加速，可能由于前期降雨入渗，滑动带加速变形对强降雨响应敏感，无滞后效应。从图 4.37 可以看出 2009 年 3 月 5 日降雨后，IN2 孔 3m 和 IN1 孔 1.8m 处水平相对位移增加，IN2 孔 1.8m 和 IN1 孔 3.1m 处位移增加量相对较小。

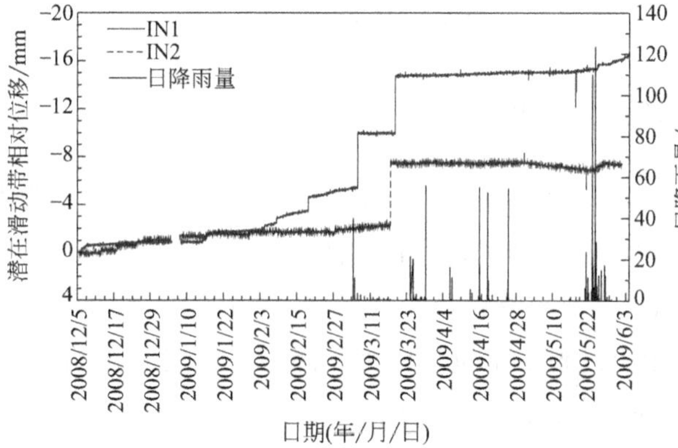

图 4.36　潜在滑动带的相对位移量随日降雨量变化图

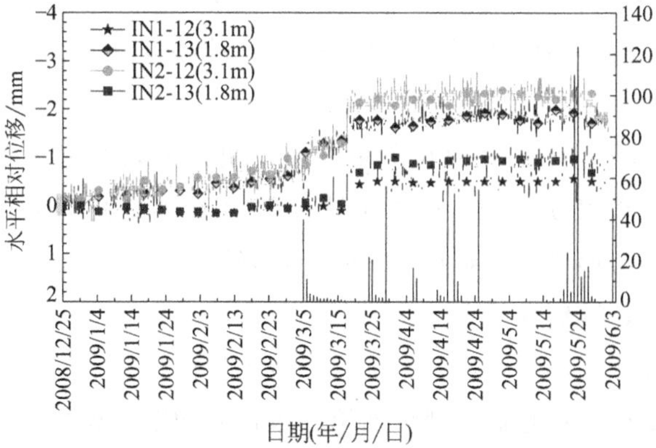

图 4.37　顶部相对水平位移随降雨量变化图

从挡墙边坡变形与日降雨量的关系来看，IN1 孔和 IN2 孔在 2008 年 12 月 5 日～2009 年 3 月 5 日期间，尽管没有降雨，但仍然有极为缓慢的变形，在 IN1 孔表现得更为明显；2009 年 3 月 16 日监测到的明显变形应为前期降雨所致，日最大降雨量 42mm，变形滞后日最大降雨量出现的时间 11d；2009 年 5 月 25 日，IN1 孔和 IN2 孔发生的明显变形应与 2009 年 5 月 23 日和 5 月 24 日连续两日强降雨有关，但滞后时间仅 1～2d，日降雨量分别为 110mm 和 123.6mm。值得指出的是 2009 年 3 月 30 日～5 月 23 日期间出现了 4 次较强降雨，日降雨量为 52～57mm，边坡却没有发生明显变形，说明了降雨与边坡变形之间的关系十分复杂。从监测预警的安全角度出发，对该边坡可以采用日降雨量 42mm 作为边坡变形阈值。

从变形监测结果来看，长时间无雨期间边坡即出现缓慢的蠕滑变形，说明边坡处于临界稳定状态；而强降雨期间边坡发生的明显变形说明边坡处于不稳定状态。综合分析认为，边坡处于不稳定状态。

4.3.4 边坡变形机制分析

图 4.38 是潜在滑动带位置图，图 4.39 是 IN1 各测斜传感器相对位移量图，图 4.40 是 IN2 各测斜传感器相对位移量图。

通过对变形监测及其与降雨量的关系，可以初步分析边坡的变形机制：

① 挡墙背后填土区地下水位埋深大，降雨入渗对其影响较小，因此地下水位抬升引起填土边坡失稳的可能性较小。

② 随着降雨入渗的增加，土中浅层体积含水率增加，基质吸力减少，从而造成土体抗剪强度降低，引起浅层土体向墙体外侧运动。当日降雨量大于 110mm 时，土中基质吸力降低为零，体积含水率增加，在 3m 处土体出现滞水，不利于边坡稳定性。

③ 从单个测斜传感器的相对位移量的响应快慢可以看出，最先测出的位移变化量的位置是潜在滑动带处，而不是从顶部向下部慢慢反应的过程，由此推断，潜在滑动带早已形成，当雨季到来时，强降雨的入渗增加，使得潜在滑动带的位移量继续增加，发展成更大的变形。

由于墙体顶部和底部填土位移量远小于滑动带位移，填土发生了沿潜在滑动带向墙外的剪切变形，这是造成墙表面第三级台阶和第四级台阶交界处发生鼓胀裂缝现象的原因（图 4.7）。

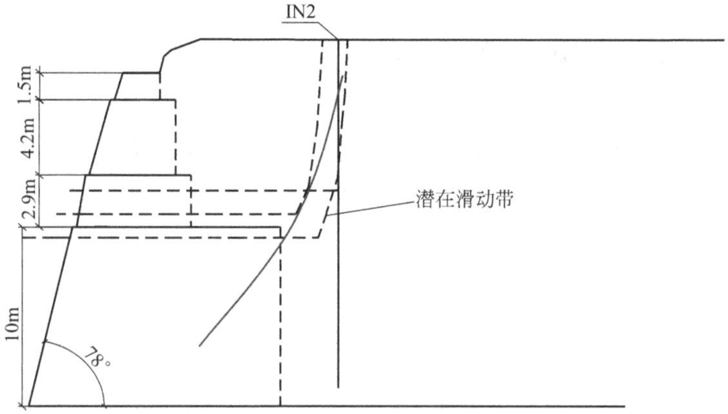

图 4.38 潜在滑动带位置图

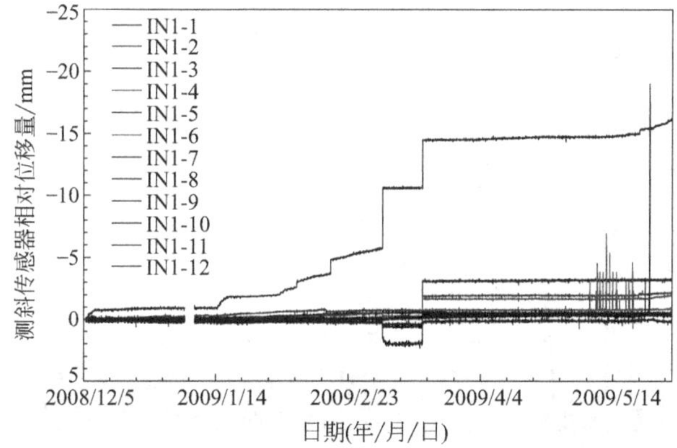

图 4.39 IN1 各测斜传感器相对位移量

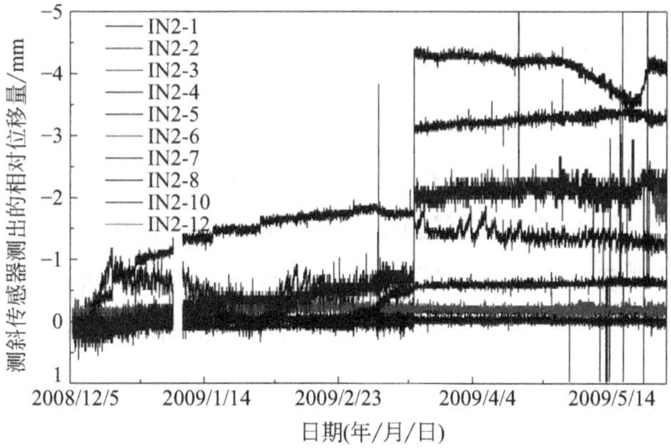

图 4.40 IN2 各测斜传感器相对位移量

4.4 降雨水文响应过程模拟

边坡降雨水文响应是边坡稳定性分析的基础，通过对降雨条件下挡墙填土边坡的饱和-非饱和渗流模拟，可以探索该边坡的水文响应过程。

4.4.1 计算模型

4.4.1.1 计算范围

根据赖屋山地质钻孔资料，建立二维边坡水文地质概化模型（图 4.41），边坡从上到下依次为：填土、淤泥质黏土、粉质黏土、全风化花岗岩。在填土区，各层的密实度不同，渗透系数相应存在差异，将填土区分为四层。淤泥质黏土、粉质黏土、全风化花岗岩各分为一层。将挡墙体分为一层但未赋予材料属性。

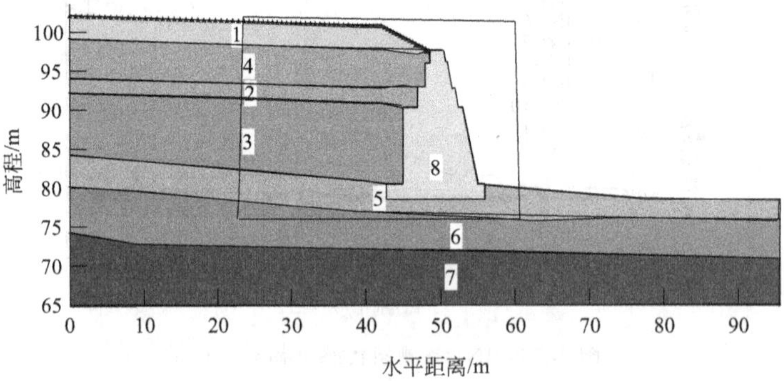

图 4.41　水文地质概化模型

1—表层 3m 填土；2—潜在滑动带填土埋深 9～11m；3—填土底部；4—埋深 3～9m 填土；5—淤泥质黏土；6—粉质黏土；7—花岗岩；8—挡土墙

计算模型选用三角形剖分网格。模型各层的厚度分布不均，采用四边形结构网格剖分难度大、欠美观，且易造成长宽比较大，影响到计算结果。采用三角形剖分网格，不仅难度小，易在所需区域进行细分，而且三角形各角的内角大小容易控制，不会影响到计算结果。图 4.42 为剖分后的计算网格。

4.4.1.2 控制方程

从水流的连续性条件和达西定律可以得到二维饱和-非饱和渗流控制方程：

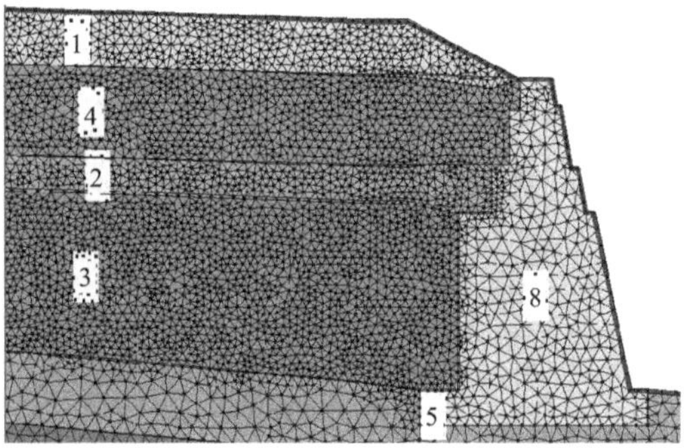

图 4.42　赖屋山渗流分析模型剖分后的计算网格

$$\frac{\partial}{\partial x}\left[K_x(h)\frac{\partial H}{\partial x}\right]+\frac{\partial}{\partial z}\left[K_z(h)\frac{\partial H}{\partial z}\right]+Q=S(h)\frac{\partial H}{\partial t} \tag{4.8}$$

式中，x、z 分别为相对水平距离和高程；t 为时间；H 为水头；Q 为流量边界条件；$K_x(h)$、$K_z(h)$ 分别为与基质吸力有关的水平和垂向渗透系数，在渗流计算中假设渗透系数各向相等，即 $K_x(h)=K_z(h)=K(h)$；h 为用水头表示的基质吸力，当 $H<z$ 时，坡体处于非饱和阶段，如果 h 不超过设定的最大基质吸力 h_{max}，$h=z-H$，否则 $h=h_{max}$，当 $H\geqslant z$ 时，坡体处于饱和阶段，$h=0$；$S(h)$ 为比水容量，非饱和条件下为土水特征曲线（SWCC）中单位基质吸力的变化引起的含水率变化：

$$S(h)=C(h)=\frac{\partial\theta}{\partial h} \tag{4.9}$$

式中，$C(h)$ 为非饱和土的贮水能力；θ 为体积含水率。

4.4.1.3　边界条件

模型边界条件的取决直接影响到计算结果，因而在建模时就已从水文地质概化模型及边界条件的角度进行了考虑。

取模型左侧边界为 0 流量边界，模型右侧边界选取距离挡墙较远、水位相对稳定，作为定水头边界处理。模型底部边界同左侧边界，也设为 0 流量边界。降雨模拟时在填土区以降雨强度为标准施加流量边界条件且同时施加潜在渗透面边界。这样在计算过程中，当降雨强度小于边坡的入渗能力时，以降雨强度为流量边界条件；当降雨强度大于边坡的入渗能力时，将边坡坡面边界条件设计为 0 水头边界，即认为超出入渗能力之外的雨水不在地表贮留，而是瞬时流走。选取

2009 年 5 月 23～30 日的降雨记录，按小时降雨量作为边界条件施加到挡墙填土区顶部（图 4.43）。

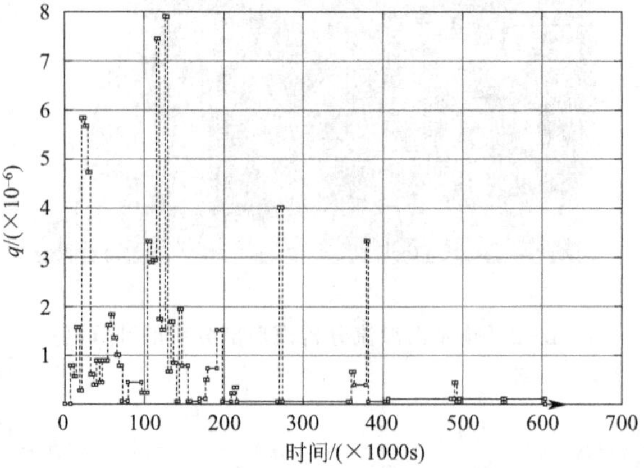

图 4.43　瞬态渗流降雨边界条件

4.4.1.4　计算参数

填土区渗透系数主要来自现场双环渗透试验，淤泥质黏土、粉质黏土、全风化花岗岩饱和渗透系数来自工程地质类比法经验所得（表 4.8）。土水特征曲线（SWCC）通过 Van-Genuchten 法估计（图 4.44）。淤泥质黏土、粉质黏土、花岗岩的土水特征曲线均采用填土区的土水特征曲线，由于填土下部是饱和土体，该处理方式对计算结果无影响。非饱和渗透函数利用饱和渗透系数和土水特征曲线计算（图 4.45）。

表 4.8　模型渗透参数

层数	岩性	饱和渗透系数/(m/s)
1	表层 3m 填土	2.5000×10^{-7}
2	潜在滑动带填土埋深 9～11m	5.0000×10^{-7}
3	填土底部	6.0000×10^{-7}
4	埋深 3～9m 填土	7.0100×10^{-7}
5	淤泥质黏土	3.0000×10^{-8}
6	粉质黏土	9.0000×10^{-8}
7	花岗岩	1.0000×10^{-8}

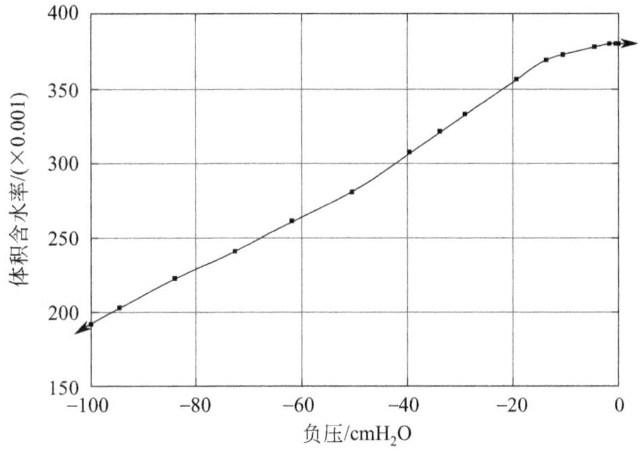

图 4.44　利用 Van-Genuchten 法估计的土水特征曲线

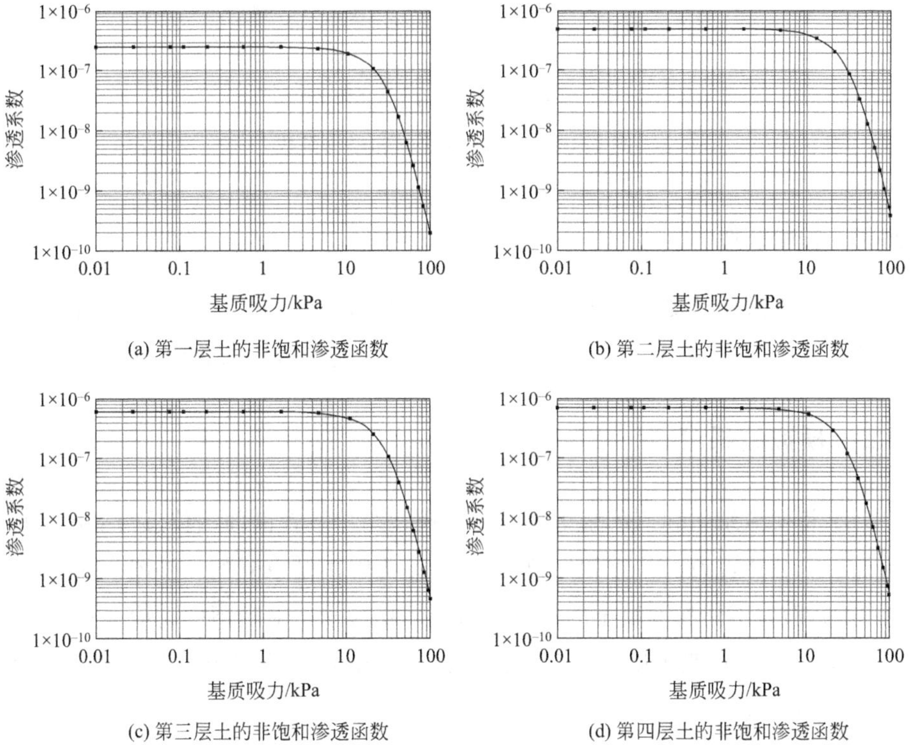

图 4.45

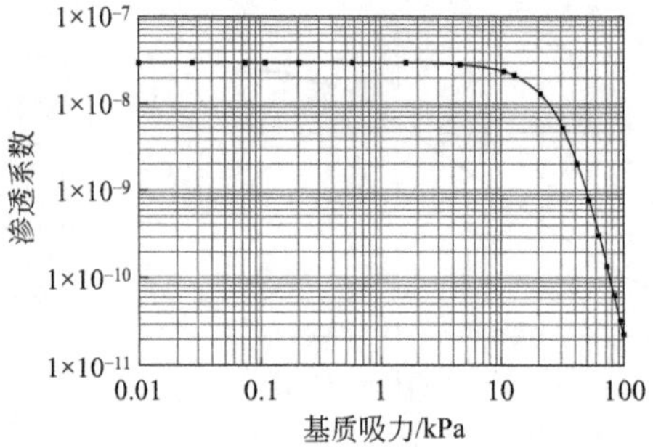

(e) 第五层土的非饱和渗透函数

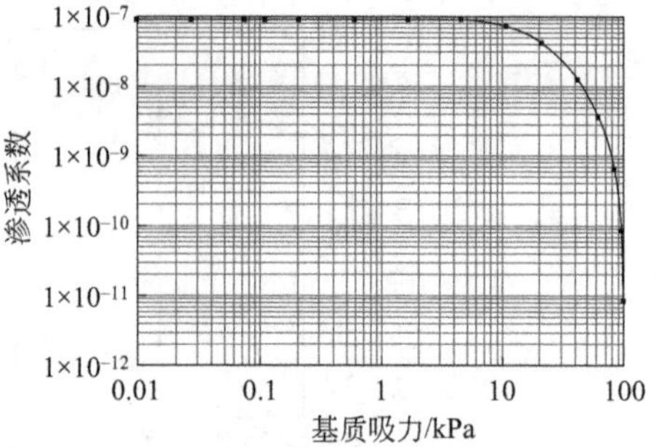

(f) 第六层土的非饱和渗透函数

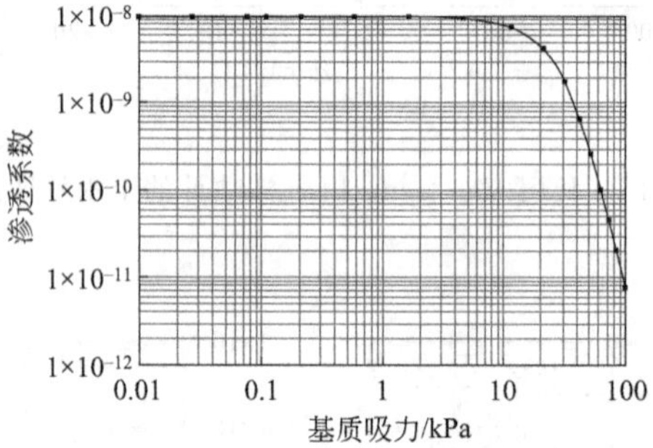

(g) 第七层土的非饱和渗透函数

图 4.45 各层土的非饱和渗透函数

4.4.1.5 初始条件

初始条件采用监测的地下水位，直接施加到模型上面，省去稳态模拟。模拟2d强降雨条件下土中体积含水率和基质吸力的变化情况和湿润锋的推进情况。

4.4.2 模拟结果分析

为了将模拟结果和监测结果相对比，模拟结果选择剖面的位置与监测剖面中张力计、水分计埋设的位置相一致。图 4.46 为降雨结束时的入渗图。图 4.47 与图 4.48 分别为不同深度填土的基质吸力与体积含水率对降雨的响应模拟结果。

① 模拟的基质吸力随着强降雨的入渗而降低，与监测土中基质吸力对降雨响应趋势相一致。

② 模拟的体积含水率随着强降雨的入渗而升高，与监测土中体积含水率随降雨变化趋势相一致。

③ 随降雨入渗的增加，模拟的不同深度处土中基质吸力减少量不同，越靠

近填土地表，基质吸力减少量越大，减少的速度也越快。由此看出模拟的基质吸力对强降雨响应变化趋势与监测结果相一致。

④ 随降雨入渗的增加，模拟的不同深度处土中体积含水率增加量不同，越靠近填土地表，体积含水率增加量越大，增加的速度也越快。由此看出模拟的体积含水率对强降雨响应变化趋势与监测结果一致。

⑤ 模拟的基质吸力与体积含水率对降雨响应具有滞后性，深度 3m 以内的基质吸力的体积含水率与监测到的基质吸力与体积含水率对降雨的滞后性基本一致。

⑥ 从图 4.46 的降雨入渗过程图可以看出，降雨入渗短时间内主要集中在浅层填土处，在较短的时间内很难入渗到地下水位处，说明短时间内降雨入渗不能对饱和地下水形成有效补给。

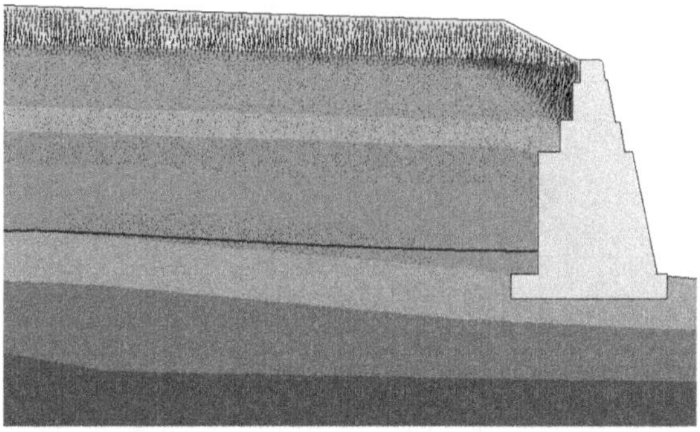

图 4.46　降雨结束时的入渗

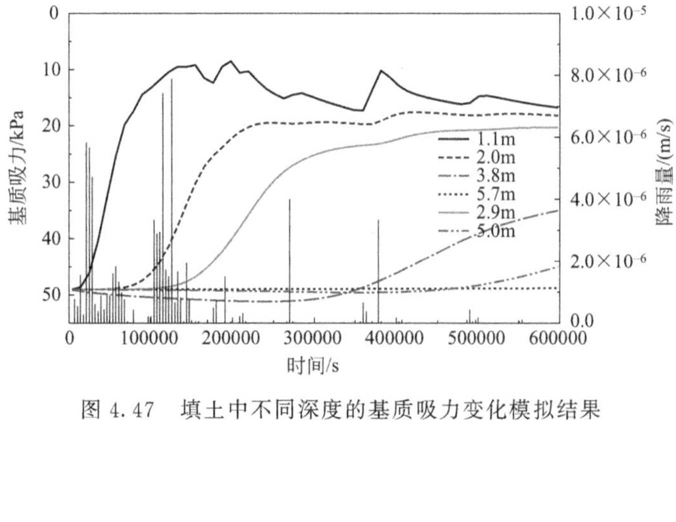

图 4.47　填土中不同深度的基质吸力变化模拟结果

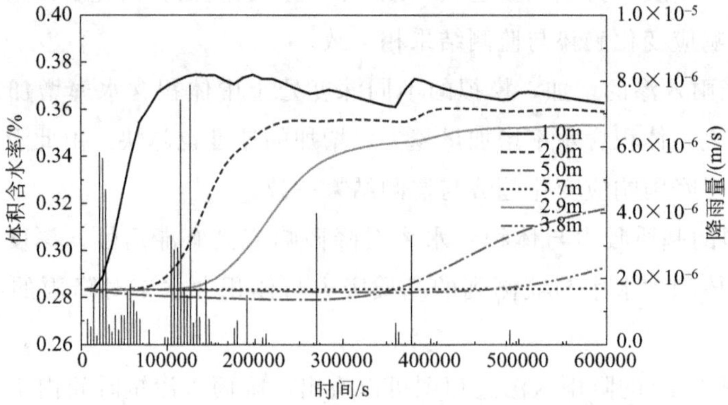

图 4.48　填土中不同深度的体积含水率变化模拟结果

参考文献

[1] Schuster R L, Lynn M H. Socioeconomic impacts of landslides in the western hemisphere [R]. U. S. Geological Survey Open-file Report, 2001.

[2] Parise M, Wasowski J. Landslide activity maps for landslide hazard evaluation; Three case studies from southern Italy [J]. Natural Hazards, 1999, 20 (2-3): 159-183.

[3] Staub I B. A methodology for the mapping and analysis of 'debris-flow initiation' hazard - application to the Bragousse torrent (France) [J]. Bulletin of Engineering Geology and the Environment, 2001, 59 (4): 319-332.

[4] Raetzo H, Lateltin O, Bollinger D, et al. Hazard assessment in Switzerland-Codes of practice for mass movements [J]. Bulletin of Engineering Geology and the Environment, 2002, 61 (4): 263-268.

[5] Lin H C, Richards D R, Yeh G T, et al. Femwater; A three dimensional finite element computer model for simulating density dependent flow and transport [R]. U. S. Army Engineer Waterways Experiment Station Technical Report, 1996: 129.

[6] Bhasin R, Grimstada E, Larsena J O, et al. Landslide hazards and mitigation measures at Gangtok, Sikkim Himalaya [J]. Engineering Geology, 2002, 64 (4): 351-368.

[7] 张春山，张业成，胡景江，等．中国大陆新构造运动与地质灾害时空分布 [J]. 地质力学学报，1999，5 (3): 84-88.

[8] 王思敬．地球内外动力耦合作用与重大地质灾害的成因初探 [J]. 工程地质学报，2002，10 (2): 115-117.

[9] Reid M E, Iverson R M. Gravity-driven groundwater flow and slope failure potential; 2, effects of slope morphology, material properties and hydraulic heterogeneity [J]. Water resources research, 1992, 28 (3): 939-950.

[10] Crosta C, Prisco D. On slope instability induced by seepage erosion [J]. Canadian Geotechnical Journal, 1999, 36: 1026-1073.

[11] 吴宏伟，陈守义，庞宇威．雨水入渗对非饱和土坡稳定性影响的参数研究 [J]. 岩土力学，1999，20 (1): 1-13.

[12] 黄润秋，戚国庆．非饱和渗流基质吸力对边坡稳定性的影响 [J]. 工程地质学报，2002，10 (4): 343-348.

[13] 程强，寇小兵，黄绍槟，等．中国红层的分布及地质环境特征 [J]. 工程地质学报，2004，12 (1): 34-40.

[14] Ng C W W, Shi Q. Influence of rainfall intensity and duration on slope stability in unsaturated soils [J]. Quarterly Journal of Engineering Geology, 1998, 31: 105-113.

[15] Leroueil S. Natural slopes and cuts: Movement and failure mechanisms [J]. Geotechnique, 2001, 51 (3): 197-243.

[16] Aleotti P. A warning system for rainfall-induced shallow failures [J]. Engineering geology, 2004, 73: 247-265.

[17] Blatz J A, Ferreira N J, Graham J. Effects of near-surface environmental conditions on instability of an unsaturated soil slope [J]. Canadian Geotechnical Journal, 2004, 41: 1111-1126.

[18] Keefer D K, Wilson R C, Mark R K, et al. Real-time landslide warning during heavy rainfall [J]. Science, 1987, 238: 921-925.

[19] Montgomery D R, Dietrich W E, et al. Hydrologic response of a steep, unchanneled valley to natural and applied rainfall [J]. Water resources research, 1997, 33 (1): 91-109.

[20] Stoutjesdijk T P, Groot M B, Lindenberg J. Flow slide prediction method: Influence of slope geometry [J]. Canadian Geotechnical Journal, 1998, 35: 43-54.
[21] Sidle R C, Ochiai H. Landslides Processes, Prediction and Land Use [M]. Washington DC: American Geophysical Union, 2006.
[22] Wieczorek. Effect of rainfall intensity and duration on debris flows in central Santa Cruz Mountains, California [J]. Reviews in Engineering Geology, 1987, 7: 1175-1194.
[23] Matsushi Y, Matsukura Y. Rainfall thresholds for shallow landsliding derived from pressure-head monitoring: Cases with permeable and impermeable bedrocks in Boso Peninsula, Japan [J]. Earth surface process and landforms, 2007, 32: 1308-1322.
[24] Tarolli P, Borga M, Fontana G D. Analysing the influence of upslope bedrock outcrops on shallow landsling [J]. Geomorphology, 2008, 93: 186-200.
[25] Wasowski J. Understanding rainfall-landslide relationships in man-modified environments: A case-history from Caramanico Terme, Italy [J]. Environmental geology, 1998, 35 (2-3): 197-209.
[26] Fourie A B, Rowe D, Blight G E. The effect of infiltration on the stability of the slopes of a dry ash dump [J]. Geotechnique, 1999, 49 (1): 1-13.
[27] Iverson R M, Reid M E, Iverson N R, et al. Acute sensitivity of landslide rates to initial soil porosity [J]. Science, 2000, 290 (5491): 513-516.
[28] Orense R P, Shimoma S, Maeda K, et al. Instrumented model slope failure due to water seepage [J]. Journal of Natural Disaster Science, 2004, 26 (1): 15-26.
[29] Tohari A, Nishigaki M, Komatsu M. Laboratory rainfall-induced slope failure with moisture content measurement [J]. Journal of Geotechnical and Geoenvironmental Engineering, 2007, 133 (5): 575-587.
[30] Sun H W, Wong H N, Ho K K S. Analysis of infiltration in unsaturated ground, Proc [M]. Annual Seminar on Slope Engineering in Hong Kong. Hong Kong: Balkema publisher, 101-109, 1998.
[31] Zhang L L, Fredulund D G, Zhang L M, et al. Numerical study of soil condistions under which matric suction can be maintained [J]. Canadian Geotechnical Journal, 2004, 41: 569-582.
[32] Zhang X, Koutsabeloulis N C, Hope S, et al. A finite element analysis for the stability of drystone masonry retaining walls [J]. Géotechnique, 2004, 54 (1): 57-60.
[33] Cho S E, Lee S R. Instability of unsaturated soil slopes due to infiltration [J]. Computers and geotechnics, 2001, 28: 185-208.
[34] Mukhlisin M, Kosugi K, Satofuka Y, et al. Effects of soil porosity on slope stability and debris flow runout at a weathered granitic hillslope [J]. Vadose zone journal, 2006, 5: 283-295.
[35] Terlien M T J. Hydrological landslide triggering in ash-covered slopes of Manizales [J]. Geomorphology, 1997, 20 (1-2): 165-175.
[36] Zhang J, Jiao J J, Yang J. In situ rainfall infiltration studies at a hillside in Hubei Province, China [J]. Engineering geology, 2000, 57: 31-38.
[37] Wang G, Sassa K. Factors affecting rainfall-induced flowslides in laboratory flume tests [J]. Géotechnique, 2001, 51 (7): 587-599.
[38] Take W A, Bolton M D, Wong P C P, et al. Evaluation of landslide triggering mechanisms in model fill slopes [J]. Landslides, 2004, 1: 173-184.
[39] Borga M, Fontana G D, Gregoretti C, et al. Assessment of shallow landsliding by using a physically based model of hillslope stability [J]. Hydrological Processes, 2002, 16: 2833-2851.
[40] Jiao J, Leung C, Ding G. Confined groundwater at No52 [M]. Hollywood Road, Hong Kong: International Conference on Slope Engineering, 2003.
[41] Picarelli L, Urciuoli G, Russo C. Effect of groundwater regime on the behaviour of clayey slopes

[J]. Canadian Geotechnical Journal, 2004, 41: 467-484.
[42] Montgomery D R, Dietrich W E. A physically based model for the topographic control on shallow landsliding [J]. Water resources research, 1994, 30 (4): 1153-1171.
[43] Talebi A, Uijlenhoet R, Troch P A. A low-dimensional physically based model of hydrologic control of shallow landsliding on complex hillslopes [J]. Earth Surface Processes and Landforms, 2008, 33: 1964-1976.
[44] Harp E L, Wells W G, Sarmiento J G. Pore pressure response during failure in soils [J]. Geological Society of America Bulletin, 1990, 120: 428-438.
[45] Cooper M R, Bromhead E N, Petley D J, et al. The Selborne cutting stability experiment [J]. Geotechnique, 1998, 48 (11): 83-101.
[46] Lim T T, Rahardjo H, Chang M F, et al. Effect of rainfall on matric suctions in a residual soil slope [J]. Canadian Geotechnical Journal, 1996, 33 (4): 618-628.
[47] 黄润秋，戚国庆．滑坡基质吸力观测研究 [J]. 岩土工程学报，2004，26 (3)：216-219.
[48] Rezaur R B, Rahardjo H, Leong E C, et al. Hydrologic behavior of residual soil slopes in Singapore [J]. Journal of Hydrologic Engineering, 2003, 8 (3): 133-144.
[49] Baum R L, McKenna P J, Godt J W, et al. Hydrologic monitoring of landslide-prone coastal bluffs near Edmonds and Everett, Washington, 2001-2004 [J]. Open-File Report, 2005.
[50] 朱伟，山村和也．降雨时土堤内的饱和-非饱和渗流及其解析 [A]. 中国土木工程学会第八届土力学及岩土工程学术会议论文集 [C]. 北京：1999.
[51] 罗先启，刘德富，吴剑，等．雨水及库水作用下滑坡模型试验研究 [J]. 岩石力学与工程学报，2005，24 (14)：2476-2483.
[52] 周中，傅鹤林，刘宝琛，等．土石混合体边坡人工降雨模拟试验研究 [J]. 岩土力学，2007，28 (7)：1391-1396.
[53] 张华，陈善雄，陈守义．非饱和土入渗的数值模拟 [J]. 岩土力学，2003，24 (5)：715-718.
[54] Trandafir A C, Sidle R C, Gomi T, et al. Monitored and simulated variations in matric suction during rainfall in a residual soil slope [J]. Environmental Geology, 2007, 55 (5): 951-961.
[55] Rahardjo H, Lee T T, Leong E C, et al. Response of a residual soil slope to rainfall [J]. Canadian Geotechnical Journal, 2005, 42: 340-351.
[56] Gasmo J M, Rahardjo H, Leong E C. Infiltration effects on stability of a residual soil slope [J]. Computers and Geotechnics, 2000 (26): 145-165.
[57] 童富果．降雨条件下坡面径流与饱和-非饱和渗流耦合计算模型研究 [D]. 宜昌：三峡大学，2004.
[58] 李兆平，张弥．降雨入渗对基坑工程安全性影响的研究 [J]. 中国安全科学学报，2000，10 (3)：16-22.
[59] 陈力，刘清泉，李家春．坡面降雨入渗产流规律的数值模拟研究 [J]. 泥沙研究，2001，(4)：61-67.
[60] 荣冠，张伟，周创兵．降雨入渗条件下边坡岩体饱和非饱和渗流计算 [J]. 岩土力学，2005，26 (10)：1545-1550.
[61] 吴梦喜，高莲士．饱和-非饱和非稳定渗流数值分析 [J]. 水利学报，1999，30 (12)：38-42.
[62] 张卓，练继建，杨晓慧．不同降雨强度下岩体边坡的渗流场分析 [J]. 水力发电学报，2006，25 (5)：27-30.
[63] 王继华．降雨入渗条件下土坡水土作用机理及其稳定性分析与预测预报研究 [D]. 长沙：中南大学，2006.
[64] 王世梅．雾雨作用下大岩淌滑坡非饱和渗流场数值模拟 [J]. 水文地质工程地质，2009，36 (4)：32-36.
[65] 童富果，田斌，刘德富．改进的斜坡降雨入渗与坡面径流耦合算法研究 [J]. 岩土力学，2008，29 (4)：1036-1040.

[66] 王晓峰，刘光焰，王涛．非饱和土体降雨入渗的全过程数值模拟［J］．水文，2007，27（1）：30-34.
[67] 孙德安，向黎．非饱和土水力和力学性状耦合的弹塑性模型研究进展［J］．水利水电科学进展，2008，28（1）：82-85.
[68] Ng C W W，Wang B，Tung Y K. Three-dimensional numerical investigation of groundwater response in an unsaturated slope subjected to various rainfall patterns［J］. Canadian Geotechnical Journal，2001，1049-1062.
[69] Ng C W W，Fung W T，Cheuk C Y，et al. Influence of stress ratio and stress path on behavior of loose decomposed granite［J］. Journal of geotechnical and geoenvironmental engineering，2004，130（1）：36-44.
[70] 朱海军，周创兵．岩土体三维非线性渗流有限元数值分析［J］．岩石力学与工程学报，2004，23（18）：3076-3080.
[71] 梅一，吴吉春．基于FEMWATER的东北某地抽水蓄能电站渗流模型研究［J］．水文地质工程地质，2008，（6）：1-5.
[72] 徐艳，徐安花，刘建坤．一种基于三维渗流计算的边坡稳定性分析方法［J］．青海科技，2004，（5）：28-30.
[73] Fredlund D G，Rahardjo H. 非饱和土力学［M］．陈仲颐，张在明，陈愈炯，等译．北京：中国建筑工业出版社，1997.
[74] 戴福初，陈守义，李焯芬．从土的应力应变特性探讨滑坡发生机理［J］．岩土工程学报，2000，22（1）：127-130.
[75] Chu J，Leroueil s，Leong W K. Unstable behaviour of sand and its implication for slope instability［J］. Canadian Geotechnical Journal，2003，40：873-885.
[76] Dai F C，Lee C F，Wang S J，et al. Stress-strain behaviour of a loosely compacted volcanic-derived soil and its significance to raifall-induced fills slope failures［J］. Engineering geology，1999，53：359-370.
[77] Chen H，Lee C F，Law K T. Causative mechanisms of rainfall-induced fill slope failures［J］. Journal of geotechnical and geoenvironmental engineering，2004，130（6）：593-602.
[78] Melinda F，Rahardjo H，Han K K，et al. Shear strength of compacted soil under infiltration condition［J］. Journal of geotechnical and geoenvironmental engineering，2004，130（8）：807-817.
[79] Wang F W，Shibata H. Influence of soil permeability on rainfall-induced flowslides in laboratory flume tests［J］. Canadian Geotechnical Journal，2007，44：1128-1136.
[80] Duncan J M. State of the art：Limit equilibrium and finite-element analysis of slopes［J］. Journal of Geotechnical Engineering，1996，122（7）：577-597.
[81] Cheuk C Y，Ng C W W，Sun H W. Numerical experiments of soil nails in loose fill slopes subjected to rainfall infiltration effects［J］. Computers and Geotechnics，2005，32：290-303.
[82] Quecedo M，Pastor M，Herreros M I，et al. Numerical modelling of propagation of fast landslides using the finite element method［J］. International Journal for Numerical Methods in Engineering，2004，59，755-794.
[83] Okura Y，Kitahara H，Sammori T. Fluidization in dry landslides［J］. Engineering geology，2000，56：347-360.
[84] Crosta G B，Calvetti F，Imposimato S，et al. Granular flows and numerical modelling of landslides［J］. Debrisfall project，2001.
[85] Pirulli M，Preh A，Roth W，et al. Rock avalanche run out prediction：Combined application of two numerical methods. ISRM 2003-Technology roadmap for rock mechnics，South African Institute of Mining and Metallurgy，2003.
[86] Cundall P A，Strack O D L. Particle flow code［M］. Sudbury：Itasca Consulting Group Inc，2004.

[87] 周健，池永．土的工程力学性质的颗粒流模拟［J］．固体力学学报，2004，25（4）：377-381.
[88] 邬爱清，丁秀丽，李会中，等．非连续变形分析方法模拟千将坪滑坡启动与滑坡全过程［J］．岩石力学与工程学报，2006，25（7）：1297-1303.
[89] 朱焕春．PFC及其在矿山崩落开采研究中的应用［J］．岩石力学与工程学报，2006，25（9）：1927-1931.
[90] Castelli M，Scavia C. A nultidisciplinary methodology for hazard and risk assessment of rock avalanches［J］．Rock Mechanics and Rock Engineering，2008，41（1）：3-36.
[91] Kane W F，Beck T J. Instrumentation practice for slope monitoring［M］．Northern California：Engineering Geology Practice，2003，1-20.
[92] 陈晓雪．基于三维激光影像扫描系统的边坡位移监测预测研究［D］．北京：北京林业大学，2008.
[93] 赵英时．遥感应用分析原理与方法［M］．北京：科学出版社，2003.
[94] Rott H，Nagler T，et al. The contribution of radar interferometry to the assessment of landslide hazards［J］．Advances in Space Research，2006，37：710-719.
[95] 深圳市勘察测绘院，中国科学院地质与地球物理研究所，中国科学院武汉岩土力学研究所．深圳市斜坡类灾害监测与示范研究研究报告［R］．深圳：深圳市勘察测绘院，2013.
[96] 赵春宏，戴福初．深圳某填土滑坡破坏机理研究［J］．中国地质灾害与防治学报，2007，18（2）：1-8.
[97] Jiao J J，Ding G，Leung C M. Confined groundwater near the rockhead in igneous rocks in the Mid-Levels area，Hong Kong，China［J］．Engineering Geology，2006，84：207-219.
[98] Deangeli C. The role of slope geometry on flowslide occurrence［J］．American Journal of Enviromental Sciences，2007，3（3）：93-97.
[99] Lade P V. Initiation of static instability in the submarine Nerlerk berm［J］．Canadian Geotechnical Journal，1993，30：895-904.
[100] Leong W K，Chu J，Teh C I. Liquefaction and instability of a granular fill material［J］．Geotechnical Testing Journal，2000，23（2）：178-192.
[101] Brand E W. Some thoughts on rainfall induced slope failures［C］．Stockholm：Proceedings of 10th International Conference on Soil Mechanics and Foundation Engineering，1981：373-376.
[102] Been K，Jefferies M G. A state parameter for sands［J］．Géotechnique，1985，35（2）：99-112.
[103] Yamamuro J A，Lade P V. Static liquefaction of very loose sands［J］．Canadian Geotechnical Journal，1997，34：905-917.
[104] 雷志栋，杨诗秀，谢森传．土壤水动力学［M］．北京：清华大学出版社，1988.
[105] 李广信．高等土力学［M］．北京：清华大学出版社，2004.
[106] Dixon N，Bromhead E N. Depth-dependent permeability in London Clay measured using standpipe piezometer equilibration data［J］．Géotechnique，1999，49（5）：651-660.
[107] Fredlund D G，Xing A，Huang S. Predicting the permeability function for unsaturated soils using the soil-water characteristic curve［J］．Canadian Geotechnical Journal，1994，31：533-546.
[108] Fredlund D G，Xing A，Fredlund M D，et al. The relationship of the unsaturated soil shear strength to the soil-water characteristic curve［J］．Canadian Geotechnical Journal，1995，32：440-448.
[109] Cheuk C Y. Investigations of soil nails in loose fill slopes［D］．Hong Kong：The Hong Kong University of Science and Technology，2001.
[110] Wood D M. Soil behaviour and critical state soil mechanics［M］．Cambridge：Cambridge University Press，1990.
[111] 郑颖人，沈珠江，龚晓南．岩土塑性力学原理［M］．北京：中国建筑工业出版社，2002.
[112] Bishop A W. The stability of tips and spoil heaps［J］．Quarterly Journal of Engineering Geology and Hydrogeology，1973，6：335-376.

[113] Eckersley D. Instrumental laboratory flowslides [J]. Geotechnique，1990，40：489-502.
[114] Hungr O，Evans S G，Bovis M J，et al. A review of the classificaiton of landslides of the flow type [J]. Environmental & Engineering Geoscience，2001，Ⅶ：221-238.
[115] Olivares L，Damiano E. Postfailure mechanics of landsliddes：Laboratory investigation of flowslides in pyroclastic soils [J]. Journal of geotechnical and geoenvironmental engineering，2007，133：51-62.
[116] 李焯芬，陈虹．香港滑坡泥石流成因及治理 [J]．地理学报，1997，52（S）：114-122.
[117] 陈文化．地震液化流滑震害 [J]．自然灾害学报，2001，10：88-93.
[118] Cascini L，Sorbino G. The contribution of soil suction measurements to the analysis of flowslides triggering [C]. IWFlows Proc Intern Symp，Sorrento，2003.
[119] Wang G，Sassa K. Pore-pressure generaiton and movement of rainfall-induced landslides：Effects of grain size and fine-particle content [J]. Engineering geology，2003，69：109-125.
[120] Deangeli C. Laboratory granular flows generated by slope failure [J]. Rock Mechanics and Rock Engineering，2008，41：199-217.
[121] Sassa K，Nagai O，Solidum R，et al. An integrated model simulating the initiation and motion of earthquake and rain induced rapid landslides and its application to the 2006 Leyte landslide [J]. Landslides，2010，7：219-236.
[122] Wu J H，Chan Y C. Application of DDA to simulate characteristics of the Tsaoling landslide [J]. Computers and Geotechnics，2011，38：741-750.
[123] Tang C L，Hu J C，Lin M L，et al. The Tsaoling landslide triggered by the Chi-Chi earthquake，Taiwan：Insights from a discrete element simulation [J]. Engineering Geology，2009，106：1-19.
[124] Pirulli M，Mangeney A. Results of back-analysis of the propagation of rock avalanches as a function of the assumed rheology [J]. Rock Mechanics and Rock Engineering，2008，41（1）：59-84.
[125] Thompson N，Bennett M R，Petford N. Analyses on granular mass movement mechanics and deformation with distinct element numerical modeling：Implications for large-scale rock and debris avalanches [J]. Acta Geotechnica，2009，4（4）：233-247.
[126] Cundall P A，Strack O. A discrete numerical model for granular assemblies [J]. Geotechnique，1979，29：47-65.
[127] Teufelsbauer H，Wang Y，Chiou M C，et al. Flow-obstacle interaction in rapid granular avalanches：DEM simulation and comparison with experiment [J]. Granular matter，2009，11（4）：209-220.
[128] Mindlin R D. Compliance of elastic bodies in contact [J]. J appl Mech，1949，71（3）：259-268.
[129] Lo C M，Lin M L，Tang C L，et al. A kinematic model of the Hsiaolin landslide calibrated to the morphology of the landslide deposit [J]. Engineering geology，2011，123：22-39.
[130] Hvorslev M J. Time lag and soil permeability in ground-water observation [C]. US Army Bulletin，1951.
[131] Zienkiewicz O C，Humpheson C，Lewis R W. Associated and non associated visco-plasticity and plasticity in soil mechanics [J]. Géotechnique，1975，25（4）：671-689.
[132] Hammah R E，Curran J H，Yacoub T E，et al. Stability analysis of rock slopes using the finite element method [C]. Proceedings of the ISRM Regional Symposium Eurock 2004 and the 53rd Geomechanics Colloquy，Salzburg，2004.
[133] Vanapalli S K，Fredlund D G，Pufahl D E，et al. Model for prediction of shear strength with respect to soil suction [J]. Canadian Geotechnical Journal，1996，33：372-392.
[134] 卢肇钧．黏性土抗剪强度研究的现状与展望 [J]．土木工程学报，1999，32（4）：3-9.
[135] Calvello M，Cascini L，Sorbino G. A numerical procedure for predicting rainfall-induced movements of active landslides along pre-existing slip surfaces [J]. International Journal for Numerical and Analytical Methods in Geomechanics，2008，32：327-351.